Peter Schmüser

Theoretische Physik für Studierende des Lehramts 1

Quantenmechanik

Prof. Dr. Peter Schmüser
Institut für Experimentalphysik der Universität Hamburg und DESY
Notkestr. 85
22607 Hamburg
Deutschland
Peter.Schmueser@desy.de

ISSN 0937-7433
ISBN 978-3-642-25396-6 ISBN 978-3-642-25397-3 (eBook)
DOI 10.1007/978-3-642-25397-3

Die Deutsche Nationalbibliothek verzeichnet diese Publikation in der Deutschen Nationalbibliografie; detaillierte bibliografische Daten sind im Internet über http://dnb.d-nb.de abrufbar.

Springer Spektrum

Planung und Lektorat: Vera Spillner, Birgit Münch
Einbandabbildung: Doppelspaltexperiment
Einbandentwurf: WMXDesign GmbH, Heidelberg

Gedruckt auf säurefreiem und chlorfrei gebleichtem Papier

Springer Spektrum ist eine Marke von Springer DE.
Springer DE ist Teil der Fachverlagsgruppe Springer Science+Business Media
www.springer-spektrum.de

Vorwort

An der Universität Hamburg wird seit dem Jahr 2002 eine eigenständige zweisemestrige Vorlesung *Theoretische Physik für Studierende des Lehramts* angeboten mit dem Ziel, zukünftigen Physiklehrern/innen die Grundlagen der theoretischen Physik zu vermitteln und dabei besonders die Gebiete zu betonen, die für den Unterricht in der Oberstufe des Gymnasiums und in den Physikleistungskursen von besonderem Wert sind. Das vorliegende zweibändige Lehrbuch ist aus den Vorlesungen und Übungen hervorgegangen, die ich – in enger Absprache mit anderen Professoren des Departments Physik, dem Institut für Lehrerbildung in Hamburg, dem Lehrerprüfungsamt, Physiklehrern und Studierenden – speziell für die Lehramtsstudierenden konzipiert und mehrfach gehalten habe. Da die *moderne Physik* im Curriculum der Oberstufe eine herausragende Rolle spielt, bestand Einigkeit darin, dass die Quantenmechanik und die Relativitätstheorie einen zentralen Platz einnehmen sollten. Dazu kommt die Elektrodynamik, die die theoretische Grundlage elektrischer Maschinen sowie der Radiotechnik und Optik ist. Die Vorlesungen bauen auf dem Physik-Kurs des Grundstudiums auf. In Hamburg werden in der Physik I und II die Mechanik, Wärmelehre, Elektrizität, Magnetismus und Optik behandelt. Die Physik III ist eine Einführung in die Quanten- und Atomphysik.

Die zwei Bände des Lehrbuchs sind folgendermaßen aufgebaut: in den Hauptkapiteln wird der für das Examen relevante Stoff in möglichst einfacher und klarer Form dargestellt. Die didaktischen Anmerkungen am Ende der Kapitel haben das Ziel, den zukünftigen Lehrern/innen Verständnishilfen zu geben und auch Hinweise, wie sie die physikalischen Konzepte in der Schule vermitteln könnten. Zu diesem Zweck gibt es auch eine Vielzahl von Abbildungen. Mathematische Ergänzungen und kompliziertere theoretische Herleitungen sind in den Anhängen zu finden. Diese Anhänge sollen interessierten Studierenden helfen, die Theorie besser zu verstehen und Rechnungen selbst durchführen zu können. Das dort präsentierte Material gehört aber in Hamburg nicht zum Examensstoff.

Die Quantentheorie ist schon mehr als 80 Jahre alt, sie bereitet aber immer wieder große Verständnisschwierigkeiten, weil viele ihrer Aussagen unserer Erfahrung und Intuition widersprechen.

Wenn man jedoch heute diese Theorie lehren oder lernen will, befindet man sich in einer viel besseren Lage als die Professoren und Studenten vor 80 oder auch 40 Jahren. Viele der von Bohr, Schrödinger, Heisenberg, Einstein und anderen vorgeschlagenen „Gedankenexperimente", die damals heftig und kontrovers diskutiert wurden, sind durch enorme Fortschritte in der Experimentiertechnik inzwischen Wirklichkeit geworden. Messungen können dazu dienen, eine Entscheidung zwischen verschiedenartigen theoretischen Ideen und Interpretationen zu treffen, was um 1925–1935 kaum möglich war. Die fremdartigen, der Anschauung zuwiderlaufenden Aussagen der Theorie lassen sich Stück für Stück durch ausgeklügelte Experimente bestätigen: Teilchen-Welle-Komplementarität, Verschränkung, Nichtlokalität der Quantenmechanik. Auf mich üben die modernen Experimente zur Quantenmechanik eine große Faszination aus, und mir liegt viel daran, diese Faszination auch den Lesern des Buches zu vermitteln. Aus diesem Grund nimmt die Darstellung moderner Experimente einen breiten Raum ein. Hinzu kommt, dass die Quantentheorie die Grundlage fast aller neuen Technologien ist und somit außer ihrem erkenntnistheoretischen Wert auch eine enorme praktische Bedeutung hat.

In der Einleitung wird die Teilchen-Welle-Komplementarität anhand des Doppelspaltexperiments und seiner modernen Varianten sehr eingehend dargestellt, und zwar ohne großen mathematischen Formalismus. Natürlich werden auch die Spektrallinien der Atome und der photoelektrische Effekt angesprochen, deren Erklärung wichtige Meilensteine auf dem Weg zur Quantenmechanik waren. Die theoretische Beschreibung der Hohlraumstrahlung durch Max Planck war der Beginn des Quantenzeitalters, sie ist aber für den Anfänger nicht so leicht zu verstehen, deshalb wird die Planck'sche Strahlungsformel erst später (in Kap. 8) hergeleitet.

Das Hauptziel der Kapitel 2 bis 8 ist eine systematische Darstellung der Quantenmechanik auf der Basis der Schrödinger-Gleichung. Abstraktere Formulierungen (z. B. Hilbertraum) werden weitgehend vermieden, um Lehramtsstudierenden, die nicht Mathematik als zweites Fach studieren, den Zugang zur Theorie zu erleichtern. Die Form der Schrödinger-Gleichung wird in Kap. 2 plausibel gemacht. Die Operatoren für Ort, Impuls und Energie werden eingeführt sowie die Wellenfunktion als Wahrscheinlichkeitsamplitude. In Kap. 3 werden die typischen eindimensionalen Beispiele vorgerechnet: Potentialtopf mit unendlich hohen Wänden, Potentialtopf endlicher Tiefe, harmonischer Oszillator, freie Teilchen und Wellenpakete, Potentialschwelle, Tunneleffekt. Die theoretischen Konzepte und der Formalismus der Quantenmechanik sind Inhalt von Kap. 4: formale Definition der Operatoren, Eigenfunktionen und Eigenwerte, Erwarungswerte, vertauschbare Operatoren und gleichzeitige Messbarkeit, nicht vertauschbare Operatoren und Unschärferelation, die Rolle des Messprozesses. Bahndrehimpuls und Spin werden in Kap. 5 behandelt. Das Wasserstoffatom wird in Kap. 6 vorgerechnet, wobei die Radialgleichung nur für den Grundzustand gelöst wird, während die Wellenfunktionen der Anregungszustände im Anhang konstruiert werden. Die bildliche Darstellung der Elektronenwolke ist ein wichtiger Bestandteil von Kap. 6. In den historischen und didaktischen Anmerkungen werden die früheren Atommodelle, ihre Leistungen und ihre Begrenzungen besprochen. In Kap. 7 werden identische Teilchen, Pauli-Prinzip, Heliumatom, Periodisches System der Elemente und Hybridwellenfunktionen besprochen.

In den didaktischen Anmerkungen wird diskutiert, wie eine Welt ohne Pauli-Prinzip aussehen könnte. Die Absorption und stimulierte Emission von Strahlung wird in Kap. 8 in stark vereinfachter Form behandelt, und es werden die Planck'sche Strahlungsformel und die Einstein-Koeffizienten hergeleitet. Das erste Vertiefungskapitel (Kap. 9) widmet sich hochaktuellen Themen der Quantenmechanik: Verschränkung, Einstein-Podolsky-Rosen-Paradoxon, Bell'sche Ungleichung, Nichtlokalität, Schrödinger-Katze, Dekohärenz, Übergang von der Quanten- zur klassischen Physik. Relevante Experimente werden ausführlich diskutiert. Im zweiten Vertiefungskapitel (Kap. 10) sowie im Anhang E wird die zeitunabhängige Störungsrechnung zur Berechnung der Feinstruktur des H-Atoms angewandt. Die zeitabhängige Störungsrechnung wird benutzt, um Strahlungsübergänge zu berechnen und damit die mehr qualitativen Betrachtungen in Kap. 8 auf eine solide Grundlage zu stellen. Aus Platzgründen werden Streuprozesse in diesem Buch nicht behandelt.

Das vorliegende Buch ist erfahrungsgemäß zu umfangreich für eine einsemestrige Veranstaltung mit 4 SWS Vorlesung und 2 SWS Übung (dies trifft wohl auf alle Lehrbücher zu). Man wird daher eine Auswahl treffen und Schwerpunkte setzen müssen.

Die Ausarbeitung des Lehrbuchs erfolgte im Rahmen einer Seniorprofessur der Wilhelm und Else Heraeus-Stiftung für die Weiterentwicklung der Lehrerausbildung im Fach Physik. Ich danke der WE Heraeus-Stiftung sehr herzlich für die großzügige Förderung. Prof. Klaus Fredenhagen, Prof. Siegfried Großmann und Prof. Erich Lohrmann haben frühere Versionen des Manuskripts sorgfältig gelesen und viele hilfreiche Anmerkungen und Verbesserungsvorschläge gemacht. Ihnen gebührt besonderer Dank. Eine vorläufige Version der *Quantenmechanik* ist von den Profs. Jan Louis und Joachim Bartels in ihren Vorlesungen für Lehramtskandidaten verwendet worden. Für viele Gespräche und nützliche Hinweise möchte ich mich bei ihnen bedanken. Eine ganz besondere Anerkennung gebührt Dr. Paul-Dieter Gall, der sehr engagiert an der Erstellung der Übungsaufgaben und der Lösungen mitgearbeitet hat und mit großer Sorgfalt die verschiedenen Versionen des Manuskripts gelesen und auf Fehler geprüft hat. Schließlich bedanke ich mich bei Iris Kerkhoff und Dr. Bernd Steffen für ihre Hilfe bei der Erstellung von Abbildungen.

Hamburg, Oktober 2011 *Peter Schmüser*

Inhaltsverzeichnis

Kapitel 1
Einleitung

1.1 Ein Jahrhundert Quantenphysik

Zwischen dem Allerkleinsten und dem Allergrößten liegen ungefähr sechzig Größenordnungen, und überall wird die Quantentheorie gebraucht, um die Phänomene zu beschreiben, von den geheimnisvollen Vibrationen der *superstrings* oder *supermembranes*, die die ultimativen Konstituenten der Natur sein mögen, bis hin zur kosmischen Mikrowellenstrahlung vom Rand des Universums[1]. Addiert man zwanzig Nullen zur Dimension der *superstrings*, kommt man in den Bereich der Atomkerne, der Quelle der Radioaktivität und Kernenergie. Fünf Größenordnungen mehr, und man ist bei Atomen und einfachen Molekülen angelangt. Zehn weitere Größenordnungen bringen uns zu der Skala von Metern mit Objekten und Lebewesen, die aus einer riesigen Zahl von Atomen aufgebaut sind. Von unserer Skala zu einer astronomischen Skala, der Größe der Sterne, wo die Gravitation dominant wird, sind es weitere 7–9 Größenordnungen. Und schließlich braucht man noch 18 Größenordnungen, um zum Horizont des heute bekannten Universums zu gelangen.

Die Physik muss entlang dieser riesigen Spanne Erklärungen für zahllose verschiedene Phänomene finden. In den meisten Fällen ist zumindest teilweise die Quantentheorie dafür nötig, deren Erfolg überwältigend gewesen ist. Als Beispiel kann die Quantenelektrodynamik (QED) dienen, die Theorie der Wechselwirkungen zwischen Elektronen und Photonen, die Vorhersagen von außerordentlicher Präzision erlaubt. Das in einer Teilchenfalle gemessene magnetische Moment des Elektrons beträgt $\mu_e = 1{,}00115965218073\,\mu_\mathrm{B}$ (μ_B ist das Bohr'sche Magneton), und dieser Wert stimmt innerhalb von 4 ppb (*parts per billion*, $1\,\mathrm{ppb} = 10^{-9}$) mit der Theorie überein. Die QED ist die genaueste heute bekannte physikalische Theorie.

[1] In Kap. 1.1 folge ich der Einleitung des hervorragend geschriebenen, aber anspruchsvollen Buches *Exploring the Quantum* von Serge Haroche und Jean-Michel Raimond [1], in dem ein modernes Teilgebiet der Quantentheorie, die Cavity Quantum Electrodynamics, behandelt wird.

P. Schmüser, *Theoretische Physik für Studierende des Lehramts 1*,
DOI 10.1007/978-3-642-25397-3_1, © Springer-Verlag Berlin Heidelberg 2012

Den Beginn des Quantenzeitalters markieren die Strahlungsformel von Max Planck (1900), die Erklärung des photoelektrischen Effekts durch Albert Einstein (1905) und das Atommodell von Niels Bohr (1913), das ein erster Schritt auf dem langen Weg zum Verständnis der Linienspektren der Atome war. In den Jahren um 1925 wurde dann die formale Quantentheorie entwickelt durch Werner Heisenberg, Erwin Schrödinger, Max Born, Wolfgang Pauli, Pascual Jordan, Paul Dirac und viele andere, wobei auch hier Niels Bohr entscheidende Anteile hatte. Es gibt eine große Zahl von Lehrbüchern der Quantenmechanik, die aber generell hohe mathematische Anforderungen stellen und für Lehramtsstudierende, deren zweites Fach nicht die Mathematik ist, weniger geeignet sind. Vergleichsweise einfache Einführungen findet man in den Büchern von Griffiths [2] und Gasiorowicz [3].

In jüngeren Jahren erzielte die Quantentheorie einen weiteren Durchbruch mit der Vereinheitlichung der elektromagnetischen, schwachen und starken Wechselwirkungen im Standard-Modell der elektro-schwachen Wechselwirkung und der Quantenchromodynamik. Für eine Einführung in das Standardmodell und die zugrunde liegenden Eichtheorien siehe [4]. Die Versuche, auch die vierte fundamentale Wechselwirkung, die Gravitation, mit einzubeziehen, sind allerdings noch nicht erfolgreich gewesen.

Die Quantentheorie ist nicht nur aus wissenschaftlicher Hinsicht von fundamentaler Bedeutung, sie spielt auch im praktischen Leben eine herausragende Rolle. Wer auf dem Rechner im Internet surft, mit seinem Handy telefoniert, mit einem modernen Auto fährt, Musik von einer CD hört oder mit seiner Digitalkamera Aufnahmen macht, nutzt dabei (meist unbewusst) Quantentechnologien. Ein Physiker oder Ingenieur, der im Bereich der Elektronik oder Optronik neue Erfindungen machen möchte, kommt ohne Quantentheorie nicht weiter. Aus diesem Grunde halte ich es für unerlässlich, dass zukünftigen Physiklehrern/innen gründliche Kenntnisse in der Quantentheorie vermittelt werden und dass die Quantenphysik auch in der Schule einen gebührenden Raum einnimmt.

1.1.1 Der Transistor und die Computer-Revolution

Die ersten elektronischen Rechner wurden während des Zweiten Weltkriegs gebaut und bestanden aus einer Unzahl von Elektronenröhren und Magnetkernspeichern. Sie waren sehr groß, wartungsanfällig und hatten einen hohen Energieverbrauch. Verglichen mit einem modernen Notebook war ihre Leistungsfähigkeit jedoch sehr gering. Erst die Erfindung des Transistors um 1950 und die Integration von einer riesigen Zahl dieser Transistoren auf einem Chip von der Größe einer Briefmarke ermöglichte die rasante Entwicklung der modernen Computertechnologie. Der Transistor ist ein typisch quantentheoretisches Bauelement und nicht auf der Basis der klassischen Physik zu verstehen. Die moderne Elektronik und die Opto-Elektronik sind weitgehend angewandte Quantentheorie.

1.1.2 Der Laser

Das Licht einer Glühlampe ist nicht monochromatisch, sondern überdeckt ein breites Spektrum, vom kurzwelligen blauen Licht bis hin zum langwelligen infraroten Licht. Außerdem wird das Licht in alle Richtungen emittiert. Spektroskopie mit solchen Lichtquellen ist mühsam, sie erfordert die Selektion eines schmalen Bandes mit Hilfe eines Monochromators, wobei der größte Teil der Intensität verloren geht. Interferenzexperimente sind ebenfalls schwierig wegen der geringen spektralen Intensität und der sehr kurzen Kohärenzlänge. Die Erfindung des Lasers hat dies in dramatischer Weise geändert. Laser erzeugen kohärente monochromatische Strahlung, die scharf gebündelt ist und eine hohe Leuchtdichte aufweist. Viele der früher aufwändigen und lichtschwachen Interferenzexperimente lassen sich heute in trivialer Weise mit Lasern vorführen. Das ist für den Physikunterricht sehr hilfreich. Laser haben darüber hinaus eine Unzahl von Experimenten ermöglicht, die mit konventionellen Lichtquellen undenkbar wären. Man kann mit Recht sagen, dass mit dem Laser ein Quantensprung in der Optik eingeleitet wurde. Gleichzeitig ist der Laser ein zutiefst quantenphysikalisches Gerät; er basiert letztendlich auf der Symmetrie der Wellenfunktion für Teilchen mit Spin 1, die zur Folge hat, dass alle Photonen im Laser den gleichen Quantenzustand einnehmen und daher die gleiche Wellenlänge, Phase, Richtung und Polarisation besitzen.

Das Wort Laser ist eine Abkürzung für *Light Amplification by Stimulated Emission of Radiation*. Der Begriff „stimulierte Emission" wurde von Albert Einstein im Jahr 1917 geprägt, beim Anbruch der Quantenära (s. Kap. 8.3.2), doch erst 40 Jahre später wurden die ersten praktischen Geräte gebaut. Heute gibt es eine unglaubliche Fülle von Anwendungen in Wissenschaft, Medizin und Technik. Laserstrahlen erlauben hochauflösende Spektroskopie von Atomen und Molekülen, man kann mit ihnen große Datenmengen durch Glasfibern übertragen oder auf Compact Disks speichern, Laserdrucker erzeugen Farbbilder hoher Qualität, Laserscanner werden an den Kassen eines Supermarkts verwendet, feine Laserstrahlen werden bei Augenoperationen eingesetzt, hochintensive Laserstrahlen benutzt man zum Schweißen und Schneiden von Metallplatten.

1.1.3 Kernspin-Tomografie

Die magnetische Kernresonanz (*Nuclear Magnetic Resonance NMR*) ist eine Quantentechnologie, die eine große Rolle in der wissenschaftlichen Forschung und der medizinischen Diagnose spielt. Protonen und Neutronen besitzen magnetische Dipolmomente, die an den Spin gekoppelt sind und deren Existenz und Größe sich aus der relativistischen Quantentheorie in Kombination mit dem Quarkmodell ergeben. In einem Magnetfeld führen die Momente eine Präzessionsbewegung durch, deren Frequenz, „Lamorfrequenz" genannt, proportional zum Magnetfeld ist. In die Larmorfrequenz geht aber nicht nur das von außen angelegte Feld ein, sondern auch innere Magnetfelder aufgrund der chemischen Bindungen. Man kann daher in Wasser gebundene Protonen von denen in Fett oder Eiweiß unterscheiden. Indem man mit Feldgradienten arbeitet und auch noch die sog. Relaxationszeiten in gepulsten Feldern ausnutzt, lässt sich die räumliche Verteilung von Wasser, Fett oder Eiweiß in biologischem Gewebe ortsaufgelöst ermitteln. Die Kernspin-Tomografie hat im Vergleich zu Röntgenaufnahmen den großen Vorteil, dass Knochen kaum abschatten, weil sie keinen Wasserstoff, sondern nur schwere Kerne mit anderen Larmorfrequenzen enthalten. Das ermöglicht detaillierte Bilder des Gehirns ohne Abschattung durch den Schädelknochen.

Die hohen Magnetfelder in Kernspin-Tomografen werden mit supraleitenden Spulen erzeugt. Hier kommt die Quantenphysik ein zweites Mal zum Tragen. Die Supraleitung ist nicht im Rahmen der klassischen Elektrodynamik, sondern nur mit Hilfe der Quantentheorie zu verstehen; allerdings braucht man eine recht komplizierte Variante der Quantentheorie. Erst 30 Jahre nach Aufstellung der Schrödinger-Gleichung gelang es Bardeen, Cooper und Schrieffer, die mikroskopische Theorie der Supraleitung (die *BCS-Theorie*) zu formulieren.

1.1.4 Die Atomuhr und die Messung der Zeit

Die ultrapräzise Zeitmessung ist eine weitere Illustration für die Bedeutung von Quantenprozessen in Wissenschaft und Gesellschaft. Atome emittieren oder absorbieren ihre Strahlung bei wohldefinierten und unveränderlichen Frequenzen, die charakteristisch für jedes Element sind. Dies hat Physiker veranlasst, Zeitmessungen nicht länger an die störungsanfälligen Schwingungen von Pendeln zu koppeln, sondern an die unbeeinflussbaren atomaren Frequenzen. In einer Atomuhr koppelt man eine Radioquelle an den Hyperfeinübergang von Cäsium-Atomen, die in einem Atomstrahl fliegen. Die atomare Resonanz wird mit interferometrischen Methoden beobachtet. Kürzlich sind die thermischen Atomstrahlen durch Laser-gekühlte Strahlen ersetzt worden. Die Atomuhr erreicht damit eine Ganggenauigkeit von 0,3 Sekunden in 1 Million Jahren. Die außerordentliche Präzision der Atomuhren ist für das Globale Positionierungs-System GPS von entscheidender Bedeutung.

1.2 Teilchen und Wellen

Die Quantentheorie beschreibt das Verhalten von Teilchen und Licht auf einer atomaren Größenskala. Dabei treten Phänomene auf, die unserer täglichen Anschauung widersprechen: Lichtwellen verhalten sich so, als ob sie aus Teilchen aufgebaut seien, und Teilchen zeigen Welleneigenschaften. Dies Grundprinzip der Quantenphysik soll an einem Experiment erläutert werden, für das es im Rahmen der klassischen Physik keine befriedigende Erklärung gibt, es ist das Doppelspaltexperiment. Richard Feynman sagt in seinen berühmten Vorlesungen über Physik [5], dass im Doppelspaltexperiment das eigentliche Geheimnis der Quantentheorie liege. In den letzten Jahrzehnten hat sich durch enorme Fortschritte in der Experimentiertechnik herausgestellt, dass die Quantenphysik noch eine weitere verstörende Eigenheit besitzt. Die Beobachtung, dass eine Wellenfunktion über viele Kilometer ausgedehnt sein kann, strapaziert unser Vorstellungsvermögen in noch stärkerem Maße als die Teilchen-Welle-Komplementarität. Die nichtlokale Natur der Quantentheorie ist Thematik von Kap. 9.

1.2.1 Das Doppelspaltexperiment

Das Doppelspaltexperiment hat historisch gesehen eine wesentliche Rolle gespielt um zu entscheiden, ob Licht aus Teilchen besteht oder eine Wellenerscheinung ist. Wir wollen diese Alternativen ansehen.

Das Doppelspaltexperiment mit Kugeln und Wellen

a) Kugeln werden auf eine Wand mit zwei Spalten oder Löchern geschossen. Sie verlassen die Quelle mit einer breiten Winkelverteilung und werden auch noch an den Rändern der Spalte gestreut. Daher beobachtet man auf einem Auffängerschirm eine ausgedehnte Verteilung. Mit $P(x)$ bezeichnen wir die Wahrscheinlichkeit (probability), eine Kugel im Abstand x vom Zentrum des Schirms zu finden. Wenn nur Spalt 1 offen ist, gilt $P(x) = P_1(x)$, wenn nur Spalt 2 offen ist, ergibt sich $P(x) = P_2(x)$. Öffnet man beide Spalte, so addieren sich die Wahrscheinlichkeiten, und man erhält eine verbreiterte, aber strukturlose Verteilung, die in Abb. 1.1a dargestellt ist.

$$P_{12}(x) = P_1(x) + P_2(x)\,. \tag{1.1}$$

Jede Kugel kommt als untrennbare Einheit am Schirm an und ergibt nur einen einzelnen Treffer bei einem bestimmten x-Wert. Die gesamte Wahrscheinlichkeitsverteilung baut sich erst allmählich durch Aufsummation über viele Kugeln auf.

b) Wasser- oder Lichtwellen aus einer Quelle (periodisch bewegter Tupfer in der Wellenwanne oder Laser) treffen auf die Wand. Jeder Spalt wird Zentrum einer auslaufenden Kreiswelle. Die Intensität $I(x)$ auf dem Schirm ist durch das Absolutquadrat der Amplitude $A(x)$ der Welle gegeben. Wenn nur ein Spalt geöffnet ist, ergeben sich ähnliche Verteilungen wie oben (wir ignorieren hier die Beugungseffekte am Einzelspalt):

$$\begin{aligned} &\text{nur Spalt 1 offen:} \quad I_1(x) = |A_1(x)|^2\,, \\ &\text{nur Spalt 2 offen:} \quad I_2(x) = |A_2(x)|^2\,. \end{aligned} \tag{1.2}$$

Sind aber beide Spalte geöffnet, so erhält man etwas ganz Neues: es bildet sich ein Interferenzmuster mit Auslöschungen und Verstärkungen (Abb. 1.1b).

$$I_{12}(x) = |A_1(x) + A_2(x)|^2 = I_1(x) + I_2(x) + 2\sqrt{I_1(x)I_2(x)}\cos[\delta(x)]\,. \tag{1.3}$$

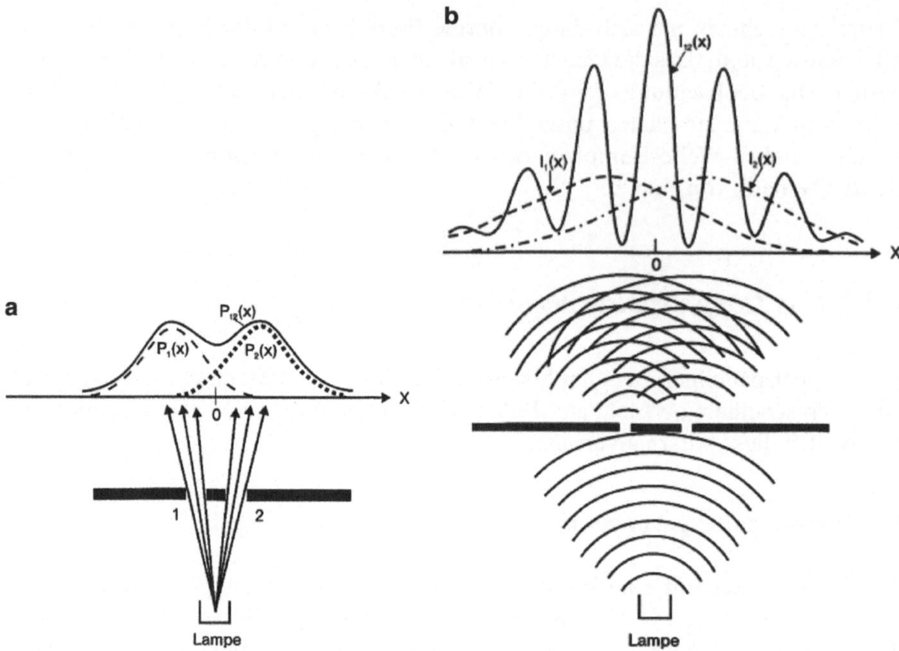

Abb. 1.1 Schema des Doppelspaltexperiments (a) mit Kugeln, (b) mit Wellen.

Der wichtigste Unterschied zum Kugelexperiment ist, dass nicht Wahrscheinlichkeiten addiert werden, sondern die Amplituden unter Berücksichtigung der Phasendifferenzen $\delta(x)$. Der zweite wichtige Unterschied ist die Art, wie die Verteilung entsteht. Die Kugeln treffen als lokalisierte Klumpen („Quanten") auf den Schirm, Kugel 1 ergibt einen Treffer am Ort x_1, Kugel 2 am Ort x_2 etc. Erst nach dem Auftreffen sehr vieler Kugeln kann man die Verteilung $P(x)$ erkennen. Ganz anders ist dies bei einer klassischen Welle: die gesamte Verteilung ist „sofort" da, sie wächst nur in ihrer Stärke im Laufe der Belichtungszeit an.

Wir werden sehen, dass diese klare Fallunterscheidung im atomaren Bereich nicht möglich ist, sondern dass beide Aspekte eine Rolle spielen: Interferenz, d. h. Addition von Amplituden, und der sukzessive Aufbau der Verteilung durch „Quanten".

Das Doppelspaltexperiment mit Elektronen

Doppelspaltexperimente mit Elektronen sind heute keine „Gedankenexperimente" mehr, sondern können tatsächlich durchgeführt werden, wobei allerdings sehr präzise Aufbauten und großes experimentelles Geschick erforderlich sind. Der Nachweis der Elektronen kann mit einem Film oder einem Pixeldetektor erfolgen. Was beobachtet man, wenn viele monoenergetische Elektronen die Doppelspaltappara-

Abb. 1.2 Doppelspalt-Interferenzen mit Elektronen. (G. Möllenstedt und Mitarbeiter, Universität Tübingen 1962)

tur durchlaufen? Überraschenderweise findet man genau wie beim Licht ein Interferenzbild mit hellen und dunklen Streifen, siehe Abb. 1.2 („hell" bedeutet, dass viele Elektronen auftreffen). Es folgt daraus: Elektronen haben Welleneigenschaften.

Die Wellenfunktion

Die Welleneigenschaften des Elektrons beschreiben wir durch eine Wellenfunktion $\psi(x)$. Dies ist eine komplexwertige Funktion, die in etwa der Amplitude einer klassischen Welle entspricht (komplexe Zahlen werden in Anhang A erläutert). Ihr Absolutquadrat $|\psi(x)|^2 = \psi^\star(x)\psi(x)$ ist aber keineswegs identisch mit der beobachteten Intensitätsverteilung. Das ist schon aus dem Grund nicht möglich, weil Interferenzen auch dann auftreten, wenn sich immer nur ein Elektron zur Zeit im Apparat befindet. Das bedeutet, dass jedes Elektron mit sich selbst interferiert und nicht mit anderen Elektronen.

Was ist die Bedeutung der Wellenfunktion in der Quantenmechanik? Wir folgen hier der allgemein akzeptierten Wahrscheinlichkeitsinterpretation, die von Max Born eingeführt und insbesondere von Niels Bohr mit großer Überzeugung vertreten wurde (man spricht daher auch von der Kopenhagener Deutung der Quantentheorie). Die Wahrscheinlichkeit, das Elektron zwischen x und $x + \mathrm{d}x$ auf dem Schirm zu finden, ist

$$\rho(x)\,\mathrm{d}x = |\psi(x)|^2\,\mathrm{d}x\,. \tag{1.4}$$

Da das Elektron an irgendeiner Stelle auftreffen wird, muss die Integration über den gesamten Bereich den Wert 1 ergeben. Die Wellenfunktion ist in der Kopenhagener Deutung eine *Wahrscheinlichkeitsamplitude*.

Wie wird das Interferenzmuster aufgebaut?

Wir wählen den Teilchenstrom aus der Quelle so niedrig, dass sich zu jedem Zeitpunkt maximal nur ein Elektron in der Apparatur befindet. Das Auftreffen des Elek-

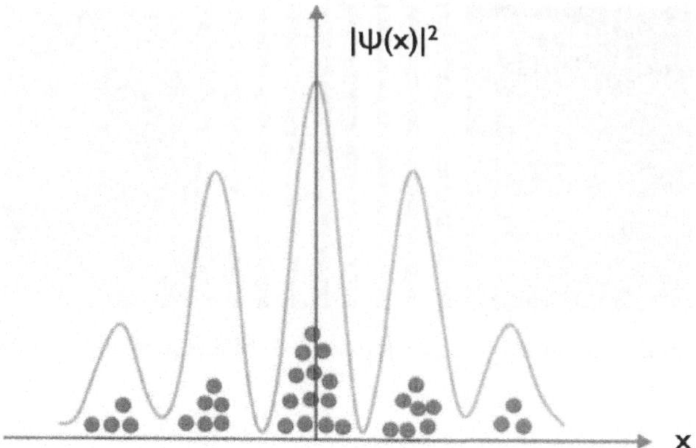

Abb. 1.3 Entstehung des Interferenzmusters beim Doppelspaltexperiment mit Elektronen. Jedes Elektron macht genau einen „Eintrag“ im Interferenzdiagramm, wobei die Wahrscheinlichkeit durch das Absolutquadrat der Wellenfunktion gegeben ist

trons auf dem Schirm werde – wie beim altmodischen Geigerzähler – durch einen „Klick“ in einem Lautsprecher angezeigt. Es gibt dann zwei wichtige Befunde:

- Jedes Elektron macht den gleichen Klick, es gibt keine halben oder drittel Klicks.
- Ein einzelnes Elektron erzeugt genau einen Punkt auf dem Schirm. Das Interferenzmuster wird erst mit sehr vielen Elektronen sichtbar.

Das bedeutet: wie die Kugeln treffen die Elektronen als ganze, unteilbare Quanten auf den Schirm und bauen die Verteilung sukzessive auf. Schematisch ist dieser Vorgang in Abb. 1.3 dargestellt, während die vier Aufnahmen in Abb. 1.4 ein experimenteller Beleg dafür sind, dass es in der Tat so abläuft. In den beiden ersten Bildern mit 8 oder 270 Teilchen sind keine Interferenzstreifen erkennbar, dazu braucht man mehr als 10 000 Elektronen.

1.2.2 Wellen- und Quantennatur des Lichts

Wie steht es nun mit Licht? Auch hier kann man bei niedriger Belichtungsstärke die Granularität der Strahlung erkennen. Eine schöne Demonstration dafür ist die Abb. 1.5, in der Fotos einer Frau bei sehr unterschiedlichen Belichtungsstärken gezeigt werden. Wenn nur wenige Photonen die lichtempfindliche Schicht treffen, sieht man ein unregelmäßiges Muster heller Punkte auf dunklem Hintergrund. Mit wachsender Photonenzahl arbeitet sich das Bild allmählich heraus, aber man braucht viele Millionen Lichtquanten, um es gut erkennen zu können.

Die Sequenz von Fotos ist ein Beleg für beide Aspekte des Lichts: die Wellennatur zeigt sich darin, dass mit Hilfe von Glaslinsen eine Abbildung gemacht werden kann, die Quantennatur wird durch die granulare Struktur in den schwach belichteten Bildern offensichtlich. Licht ist also beides: Welle und Teilchen.

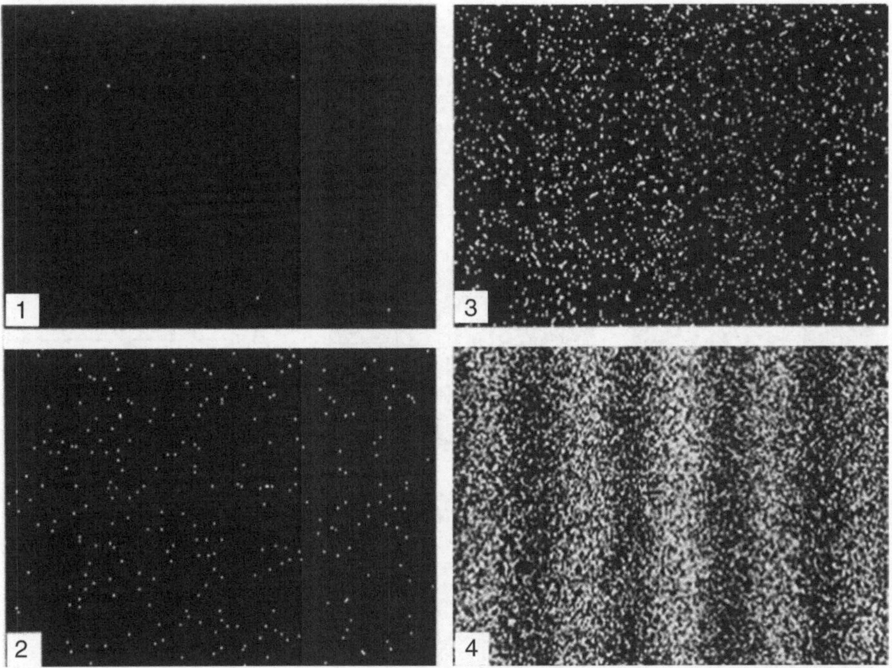

Abb. 1.4 Beobachtung von Elektroneninterferenzen mit 8, 270, 2000 und 60 000 Elektronen [6]. Wiedergabe mit freundlicher Genehmigung von Dr. Akira Tonomura (Hitachi Research Laboratory) und des Springer-Verlags

Die duale Natur des Lichts zeigt sich besonders deutlich beim Compton-Experiment. In Abb. 1.5 werden Daten zur Streuung von Röntgenstrahlung an Graphit gezeigt. Die Wellenlänge der einlaufenden Strahlung beträgt $0{,}71\,\text{Å} = 0{,}71 \cdot 10^{-10}\,\text{m}$, die der um 90° gestreuten Strahlung ist $0{,}734\,\text{Å}$. Dies kann man quantitativ erklären, wenn man den Vorgang als Streuprozess eines Lichtquants an einem lose gebundenen atomaren Elektron deutet. Bei dieser Streuung überträgt das Photon Energie auf das Elektron. Nach dem Stoß ist daher sein Impuls kleiner und die Wellenlänge größer. Als Funktion des Streuwinkels θ ist sie gegeben durch die Compton'sche Streuformel

$$\lambda' = \lambda + \frac{2\pi\hbar}{m_e c}(1 - \cos\theta)\,, \tag{1.5}$$

die in Anhang B hergeleitet wird. In der klassischen Elektrodynamik hingegen würde das atomare Elektron eine erzwungene Schwingung im Feld der elektromagnetischen Welle ausführen und Strahlung mit genau der Frequenz und Wellenlänge dieser Welle emittieren. Mit anderen Worten: die um 90° gestreute Strahlung müsste ebenfalls $\lambda = 0{,}71\,\text{Å}$ haben.

Der photoelektrische Effekt ist ein weiterer Beweis für die Quantennatur des Lichts. Bei Bestrahlung von Metallen mit ultraviolettem oder sichtbarem Licht wer-

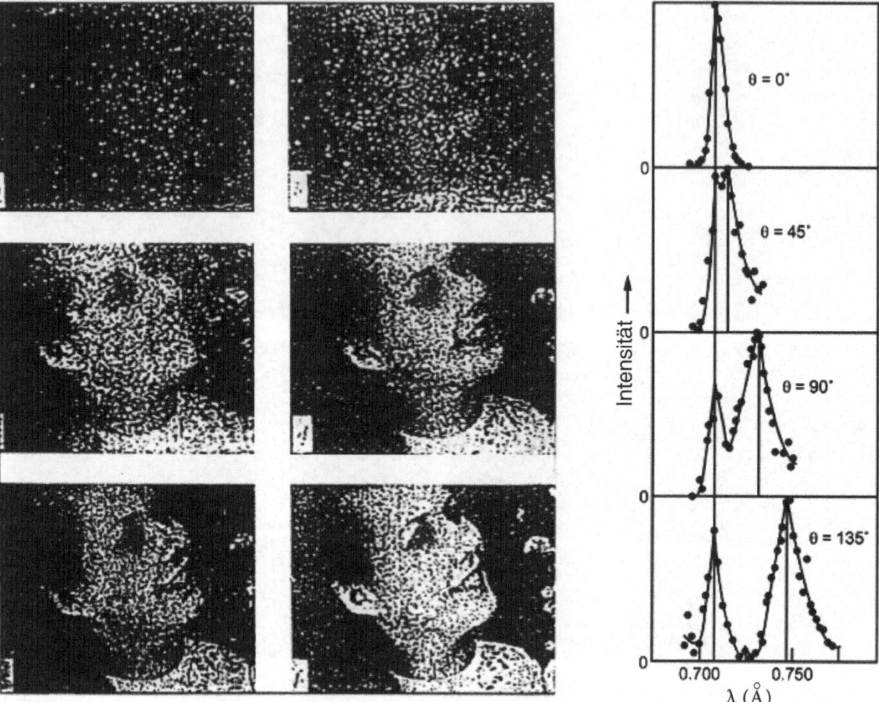

Abb. 1.5 Experimentelle Beweise für die duale Natur des sichtbaren Lichts und der Röntgenstrahlung. *Links*: Fotografie als Quantenprozess. Die Aufnahmen eines Frauenkopfes wurden mit sehr unterschiedlichen Belichtungszeiten gemacht, zwischen 3000 und 30 000 000 Photonen. Die granulare Natur des Lichtes ist bei schwach belichteten Bildern deutlich zu erkennen. (Albert Rose, *Vision: Human and Electronic*, Plenum Press 1973, Springer 1974. Wiedergabe mit Genehmigung des Springer-Verlags). *Rechts*: Streuung von Röntgenstrahlung an Graphit. Die Wellennatur der Strahlung wird zweimal ausgenutzt: mit Hilfe von Bragg-Reflexion an einem Kristallgitter wird eine bestimmte Wellenlänge der einfallenden Strahlung selektiert (hier $\lambda = 0{,}71$ Å), und die Wellenlänge der gestreuten Strahlung wird wiederum über Bragg-Reflexion gemessen. Die Quantennatur der Strahlung ist nötig, um den Prozess mathematisch zu beschreiben, siehe Text. Anmerkung: bei großen Streuwinkeln beobachtet man zwei Intensitätsmaxima. Das Maximum bei der unverschobenen Wellenlänge von $0{,}71$ Å ist auf Comptonstreuung am gesamten Atom zurückzuführen

den Elektronen ausgelöst, deren kinetische Energie nicht – wie in der klassischen Elektrodynamik erwartet – von der elektrischen Feldstärke der Lichtwelle abhängt, sondern nur von deren Wellenlänge bzw. Frequenz. Die Deutung des photoelektrischen Effekts durch Albert Einstein im Jahr 1905 war ein außerordentlich wichtiger Meilenstein auf dem Weg zur Quantentheorie. Einstein nahm Max Plancks Lichtquantenhypothese ernst und berechnete die kinetische Energie der Elektronen durch eine einfache Formel

$$E_{\mathrm{kin}} = \hbar\omega - W_a \,. \tag{1.6}$$

Hier ist W_a die Austrittsarbeit des Metalls. Die Herauslösung eines Elektrons aus dem Metall wird in dieser Deutung nicht durch die Kraft verursacht, die das elektrische Feld der Lichtwelle auf das Elektron ausübt, sondern durch die Absorption eines einzelnen Photons durch das betreffende Elektron.

1.2.3 Interferenzexperimente mit Neutronen

Mit Neutronen sind viele verschiedene Interferenzexperimente durchgeführt worden. Eine schöne Übersicht findet man in dem Artikel von Helmut Rauch, *Neutronen-Interferometrie: Schlüssel zur Quantenmechanik* [7]. Zur Beobachtung von Neutronen-Interferenzen wurde aus einem Silizium-Einkristall ein sog. Perfektkristall-Interferometer hergestellt, siehe Abb. 1.6. Es funktioniert ähnlich wie ein Michelson-Interferometer in der Optik. Bragg-Reflexion wird benutzt, um die Teilchenwelle in zwei Teilwellen aufzuspalten, die auf zwei getrennten Pfaden durch das Interferometer geführt und wieder rekombiniert werden. Bringt man in einen Strahlengang eine dünne Aluminiumplatte, so wirkt diese ähnlich wie eine Glasplatte im Michelson-Interferometer. Die Neutronen haben verschiedene Wellenlängen in Aluminium und Luft, und daher ergibt sich ein Interferenzmuster, bei dem die Intensität periodisch von der Dicke der Al-Platte abhängt (Abb. 1.6). In diesem Experiment entstehen die Neutronen durch Kernspaltung in einem Reaktor. Die Strahlintensität ist so niedrig, dass sich immer nur ein Neutron zur Zeit in der Apparatur befindet und das nachfolgende Neutron noch gar nicht entstanden ist. Wie bei den Elektronen beobachten wir also die Interferenz von Teilchen mit sich selbst und nicht mit anderen Teilchen. Bei Fermionen sind Interferenzen zwischen verschiedenen Teilchen auch gar nicht möglich, da sie aufgrund des Pauli-Prinzips verschiedene Quantenzustände einnehmen müssen und daher nicht kohärent sein können.

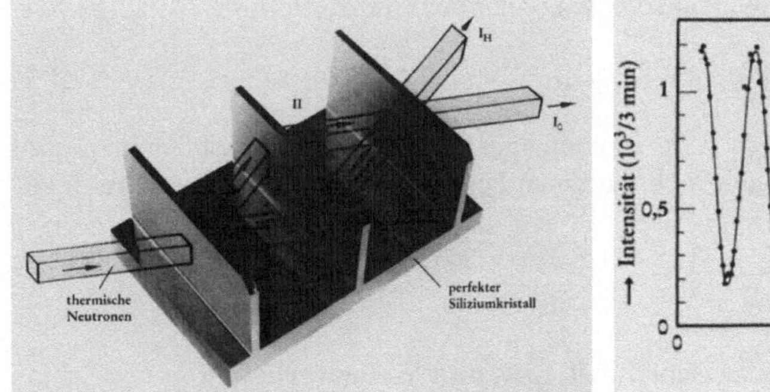

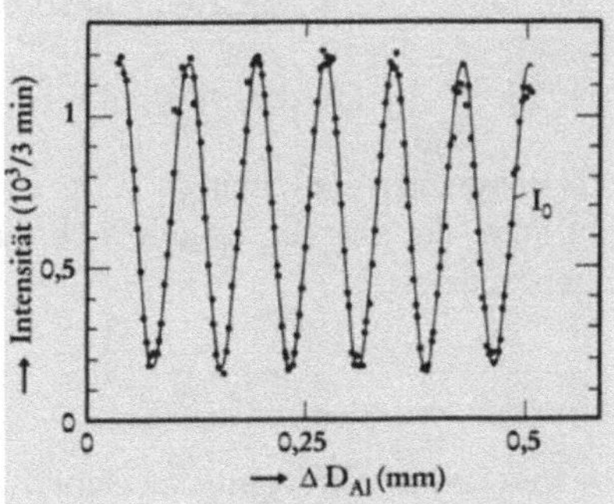

Abb. 1.6 *Links*: Perfektkristall-Neutroninterferometer. *Rechts*: Interferenzstreifen als Funktion der Dicke der Aluminiumplatte in einem Strahlweg [7]. Wiedergabe mit freundlicher Genehmigung von Prof. Helmut Rauch. Copyright Wiley VHC-Verlag, reproduced with permission

1.2.4 Welchen Weg wählt das Teilchen?

Beim Doppelspaltexperiment treffen die Elektronen als praktisch punktförmige Teilchen auf den Beobachtungsschirm (fotografische Schicht oder Pixeldetektor), siehe Abb. 1.4. Demnach erscheint es vernünftig, sie generell als punktförmig anzusehen und folgende Behauptung aufzustellen: jedes Elektron fliegt entweder durch Spalt 1 oder durch Spalt 2, aber nicht gleichzeitig durch beide Spalte.

Diese einleuchtende Behauptung erweist sich als nicht haltbar. Sobald man sich ein Experiment ausdenkt, mit dem geprüft werden kann, ob ein Elektron durch Spalt 1 oder Spalt 2 fliegt, verschwindet das Interferenzmuster. Eine wichtige Konsequenz dieser Erkenntnis ist: es ist nicht sinnvoll, von einer Bahnkurve des Elektrons in atomaren Dimensionen zu sprechen. Aber eigentlich ist es noch viel schlimmer: bei den Neutron-Interferenzexperimenten mit den Perfektkristall-Interferometern sind die beiden Teilpfade des Neutrons um mehrere cm getrennt, und trotzdem „merkt“ das Neutron, was in beiden Pfaden geschieht. Das heißt, es gibt Situationen, wo man selbst im Zentimeterbereich nicht von einer Bahnkurve sprechen darf. Die begrifflichen Schwierigkeiten des Teilchen-Welle-Dualismus werden in Abb. 1.7 am Bild des Skifahrers, der gleichzeitig rechts und links an einer Tanne vorbeifährt, sehr schön veranschaulicht.

Das Heisenberg-Mikroskop

Werner Heisenberg hat ein Gedankenexperiment konstruiert, in dem festgestellt werden könnte, durch welchen Spalt das Elektron geht. Die Idee ist, kurzwelliges Licht zur Beobachtung zu benutzen. Der Haken ist jedoch, dass das Elektron bei der Streuung des Photons eine Richtungsänderung erleidet, die das Interferenzmuster stört, wobei die Stärke der Störung von der Wellenlänge des Photons abhängt.
(I) Bei sehr kleiner Wellenlänge $\lambda \ll d$ (d ist der Spaltabstand) kann man eindeutig den richtigen Spalt erkennen, die Störung ist jedoch stark, und es ergibt sich eine Addition der Wahrscheinlichkeitsdichten ohne Interferenzterm

$$\rho_{12}(x) = \rho_1(x) + \rho_2(x) = |\psi_1(x)|^2 + |\psi_2(x)|^2 \,. \tag{1.7}$$

(II) Bei großer Wellenlänge ($\lambda \gg d$) kann man die beiden Spalte nicht mehr optisch auflösen, die Störung ist schwach, und man beobachtet das voll ausgeprägte Interferenzmuster

$$\rho_{12}(x) = |\psi_1(x) + \psi_2(x)|^2 \,. \tag{1.8}$$

Der gleitende Übergang zwischen Teilchen- und Wellenverhalten

Ein interessanter neuer Gesichtspunkt ist nun aber (und dies wird schon in den Feynman-Vorlesungen diskutiert), dass es einen gleitenden Übergang zwischen den beiden Extremen (I) und (II) gibt. Wenn nämlich die Wellenlänge des Photons und

Abb. 1.7 Das Doppelspaltexperiment als Cartoon (Grafik von R.J. Buchelt). (Aus H. Rauch [7]). Abdruck mit freundlicher Genehmigung des Verfassers

der Spaltabstand etwa gleich groß sind, kann man nur ungefähre Aussagen machen, wie dies auch in der Fuzzy-Logik der Fall ist. Nehmen wir an, die Wahrscheinlichkeit für die richtige Zuordnung des Spaltes sei w, die für die falsche Zuordnung $(1 - w)$, so ergibt sich eine Verteilung der Form (siehe Feynman, Band 3)

$$\rho_{12}(x) = \left|\sqrt{w} \cdot \psi_1(x) + \sqrt{1-w} \cdot \psi_2(x)\right|^2 + \left|\sqrt{w} \cdot \psi_2(x) + \sqrt{1-w} \cdot \psi_1(x)\right|^2 \tag{1.9}$$

und damit ein Interferenzmuster mit reduziertem Kontrast. Für $w = 1$ tritt der obige Fall (I) ein, für $w = 0{,}5$ der Fall (II). Dieser Übergangsbereich zwischen der klassischen Physik (gar keine Interferenz bei Teilchen) und der Quantenphysik (voll ausgeprägte Teilcheninterferenz) war den Gründungsvätern der Quantentheorie nicht bekannt. Hier liegt das Gebiet der heute viel untersuchten mesoskopischen Physik.

Der Übergangsbereich ist in einem Experiment [8] von M. Brune und anderen erforscht worden, das wir aus Platzgründen nur sehr schematisch beschreiben können (siehe Abb. 1.8). Die Teilchen sind hier Rubidium-Atome in einem hochangeregten Zustand, die Hauptquantenzahl beträgt $n = 51$ (man nennt diese hoch-

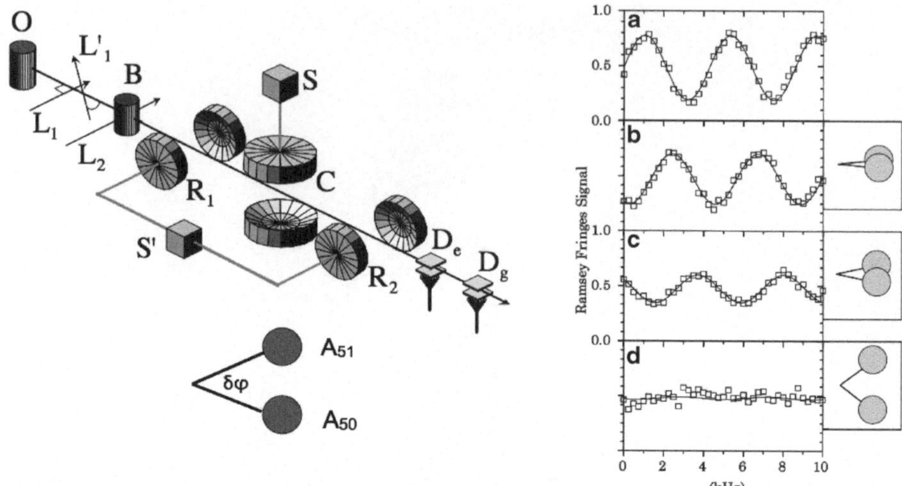

Abb. 1.8 *Links*: Schema des Aufbaus von M. Brune und anderen zur Untersuchung des Grenzbereichs zwischen der Mikrowelt mit voll ausgeprägten Teilcheninterferenzen und der Makrowelt, in der es keine Teilcheninterferenzen gibt (Erläuterungen dazu im Text). Darunter werden die Phasenverschiebungen $\pm\delta\varphi/2$ im Mikrowellenresonator C durch die Rydberg-Atome A_{51} mit Hauptquantenzahl $n = 51$ und A_{50} mit $n = 50$ gezeigt. Da nur wenige Mikrowellenphotonen im Resonator C vorhanden sind, gibt es eine gewisse Unschärfe in der Amplitude und Phase des Hochfrequenzfeldes. Dieser Unschärfebereich wird durch die kreisförmigen Scheiben angedeutet. *Rechts*: Die beobachteten Interferenzmuster für verschieden präzise Identifikation des Hochfrequenz-Resonators R_1 oder R_2, in dem der Übergang $A_{51} \rightarrow A_{50}$ erfolgt. Bild (a): gar keine Identifikation ergibt maximalen Kontrast; Bilder (b) und (c): teilweise Identifikation ergibt Interferenzen mit reduziertem Kontrast; Bild (d): $100\,\%$ sichere Identifikation lässt die Interferenzen völlig verschwinden. Nachdruck mit freundlicher Genehmigung von Prof. J.-M. Raimond und Prof. S. Haroche. Figures adapted with permission from [8]. Copyright 1996 by the American Physical Society

angeregten Atome *Rydberg-Atome*). Die mit A_{51} bezeichneten Atome durchlaufen zwei hintereinander angeordnete Hochfrequenz-Resonatoren R_1 und R_2, in denen die Atome durch Einstrahlung einer Frequenz von $f_0 = 51{,}099$ GHz vom Zustand $(n = 51)$ in den Zustand $(n = 50)$ überführt werden können. Am Detektor wird die Rate der A_{50}-Atome gemessen. Dies ist eine moderne Variante des Doppelspaltexperiments, denn man kann nicht unterscheiden, ob der Übergang $A_{51} \rightarrow A_{50}$ in R_1 oder R_2 erfolgt. Daher sind auch die typischen Interferenzen messbar, wenn man die eingestrahlte Hochfrequenz f ein wenig um f_0 moduliert.

Das Besondere an dem Aufbau ist nun ein supraleitender Mikrowellenresonator C zwischen R_1 und R_2, der als Messinstrument wirkt und die Rydberg-Atome A_{50} und A_{51} unterscheiden kann. Die Rydberg-Atome sind riesig verglichen mit Atomen im Grundzustand (der Radius der n-ten Bohr'schen Bahn ist $r_n = n^2 r_1 \approx 125$ nm für $n = 50$) und besitzen ein sehr großes elektrisches Dipolmoment. Schon ein einzelnes Rydberg-Atom wirkt wie eine kleine dielektrische Kugel und kann den supraleitenden Mikrowellenresonator verstimmen und dadurch die Phase der Hochfrequenzwelle verschieben. Die Frequenz des Resonators $f_C = f_0 + \Delta f$ wird so eingestellt, dass die Phase φ der Mikrowellenschwingung in C durch die A_{51}-Atome um $+\delta\varphi/2$ verschoben wird und durch die A_{50}-Atome um $-\delta\varphi/2$ (siehe Abb. 1.8.) Der Grad der Verschiebung kann variiert werden, indem man Δf verändert. Damit erhält man ein einstellbares Messgerät zur mehr oder weniger deutlichen Unterscheidung der Zustände A_{50} und A_{51}. Übertragen auf unser Doppelspaltexperiment heißt das: man kann die Wahrscheinlichkeit w in Gleichung (1.9) kontinuierlich zwischen $w = 0{,}5$ (keine Unterscheidungsmöglichkeit der beiden Spalte) und $w = 1$ (genaue Kenntnis des richtigen Spalts) variieren. Das Ergebnis des Brune-Experiments ist ebenfalls in Abb. 1.8 gezeigt. Man kann sehr deutlich die Veränderungen des Kontrasts im Interferenzmuster erkennen. In der Tat findet man maximalen Kontrast für $w = 0{,}5$ (keine Entscheidungsmöglichkeit), verminderten Kontrast für $0{,}5 < w < 1$ und Verschwinden des Musters für $w = 1$ (genaue Kenntnis des Spalts).

Ein hochinteressanter Aspekt dieses Experiments ist, dass es gar nicht darauf ankommt, die Phasenverschiebung im Mikrowellenresonator tatsächlich zu messen. Allein die Tatsache, dass dies im Prinzip möglich wäre, reicht aus, das Interferenzmuster zu beeinflussen oder sogar zu zerstören. Diese Erkenntnis geht weit über die Argumentation beim „Heisenberg-Mikroskop" hinaus: dort ist es der vom Photon auf das Elektron übertragene Rückstoßimpuls, der das Interferenzmuster zum Verschwinden bringt.

1.2.5 Interferenzen mit großen Molekülen

Die Wellennatur der Materie ist für kleine Objekte – Elektronen, Neutronen oder Atome – durch Interferenzexperimente eindrucksvoll bestätigt worden, wie wir gerade gesehen haben. Bei großen Objekten – Billardkugeln oder Fußbällen – sind noch nie Interferenzen beobachtet worden. Ist die Quantenmechanik auf solche makroskopischen Objekte überhaupt anwendbar und macht es Sinn, von der *de Broglie*-Wellenlänge eines Fußballs zu sprechen? In der Kopenhagener Deutung wird dies verneint, dort wird eine deutliche Unterscheidung gemacht zwischen dem mikroskopischen Bereich der Elektronen, Atome und Moleküle, in dem die Gesetze der Quantentheorie anzuwenden sind, und dem makroskopischen Bereich unserer täglichen Erfahrung, der mit der klassischen Physik beschrieben wird. Eine spannende Frage ist: wie groß dürfen Objekte werden, um noch Interferenzen zu zeigen? Oder etwas allgemeiner gefragt: an welcher Stelle setzt der Übergang vom Quantenverhalten zum klassischen Verhalten ein (Engl. *quantum-to-classical transition*)?

Interferenzen mit Fußbällen kann man in der Tat beobachten, allerdings sind dies Miniaturfußbälle, die C_{60}-Fulleren-Moleküle. Experimentelle Resultate werden in Abb. 1.9 gezeigt. Diese Messung ist aus zwei Gründen hochinteressant. Die *de Broglie*-Wellenlänge der Moleküle ist viel kleiner als ihr Durchmesser (siehe Aufgabe 1.2), und zweitens darf man die aus 60 C-Atomen bestehenden Bälle nicht als Punktteilchen ansehen, da die Atome innerhalb des Moleküls Schwingungen

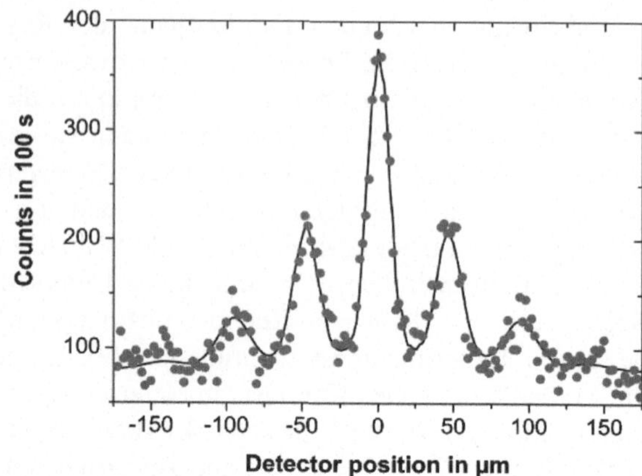

Abb. 1.9 *Links*: das Fulleren C_{60}. Das C_{60}-Molekül ähnelt einem Fußball. Es ist innen hohl und hat einen Durchmesser von etwa 0,8 nm. *Rechts*: beobachtete Interferenzen mit C_{60}-Molekülen der mittleren Geschwindigkeit $136 \pm 3\,\mathrm{m/s}$ [9]. Abdruck mit freundlicher Genehmigung von Prof. M. Arndt, Universität Wien. Copyright 2003 American Association of Physics Teachers, reproduced with permission

durchführen und Strahlung emittieren können. Die in der Quelle hoch erhitzten Fulleren-Moleküle senden auf ihrem Flug vom Beugungsgitter zum Detektor 2 bis 3 Infrarot-Photonen aus. Allerdings beträgt die Wellenlänge dieser Photonen einige 10 µm und ist weit größer als der Spaltabstand im Gitter von 0,1 µm. Daher ist es prinzipiell unmöglich, durch Messung dieser Photonen den Weg des C_{60}-Moleküls zu bestimmen, und aus diesem Grund wird das Interferenzmuster auch nicht beeinträchtigt.

Auch mit noch größeren Molekülen lassen sich Interferenzen beobachten (Abb. 1.10).

1.2.6 Bose-Einstein-Kondensation und kohärente Materiewellen

Mit dem Laser lassen sich Interferenzen sehr einfach demonstrieren. Es handelt sich dabei um die Überlagerung von makroskopischen Wellen, bestehend aus Millionen von Photonen, die alle den gleichen Quantenzustand einnehmen und kohärent sind. Im Bereich der Teilcheninterferenzen ist dies bis vor kurzem nicht möglich gewesen. Wie wir oben gesehen haben, sind die Elektroneninterferenzen an Doppelspalten, aber auch die Neutroneninterferenzen in Kristallen grundsätzlich als Interferenz jedes einzelnen Teilchens mit sich selber zu deuten. Kohärenz zwischen verschiedenen Elektronen kann man aufgrund des Pauli-Ausschließungsprinzips auch nicht erwarten.

Anders kann dies bei Atomen mit ganzzahligem Gesamtdrehimpuls sein, die Bose-Teilchen sind und sehr wohl den gleichen Quantenzustand einnehmen dür-

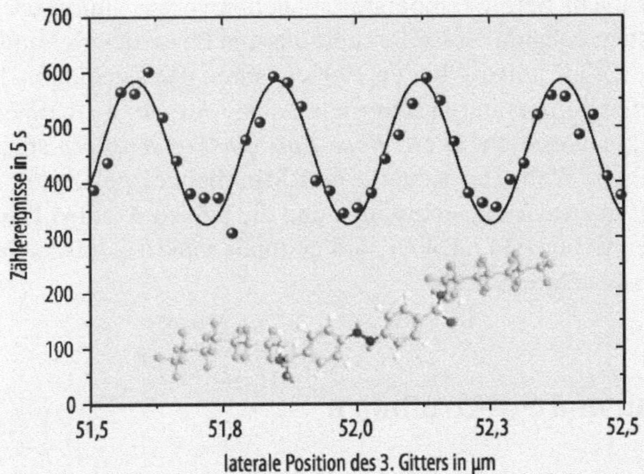

Abb. 1.10 Gemessenes Interferogramm für das Makromolekül $C_{30}H_{12}F_{30}N_2O_4$ [10]. Die im unteren Teil des Bildes gezeigten Moleküle wurden von Prof. M. Mayor an der Univ. Basel synthetisiert. Abdruck mit freundlicher Genehmigung von Prof. M. Arndt, Universität Wien. Copyright Wiley VHC-Verlag, reproduced with permission

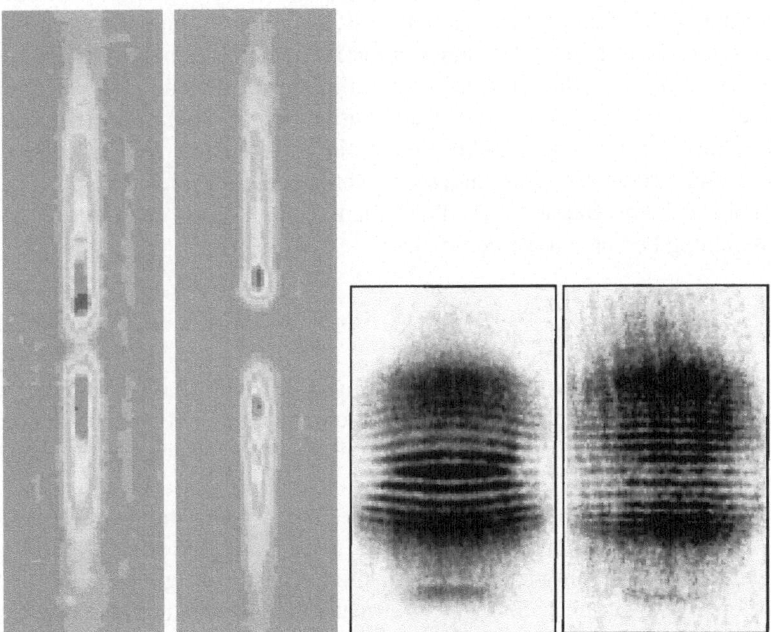

Abb. 1.11 *Linke Seite*: Phasenkontrast-Aufnahmen von zwei getrennten Bose-Einstein-Kondensaten, bestehend aus Natrium-Atomen [11]. Die Breite der Kondensate beträgt etwa 20 µm. *Rechte Seite*: beobachtete Interferenzen bei der Überlappung der beiden Kondensate. Bildwiedergabe mit freundlicher Erlaubnis von Prof. Wolfgang Ketterle und Science. Copyright 1997 AAAS

fen und dies bei sehr tiefen Temperaturen auch bevorzugt tun. Seit langer Zeit ist ein solches System bekannt: es ist die suprafl̈ussige Phase des Heliums, die bei Temperaturen unter 2,17 K auftritt. In den 1990er Jahren ist es gelungen, in Teilchenfallen bei sehr tiefen Temperaturen sehr viele Alkali-Atome in einem einzigen Quantenzustand zu kondensieren. Diese *Bose-Einstein-Kondensate* haben ungewöhnliche Eigenschaften. Wolfgang Ketterle und Mitarbeitern gelang es 1996, ein solches Kondensat in zwei Teile aufzuteilen und die beiden Atomwolken zur Überlappung zu bringen (Abb. 1.11). Dabei sind erstmals makroskopische Materiewellen-Interferenzen beobachtet worden.

1.3 Atombau und Spektrallinien

Hoch erhitzte Körper wie die Sonne oder der Wolframdraht einer Glühbirne strahlen sichtbares Licht ab, das ein kontinuierliches Spektrum überstreicht. Modellmäßig kann man sich vorstellen, dass die Elektronen in einem Plasma oder Metall durch die thermische Energie zu hochfrequenten Schwingungen angeregt werden und wie Hertz'sche Dipole elektromagnetische Strahlung emittieren. Da es sehr viele eng benachbarte Schwingungsfrequenzen gibt, ist das Strahlungsspektrum praktisch kontinuierlich. Ganz anders verhält es sich mit der Strahlung isolierter Atome, die man bei elektrischen Entladungen in verdünnten Gasen beobachten kann. Die Atome senden nur einzelne diskrete Spektrallinien aus, die charakteristisch für das jeweilige chemische Element sind. Das kontinuierliche Spektrum der Sonne und die im Sichtbaren liegenden Spektrallinien einiger Elemente werden in Abb. 1.12 gezeigt. Beim Wasserstoffatom findet man vier sichtbare Linien. Im Jahr 1885 entdeckte Johann Jakob Balmer, dass die Wellenlängen dieser Linien mit einer einfachen Gleichung berechnen werden können

$$\lambda_n = \frac{n^2}{n^2 - 4} \cdot 3645{,}6\,\text{Å} \quad \text{mit} \quad n = 3, 4, 5, 6 \ldots \tag{1.10}$$

Die Spektrallinien stellten die klassische Physik vor unlösbare Probleme, und es gelang nicht, eine geeignete theoretische Beschreibung zu entwickeln. Schon frühzeitig erkannte man, dass diese Linien eng mit der Struktur der Atome zusammenhängen müssten[2].

Eines der frühen Atommodelle stammt von Joseph John Thomson, der 1897 das Elektron entdeckte und im Anschluss daran ein „Rosinenkuchen"-Modell (Engl. *plum pudding model*) entwickelte: die positive Ladung ist gleichmäßig über das Atomvolumen verteilt und bildet gewissermaßen den Kuchenteig, die negativ gela-

[2] „Atombau und Spektrallinien" lautet der Titel eines 1919 erschienenen berühmten Buches von Arnold Sommerfeld, der Professor für Theoretische Physik an der Universität München war und zu den Wegbereitern der modernen Atomtheorie gehörte. Unter anderem erweiterte er das Bohr'sche Atommodell, um relativistische Effekte im Wasserstoffatom zu erfassen und die Feinstruktur der Spektrallinien zu erklären.

Abb. 1.12 Das kontinuierliche Spektrum des Sonnenlichts und die sichtbaren Spektrallinien von Wasserstoff, Helium, Lithium und Magnesium

denen Elektronen werden als punktförmig angesehen und sind die Rosinen im Teig. Es ist leicht nachzuweisen, dass die Elektronen harmonische Schwingungen innerhalb der positiven Ladungsverteilung durchführen können und dabei Strahlung emittieren. Das Problem besteht darin, dass diese Strahlung genau nur bei einer einzigen Frequenz auftreten sollte, nämlich der für das jeweilige Atom charakteristischen Schwingungsfrequenz. Die experimentell beobachteten und durch die Balmer-Formel (1.10) beschriebenen Spektralserien können nicht erklärt werden.

Um 1911 musste das Thomson'sche Atommodell aufgegeben werden, als Hans Geiger und Ernest Marsden Experimente zur Streuung von α-Teilchen in dünnen Goldfolien durchführten. Die Deutung durch Lord Rutherford führte zum Planeten-Modell des Atoms (Kap. 6.3). Aber auch in diesem Modell bleiben die Spektralserien mit vielen diskreten Linien unverständlich, und darüber hinaus ist das Rutherford-Atom instabil, wenn man die Gesetze der klassischen Elektrodynamik anwendet. Im Jahr 1913 präsentierte dann Niels Bohr sein berühmtes Atommodell, mit dem er die Spektrallinien des Wasserstoffatoms quantitativ erklären konnte, aber eine Reihe von Annahmen machen musste, die der klassischen Physik widersprachen (siehe Kap. 6.3).

Die endgültige Lösung kam in den Jahren um 1925. Es war ein großer Triumph der neuen Quantenmechanik, dass sie nicht nur die Spektrallinien des Wasserstoffs, sondern aller Atome korrekt beschreiben konnte.

1.4 Didaktische Anmerkungen

1.4.1 Die Unanschaulichkeit der Quantentheorie

Einer der Väter der Quantenelektrodynamik, Richard Feynman, hat den Aphorismus geprägt „*Nobody really understands quantum physics*“. Dieser Satz klingt fast so provokativ wie der berühmte Ausspruch von Albert Einstein „*Gott würfelt nicht*“, man muss ihn aber wie diesen mit einiger Vorsicht anwenden. Feynman selbst wusste sehr genau, wie man in der Quantentheorie Berechnungen durchführt, er war geradezu ein Meister darin und hat mit seiner Erfindung der Feynman-Graphen viel zur Vereinfachung der Quantenelektrodynamik beigetragen. Was er meinte ist, dass die anschauliche Vorstellung uns Schwierigkeiten macht. „Anschauen“ mit bloßen Augen können wir nur die hinreichend großen Dinge, und bei diesen gibt es keine Welle-Teilchen-Komplementarität. Eine Glasmurmel wird entweder durch Spalt 1 rollen oder durch Spalt 2, aber nicht durch beide „gleichzeitig“. Die *de Broglie*-Wellenlänge einer Glasmurmel ist selbst bei winzigen Geschwindigkeiten viel geringer als der Durchmesser eines Protons und somit extrem viel kleiner als die Größe der Murmel. Daher ist undenkbar, dass diese Kugel Interferenzmuster erzeugen könnte. Ebenso ist es undenkbar, dass die Murmel durch eine dünne Folie tunneln könnte, ohne die Folie zu verletzen. Das Quantenverhalten erscheint uns aus dem Grunde „unanschaulich“, weil wir es im normalen Leben nicht anschauen können.

George Gamow hat im Scherz eine Welt vorgeschlagen, in der die Planck’sche Konstante um viele viele Zehnerpotenzen größer ist, so dass die Welleneigenschaften von Tigern merkbar würden. Lebten wir in einer solchen Welt, so wäre für uns selbstverständlich, dass ein im Zoo eingesperrter Tiger durch die Käfigwand nach draußen schlüpfen könnte und man ihm nicht die Tür öffnen müsste. Wenn wir diese seltsamen Phänomene täglich sehen könnten, würden wir sie nicht mehr als fremd empfinden, sondern sie wären für uns „anschaulich“.

Diese Überlegungen zeigen, dass „Anschaulichkeit“ kein absoluter Begriff ist, sondern von den bisher gemachten Erfahrungen abhängt. Wenn man als Physiker genügend viele Aufgaben mit der Schrödinger-Gleichung gelöst hat, wird man allmählich ein gewisses intuitives Verständnis für diejenigen Aspekte der Theorie entwickeln, die einem Anfänger rätselhaft erscheinen. Warum ist es wichtig, diese höhere Art von Anschauung zu gewinnen oder zumindest die innere Abwehr gegen die Quantenphysik abzubauen? Mir liegt sehr daran zu vermitteln, dass man aus den Seltsamkeiten der Quantentheorie keineswegs den Schluss ziehen darf, diese Theorie sei als solche skurril und ihren Aussagen sei nicht zu trauen. Die Vorhersagen der Theorie stimmen in allen untersuchten Fällen mit dem Experiment überein, was man von kaum einer anderen physikalischen Theorie behaupten kann. Dies bedeutet, dass die Quantentheorie extrem leistungsfähig ist.

1.4.2 Die Erweiterung unserer Anschauung durch neue Instrumente

Mit einem Lichtmikroskop kann man Pantoffeltierchen und andere Kleinstlebewesen beobachten, die mit bloßem Auge unsichtbar sind. Schauen wir durch ein Mikroskop, so werden wir dies in unmittelbarer Weise als Erweiterung unseres Erkennungsvermögens wahrnehmen: die winzigen Objekte werden „anschaulich" für uns, weil wir sie sehen können, wenn auch nur mit Hilfsmitteln. In den letzten Jahrzehnten sind neue, extrem hochauflösende Mikroskope entwickelt worden, die selbst einzelne Atome „sichtbar" machen können, das Rastertunnelmikroskop und das Rasterkraftmikroskop. Abbildung 1.13 zeigt ein berühmtes Beispiel. Mit Hilfe eines Rasterkraftmikroskops wurden Eisenatome auf einer Kupferoberfläche verschoben und zu einem Ring angeordnet. Ein Bild des Ringes erhält man durch Abtastung mit einem Rastertunnelmikroskop. Die Elektronen, die sich auf der Kupferoberfläche im Innern dieses ringförmigen Käfigs befinden, bilden eine zweidimensionale stehende Elektronenwelle, die man ebenfalls abtasten kann. Dies ist der direkte, visuelle Beweis für die Wellennatur der Elektronen.

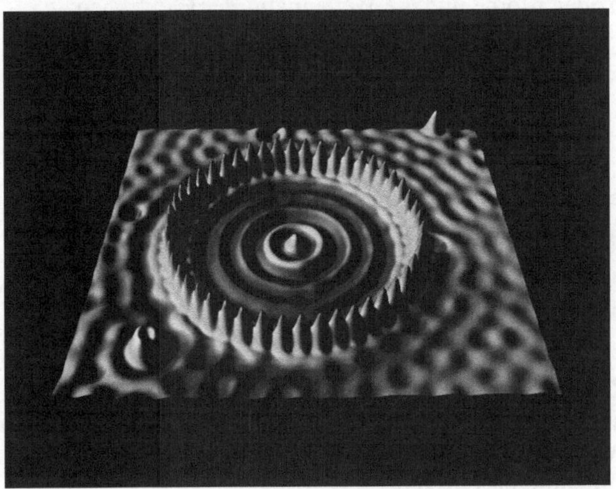

Abb. 1.13 Eine stehende Elektronenwelle innerhalb eines Ringes von 48 Eisenatomen auf einer Kupferoberfläche. (Wiedergabe mit freundlicher Genehmigung von Dr. Don Eigler, IBM-Forschungslabor Almaden. Image originally created by IBM Corporation.) Zur theoretischen Beschreibung der stehenden Elektronenwelle siehe Anhang B.4

Zusammenfassung

1. Die Quantenmechanik ist Grundlage der neuen Technologien.
2. Moderne Doppelspaltexperimente mit Elektronen, Neutronen und schwereren Teilchen belegen eindeutig die Wellennatur der Materie. Sie zeigen aber gleichzeitig die Teilchennatur, da die Interferenzbilder sukzessive durch punktförmige Einträge aufgebaut werden.
3. Licht zeigt sowohl Wellen- wie Quantenverhalten, was man mit Fotografien und der Comptonstreuung sichtbar machen kann.
4. Beim Doppelspaltexperiment gibt es einen gleitenden Übergang zwischen Teilchen- und Wellenverhalten.
5. Interferenzen kann man auch mit Makromolekülen wie C_{60}, C_{70} oder $C_{30}H_{12}F_{30}N_2O_4$ nachweisen.
6. Mit Bose-Einstein-Kondensaten lassen sich makroskopische Materiewellen realisieren, die interferenzfähig sind.
7. Die Spektrallinien der Atome waren im Rahmen der klassischen Physik unverständlich und erforderten eine neue Atomtheorie.
8. Neue Instrumente wie das Rastertunnelmikroskop liefern visuelle Beweise für die Existenz der Atome und die Wellennatur der Elektronen.

Aufgaben

1.1) Berechne die Wellenlänge eines thermischen Neutrons ($E_{\text{kin}} = 3/2 k_B T$ bei $T = 293\,\text{K}$) und den Bragg-Winkel bei der Beugung an einen Silizium-Einkristall.

1.2) Berechne die Wellenlänge der C_{60}-Moleküle in dem Interferenzexperiment von Nairz et al. und vergleiche sie mit dem Durchmesser der Moleküle.

1.3) Rydberg-Atome haben ungewöhnliche Eigenschaften, eine Beschreibung findet man in [12]. Zur Anregung des Wasserstoffatoms in einen Rydberg-Zustand addiert man das Licht von zwei Lasern. Der erste Laser habe die feste Photonenenergie von 11,5 eV, der zweite Laser ist durchstimmbar. Welche Photonenenergien des zweiten Lasers sind nötig, um die Zustände $n = 20,\ 30,\ 40$ zu erreichen? Wie groß sind die jeweiligen Bahnradien r_n? Das Bohr'sche Atommodell (siehe [12] oder Kap. 6.3.2) kann hierfür benutzt werden.

Kapitel 2
Die Schrödinger-Gleichung

2.1 Die Grundgleichungen der Quantentheorie

Der photoelektrische Effekt und die Comptonstreuung (siehe Abb. 1.5) sind Belege dafür, dass Licht nicht nur eine Wellenerscheinung ist, sondern auch eine Teilchennatur besitzt. Die Energie eines Lichtquants (Photons) ist über die Planck'sche Beziehung

$$E = \hbar\omega \tag{2.1}$$

mit seiner Kreisfrequenz $\omega = 2\pi f$ verknüpft. Die Planck'sche Konstante[1], auch Wirkungsquantum genannt, hat den Wert

$$\hbar = \frac{h}{2\pi} = 1{,}05 \cdot 10^{-34}\,\mathrm{Js} = 6{,}582 \cdot 10^{-16}\,\mathrm{eVs}\,. \tag{2.2}$$

Andererseits können mit Elementarteilchen oder gebundenen Systemen von Teilchen (Elektronen, Neutronen, Atomen, Molekülen) Interferenzexperimente durchgeführt werden, die den Interferenzen mit Licht gleichen (Abb. 1.2, 1.6, 1.9). Diese Erscheinungen lassen sich nur im Wellenbild deuten. Die einem Teilchen zugeordnete Wellenlänge ist durch die *de Broglie*-Beziehung gegeben:

$$\lambda = \frac{2\pi\hbar}{p}\,, \tag{2.3}$$

wobei $p = mv$ der Impuls des Teilchens ist. Wenn man die Wellenzahl $k = 2\pi/\lambda$ einführt, lässt sich die *de Broglie*-Gleichung auch in der Form $p = \hbar k$ oder als Vektorgleichung $\boldsymbol{p} = \hbar\boldsymbol{k}$ schreiben. Die beiden Beziehungen

$$\boxed{E = \hbar\omega \quad \text{und} \quad \boldsymbol{p} = \hbar\boldsymbol{k}} \tag{2.4}$$

[1] Ich verwende in diesem Buch immer $\hbar = h/(2\pi)$ (gesprochen *h-quer*) und nenne dies die Planck'sche Konstante. Die Kreisfrequenz $\omega = 2\pi f$ wird zur Vereinfachung oft „Frequenz" genannt.

P. Schmüser, *Theoretische Physik für Studierende des Lehramts 1*,
DOI 10.1007/978-3-642-25397-3_2,

sind die Grundgleichungen der Quantentheorie. Sie gelten in der nichtrelativistischen Quantenmechanik und auch in der relativistischen Quantenelektrodynamik und den anderen relativistischen Quantenfeldtheorien (Standard-Modell der vereinheitlichten elektro-schwachen Wechselwirkung und der Quantenchromodynamik, für eine Einführung siehe Ref. [4]). Man kann diese Relationen sowohl für Teilchen mit Masse $m > 0$ (Elektronen, Neutronen, Atome) als auch für die masselosen Photonen anwenden, bei denen allerdings der Impuls in der Form $p = E/c$ geschrieben werden muss, wobei c die Lichtgeschwindigkeit im Vakuum ist. Wir werden uns im Weiteren vorwiegend mit Elektronen und anderen massiven Teilchen beschäftigen und voraussetzen, dass die Geschwindigkeiten viel kleiner als c sind, so dass die nichtrelativistischen Beziehungen zwischen Energie und Impuls verwendet werden dürfen. Zur korrekten Beschreibung von Photonen und ihrer Wechselwirkung mit geladenen Teilchen benötigt man eine relativistische Quantenfeldtheorie.

2.2 Energie- und Impulsoperator

Teilchen mit wohldefiniertem Impuls haben alle dieselbe Wellenlänge und können, was Interferenzmuster angeht, durch harmonische Wellen repräsentiert werden. Es erweist sich in der Quantenmechanik als notwendig, nicht mit Sinus- oder Cosinuswellen zu rechnen, sondern die komplexe Exponentialfunktion zu benutzen. Die Welleneigenschaften von Elektronen, die sich in einem kräftefreien Bereich bewegen, beschreiben wir durch eine Wellenfunktion Ψ, die die Form einer ebenen Welle hat[2]

$$\Psi(x,t) = A\,\mathrm{e}^{\mathrm{i}(k\,x-\omega t)}\,. \tag{2.5}$$

Die Konstante A ist ein Normierungsfaktor. Ein Grundprinzip der Quantentheorie ist, dass die physikalischen Messgrößen eines Teilchens wie Energie und Impuls durch Operatoren beschrieben werden. Anwendung eines Operators auf die Wellenfunktion ergibt den Messwert der entsprechenden physikalischen Größe. Dies Prinzip soll nun angewandt werden, um die Form des Energieoperators $\widehat{E}$ und des Impulsoperators $\widehat{p}_x$ plausibel zu machen.

$$\widehat{E}\Psi(x,t) = E\Psi(x,t)\,, \quad \widehat{p}_x\Psi(x,t) = p_x\Psi(x,t)\,. \tag{2.6}$$

Benutzen wir $E = \hbar\omega$ und $p_x = \hbar k$ so ergibt sich die folgende Form der Operatoren

$$\boxed{\widehat{E} = \mathrm{i}\hbar\frac{\partial}{\partial t}\,, \quad \widehat{p}_x = -\mathrm{i}\hbar\frac{\partial}{\partial x}\,.} \tag{2.7}$$

Zur Illustration wenden wir den Energieoperator auf eine ebene Welle an

$$\widehat{E}\Psi(x,t) = \mathrm{i}\hbar\frac{\partial\Psi}{\partial t} = i\hbar(-\mathrm{i}\omega)\Psi(x,t) = \hbar\omega\Psi(x,t)\,.$$

---

[2] Eine bessere Beschreibung wird durch ein Wellenpaket geliefert, s. Kap. 3.4.

Partielle Ableitungen werden in Anhang A erklärt. Dreidimensional gilt

$$\widehat{\boldsymbol{p}} = -\mathrm{i}\hbar\nabla \equiv -\mathrm{i}\hbar \begin{pmatrix} \partial_x \\ \partial_y \\ \partial_z \end{pmatrix} \quad \text{mit} \quad \partial_x = \frac{\partial}{\partial x}\,,\ \partial_y = \frac{\partial}{\partial y}\,,\ \partial_z = \frac{\partial}{\partial z}\,. \tag{2.8}$$

Die Gestalt der Energie- und Impulsoperatoren ist mit Hilfe der ebenen Wellen plausibel gemacht worden. In der Quantentheorie wird postuliert, dass diese Operatoren ganz generell die Form (2.7, 2.8) haben.

2.3 Die Form der Schrödinger-Gleichung

In der klassischen Physik werden ebene elektromagnetische Wellen in der Form

$$f(x,t) = a\,\cos(k\,x - \omega t) \quad \text{oder} \quad f(x,t) = a\,\sin(k\,x - \omega t) \quad \text{mit} \quad k = \frac{2\pi}{\lambda}$$

dargestellt. Die Beziehung zwischen Wellenzahl und Kreisfrequenz lautet

$$\omega = c\,k \Rightarrow \omega^2 = c^2 k^2\,. \tag{2.9}$$

Genau diese Relation ergibt sich, wenn man die harmonischen Wellen in die folgende Differentialgleichung einsetzt

$$\frac{\partial^2 f}{\partial t^2} = c^2 \frac{\partial^2 f}{\partial x^2}\,. \tag{2.10}$$

Dies ist die Wellengleichung für eine der Komponenten des elektrischen oder magnetischen Feldes. Im Vakuum und bei Abwesenheit von Ladungen und Strömen sind ebene harmonische Wellen spezielle Lösungen dieser Gleichung. Man darf allerdings nicht behaupten, durch diese Betrachtungen die Wellengleichung aus der Gestalt der ebenen Wellen und der Gleichung (2.9) hergeleitet zu haben. Die Wellengleichung elektromagnetischer Felder kann aus den Maxwell-Gleichungen hergeleitet werden (siehe Band 2), und sie gilt sehr allgemein, z. B. auch in inhomogenen Medien mit räumlich veränderlichem Brechungsindex, wobei die Lösungen dann allerdings keine ebenen harmonischen Wellen mehr sind.

2.3.1 Die zeitabhängige Schrödinger-Gleichung

Wir sind jetzt in der Lage, uns die Form der Schrödinger-Gleichung plausibel zu machen. Für ein freies Teilchen lautet die Beziehung zwischen Energie und Impuls

$$E = \frac{p^2}{2m}\,. \tag{2.11}$$

Durch Einsetzen von (2.4) folgt

$$\hbar\omega = \frac{\hbar^2 k^2}{2m}\,. \tag{2.12}$$

Eine Differentialgleichung, die bei Anwendung auf eine harmonische ebene Welle diese Relation wiedergibt, lautet

$$\mathrm{i}\hbar\,\frac{\partial\Psi}{\partial t} = -\frac{\hbar^2}{2m}\frac{\partial^2\Psi}{\partial x^2}\,. \tag{2.13}$$

Dies ist die eindimensionale Schrödinger-Gleichung eines freien Teilchens. Alternativ kommt man zu dieser Gleichung durch Einsetzen der Energie- und Impulsoperatoren in (2.11). Wie schon bei der Wellengleichung betont wurde, handelt es sich hier nicht um eine Herleitung der Schrödinger-Gleichung im mathematischen Sinn, sondern es geht nur darum, die Gestalt dieser Differentialgleichung verständlich zu machen. „Beweisen" kann man die Schrödinger-Gleichung nicht, denn sie geht eindeutig über den Rahmen der klassischen Physik hinaus.

Die Schrödinger-Gleichung unterscheidet sich ganz erheblich von der klassischen Wellengleichung:

- sie ist von der ersten Ordnung in der Zeit,
- es tritt der Faktor $\mathrm{i} = \sqrt{-1}$ auf,
- die Wellenfunktion Ψ ist eine komplexwertige Funktion.

In der klassischen Physik und der Elektrotechnik sind die komplexen Zahlen sehr nützlich, um die Rechnungen einfacher und eleganter zu machen, wirklich notwendig sind sie nicht. In der Quantentheorie ist das anders: die Zeitabhängigkeit der Wellenfunktion ist grundsätzlich von der Art $\exp(-\mathrm{i}\omega t)$ und keineswegs $\cos(\omega t)$ oder $\sin(\omega t)$.

In den meisten Fällen von praktischem Belang befindet sich das Teilchen in einem Kraftfeld, von dem wir voraussetzen, dass es konservativ ist und durch ein Potential $V(x,t)$ beschrieben werden kann. Die allgemeine Form der zeitabhängigen Schrödinger-Gleichung lautet

$$\mathrm{i}\hbar\,\frac{\partial\Psi}{\partial t} = -\frac{\hbar^2}{2m}\frac{\partial^2\Psi}{\partial x^2} + V(x,t)\,\Psi(x,t)\,. \tag{2.14}$$

In Analogie zur Hamilton-Funktion der analytischen Mechanik, die die Summe der kinetischen und potentiellen Energie ist, führt man den *Hamilton-Operator* ein

$$\widehat{H} = -\frac{\hbar^2}{2m}\frac{\partial^2}{\partial x^2} + V(x,t)\,. \tag{2.15}$$

Damit kann man die zeitabhängige Schrödinger-Gleichung in kompakter Form schreiben

$$\mathrm{i}\hbar\,\frac{\partial\Psi}{\partial t} = \widehat{H}\,\Psi(x,t)\,. \tag{2.16}$$

Die Verallgemeinerung auf drei Dimensionen ergibt

$$
\begin{aligned}
\mathrm{i}\hbar \frac{\partial \Psi}{\partial t} &= -\frac{\hbar^2}{2m}\left(\frac{\partial^2 \Psi}{\partial x^2} + \frac{\partial^2 \Psi}{\partial y^2} + \frac{\partial^2 \Psi}{\partial z^2}\right) + V(\boldsymbol{r},t)\,\Psi(\boldsymbol{r},t) \\
&= -\frac{\hbar^2}{2m}\nabla^2\,\Psi(\boldsymbol{r},t) + V(\boldsymbol{r},t)\,\Psi(\boldsymbol{r},t)\,. \qquad (2.17)
\end{aligned}
$$

Mit dem Hamilton-Operator lautet die Gleichung

$$
\boxed{\mathrm{i}\hbar \frac{\partial \Psi}{\partial t} = \widehat{H}\,\Psi(\boldsymbol{r},t) \quad \text{mit} \quad \widehat{H} = -\frac{\hbar^2}{2m}\nabla^2 + V(\boldsymbol{r},t)\,.} \qquad (2.18)
$$

Diese Gleichung wird als Grundgleichung der nichtrelativistischen Quantenmechanik postuliert.

2.3.2 *Die zeitunabhängige Schrödinger-Gleichung*

Sehr wichtig sind die Spezialfälle, bei denen das Potential nicht von der Zeit abhängt. Man kann dann die Wellenfunktion als Produkt einer orts- und einer zeitabhängigen Funktion ansetzen:

$$
\Psi(x,t) = \psi(x)\cdot f(t)\,. \qquad (2.19)
$$

Wenn wir dies in (2.14) einsetzen, so folgt

$$
\mathrm{i}\hbar\frac{\mathrm{d}f}{\mathrm{d}t}\cdot\psi(x) = f(t)\cdot\left(-\frac{\hbar^2}{2m}\frac{\mathrm{d}^2\psi}{\mathrm{d}x^2} + V(x)\psi(x)\right).
$$

Nun dividieren wir diese Gleichung durch $f(t)\cdot\psi(x)$ und erhalten[3]

$$
\frac{\mathrm{i}\hbar}{f(t)}\frac{\mathrm{d}f}{\mathrm{d}t} = \frac{1}{\psi(x)}\left(-\frac{\hbar^2}{2m}\frac{\mathrm{d}^2\psi}{\mathrm{d}x^2} + V(x)\psi(x)\right).
$$

Links steht eine Funktion, die nur von der Zeit abhängt und nicht vom Ort, rechts ist es umgekehrt. Die Gleichheit kann nur dann für alle Werte von x und t gelten, wenn beide Seiten gleich einer Konstanten sind. Diese Konstante nennen wir E. Daraus ergeben sich getrennte Differentialgleichungen für $f(t)$ und $\psi(x)$. Die erste lautet

$$
\mathrm{i}\hbar\frac{\mathrm{d}f}{\mathrm{d}t} = Ef(t) \qquad (2.20)
$$

[3] Diese Division ist zulässig, da die Wellenfunktion eines Teilchens nicht identisch null sein darf. Die Funktion $f(t)$ ist immer ungleich null, die Funktion $\psi(x)$ ist in weiten Bereichen ungleich null. Da $f(t)$ und $\psi(x)$ jeweils von nur einer Variablen abhängen, werden die partiellen Ableitungen durch normale Ableitungen ersetzt.

und hat die Lösung

$$f(t) = \mathrm{e}^{-\mathrm{i}\omega t} \quad \text{mit} \quad \omega = E/\hbar\,. \tag{2.21}$$

Offensichtlich hat E die Dimension einer Energie, es handelt sich in der Tat hier um die Gesamtenergie des Teilchens, die Summe aus der kinetischen und der potentiellen Energie. Die zweite Gleichung ist die zeitunabhängige Schrödinger-Gleichung

$$-\frac{\hbar^2}{2m}\frac{\mathrm{d}^2\psi}{\mathrm{d}x^2} + V(x)\psi(x) = E\,\psi(x)\,. \tag{2.22}$$

Die dreidimensionale zeitunabhängige Schrödinger-Gleichung lautet entsprechend

$$\boxed{-\frac{\hbar^2}{2m}\left(\frac{\partial^2\psi}{\partial x^2} + \frac{\partial^2\psi}{\partial y^2} + \frac{\partial^2\psi}{\partial z^2}\right) + V(\boldsymbol{r})\psi(\boldsymbol{r}) = E\,\psi(\boldsymbol{r})\,.} \tag{2.23}$$

2.3.3 *Eigenfunktionen und Eigenwerte*

Die Differentialgleichungen (2.22) und (2.23) sind *Eigenwertgleichungen* der Form

$$\widehat{H}\psi = E\,\psi\,, \tag{2.24}$$

wobei die Randbedingungen zu berücksichtigen sind, die eine sehr wichtige Rolle spielen, s. die Beispiele in Kap. 3. Die Lösungen der Gl. (2.24), die die Randbedingungen erfüllen, nennt man die *Eigenfunktionen*, sie existieren in vielen Fällen nur für gewisse diskrete Werte der Energie E, die dann *Eigenwerte* heißen. Für den Eigenwert E_n hat die Gesamtwellenfunktion die Gestalt

$$\Psi_n(x,t) = \psi_n(x)\,\mathrm{e}^{-\mathrm{i}\omega_n t} \quad \text{mit} \quad \omega_n = E_n/\hbar\,. \tag{2.25}$$

2.4 Die Wahrscheinlichkeitsinterpretation

Die Wellenfunktion ψ soll die Welleneigenschaften eines Elektrons oder eines anderen Teilchens mathematisch erfassen. Wir werden später sehen, dass ψ sämtliche messbaren Eigenschaften des Teilchens beschreibt. Auch wenn es bei quantenmechanischen Rechnungen oft gewisse formale Analogien zur Theorie der mechanischen oder elektromagnetischen Wellen gibt, so muss man sich doch vor Augen führen, dass ganz gravierende Unterschiede bestehen. Die Amplitude einer klassischen Welle ist kontinuierlich veränderbar, und die Intensität wächst quadratisch mit der Amplitude an. Die Amplitude einer Einteilchen-Wellenfunktion hingegen hat nichts mit der Stärke dieser „Materiewelle" zu tun, sie ist vielmehr durch eine Normierungsbedingung festgelegt (s. unten) und kann in keiner Weise variiert werden.

Seit der Begründung der Quantentheorie hat es kontroverse Diskussionen über die physikalische Bedeutung der Wellenfunktion gegeben. In Einklang mit den meisten Physikern bevorzuge ich die Wahrscheinlichkeitsinterpretation, die von Max Born vorgeschlagen und besonders von Niels Bohr propagiert wurde. Auch die neuesten experimentellen Tests der Quantenmechanik sind fast alle mit dieser *Kopenhagener Deutung* der Quantentheorie in Einklang, während andere Deutungen dadurch in große Schwierigkeiten kommen. Viele Jahre lang wurde die Frage diskutiert, ob es „verborgene Variable" (*hidden variables*) geben könnte, die weitere, nicht bereits von der Wellenfunktion abgedeckte Informationen enthalten. Die modernen Experimente ergaben die eindeutige Antwort, dass solche verborgenen Variablen nicht existieren (siehe Kap. 9) und dass alles, was man über ein Quantensystem aussagen kann, bereits in der Wellenfunktion enthalten ist.

Wir wollen die Wahrscheinlichkeitsinterpretation zuerst für eine Raumdimension betrachten. Sei $\psi(x)$ die Wellenfunktion eines Teilchens. Dann ist die Wahrscheinlichkeit, das Teilchen im Intervall $[x, x+\mathrm{d}x]$ zu finden, gegeben durch den Ausdruck

$$|\psi(x)|^2 \mathrm{d}x \,.$$

Wir nennen

$$\rho(x) = |\psi(x)|^2 \tag{2.26}$$

die *Wahrscheinlichkeitsdichte*. Da die Funktion $\psi(x)$ genau ein Teilchen repräsentieren soll, muss man bei der Aufsummation der differentiellen Wahrscheinlichkeiten den Wert 1 erhalten

$$\int_{-\infty}^{+\infty} |\psi(x)|^2 \,\mathrm{d}x = 1 \,. \tag{2.27}$$

Man nennt diese Gleichung die Normierungsbedingung.

Die Verallgemeinerung auf drei Dimensionen ist naheliegend: die Wahrscheinlichkeit, das Teilchen im Bereich $[x, x + \mathrm{d}x]$, $[y, y + \mathrm{d}y]$, $[z, z + \mathrm{d}z]$ zu finden, ist gegeben durch den Ausdruck

$$|\psi(x, y, z)|^2 \,\mathrm{d}x\mathrm{d}y\mathrm{d}z \,.$$

Das Normierungsintegral lautet

$$\int_{-\infty}^{+\infty}\int_{-\infty}^{+\infty}\int_{-\infty}^{+\infty} |\psi(x, y, z)|^2 \,\mathrm{d}x\mathrm{d}y\mathrm{d}z = 1 \,. \tag{2.28}$$

Man kann in der Quantenmechanik eine Kontinuitätsgleichung herleiten, die der Kontinuitätsgleichung der Elektrodynamik entspricht, siehe Anhang B.

2.5 Das Unschärfeprinzip

Die Wellennatur des Elektrons (oder anderer Teilchen) hat eine wichtige Konsequenz: man kann den Ort und den Impuls des Teilchens nicht gleichzeitig exakt festlegen. Es gilt die berühmte Unschärferelation von Werner Heisenberg

$$\Delta x \Delta p \geq \hbar/2\,. \tag{2.29}$$

Die genaue Definition der Unschärfen wird in Kap. 4 gebracht. Will man den Impuls eines Teilchens sehr präzise festlegen, so muss wegen $p = 2\pi\hbar/\lambda$ auch die *de Broglie*-Wellenlänge λ entsprechend präzise sein. Damit dies gewährleistet ist, muss die Wellenfunktion die Form eines langen harmonischen Wellenzuges haben, siehe Abb. 2.1 (linkes Bild). Ein langer Wellenzug bestimmt den Ort des Teilchens aber nur mit einer großen Unsicherheit. Im umgekehrten Fall, dass man den Ort genau definieren möchte, muss man als Wellenfunktion einen sehr schmalen Wellenpuls wählen (Abb. 2.1 rechtes Bild). Die Fourieranalyse (Anhang A.4) zeigt, dass die Wellenzahl-Verteilung umso breiter wird, je schmaler der Puls ist. Quantenmechanisch bedeutet dies: die Impuls-Unsicherheit des Teilchens wird umso größer, je besser man seinen Ort festlegt. Eine quantitative Betrachtung unter Benutzung von Wellenpaketen bringen wir in Kap. 3.

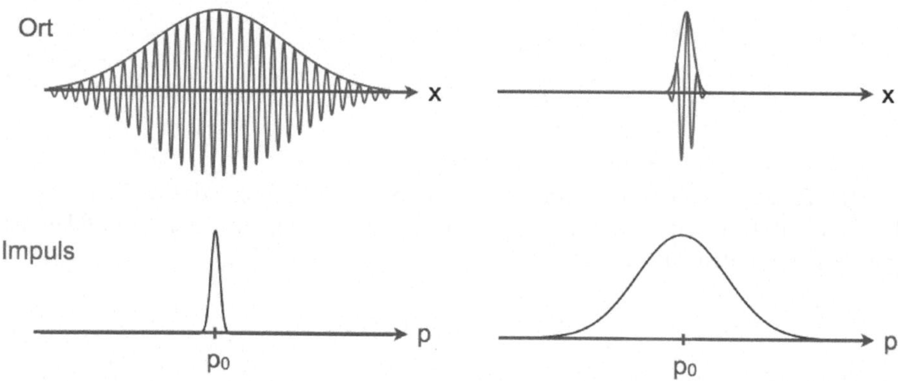

Abb. 2.1 Im oberen Teil sind zwei mögliche Wellenfunktionen $\psi(x)$ eines freien Teilchens sowie $|\psi(x)|$ aufgetragen (*rote Kurven*). Darunter werden die zugehörigen Impulsverteilungen gezeigt (*blaue Kurven*). Ein langer harmonischer Wellenzug impliziert eine große Ortunsicherheit, aber der Impuls des Teilchen ist recht genau festgelegt. Ein kurzer Wellenpuls legt den Ort des Teilchens genau fest, während der Impuls sehr unscharf wird

2.6 Didaktische Anmerkungen

Die klassische Mechanik ist im Prinzip eine deterministische Theorie. Wenn ich einen Puck über eine spiegelglatte, reibungsfreie Eisfläche schieße und die Anfangsbedingungen (Ort und Impuls zum Zeitpunkt $t = 0$) genau kenne, kann ich exakt berechnen, welche Entfernung der Puck in 2 Sekunden zurücklegen wird[4]. In der Quantentheorie wird das sofort kompliziert: wegen der Unschärferelation ist es prinzipiell unmöglich, die Anfangsbedingungen exakt zu definieren. Die unvermeidliche Unsicherheit im Impuls bedeutet, dass die Anfangsgeschwindigkeit nicht genau bekannt ist. Deshalb kann man auch nicht exakt voraussagen, welche Strecke das Objekt in 2 Sekunden zurücklegen wird.

Die Quantentheorie ist präzise bei der Berechnung von statischen Eigenschaften; dies sind z. B. die Energieniveaus in einem Atom, das magnetische Moment des Elektrons etc. Bei zeitabhängigen Prozessen, etwa atomaren Übergängen, radioaktiven Zerfällen oder Streuung von Teilchen an Atomkernen, erlaubt die Theorie die präzise Berechnung der Übergangswahrscheinlichkeiten (oder Wirkungsquerschnitte). Sobald es aber darum geht, den Zeitpunkt eines atomaren Übergangs oder eines radioaktiven Zerfalls vorherzusagen, versagt die Quantentheorie. Dies wird bei radioaktiven Zerfällen besonders deutlich. Niemand kann vorausberechnen, zu welchem Zeitpunkt sich ein Poloniumkern durch α-Zerfall in einen Bleikern umwandeln wird. Die Halbwertszeit $T_{1/2}$ gibt an, wann von sehr vielen Po-Kernen die Hälfte zerfallen ist. Bei einer großen Anzahl kann man recht genaue Vorhersagen machen, wobei allerdings statistische Schwankungen auftreten. Haben wir am Anfang 20 000 Kerne, so wissen wir, dass nach Ablauf einer Halbwertszeit $10\,000 \pm 100$ zerfallen sind.

Bei individuellen Poloniumkernen ist unsere Vorhersagekraft praktisch null, und man kommt zu absurd scheinenden Aussagen. Vergleichen wir zwei Po-Kerne, von denen der erste sehr „alt" ist und bereits 10 Halbwertszeiten überlebt hat (was unwahrscheinlich aber nicht unmöglich ist), während der zweite gerade frisch „erzeugt" wurde. Gemäß der Quantentheorie haben beide Kerne exakt die gleiche Wahrscheinlichkeit von 50 %, in der folgenden Halbwertszeit zu zerfallen. Die „Sterblichkeit" ist also unabhängig vom Alter des individuellen Kerns. Das ist offenbar nicht auf Menschen übertragbar, Lebensversicherungen würden sich schwer damit tun.

Die Erkenntnis, dass exakte Vorhersagen bei Quantenübergängen unmöglich sind, hat vielen Physikern des 20. Jahrhunderts großes Unbehagen bereitet, der berühmteste war Albert Einstein. Die Quantenmechanik in der hier diskutierten Form und die Wahrscheinlichkeitsinterpretation haben sich jedoch als äußerst erfolgreich erwiesen und alle bisherigen experimentellen Tests bestanden. Daher ist es angebracht, die unanschaulichen Aspekte dieser Theorie (Teilchen-Welle-Dualismus) und den Indeterminismus zu akzeptieren. Es gibt keine bessere Theorie! Der pragmatische Ansatz besteht darin, die Schrödinger-Gleichung zu lösen und mit

---

[4] In komplexen Systemen kann es zu chaotischem Verhalten kommen, da die Anfangsbedingungen infolge der unvermeidlichen Messfehler stets mit Unsicherheiten behaftet sind.

Hilfe der Wellenfunktion die Wahrscheinlichkeitsverteilung zu berechnen, und dann im zweiten Schritt diese Verteilung sukzessive mit Teilchen zu füllen (vgl. Abb. 1.3 und 1.4).

Zusammenfassung

1. Die Grundgleichungen der Quantentheorie sind die Beziehungen von Max Planck und Louis de Broglie
$$E = \hbar\omega \quad \text{und} \quad \boldsymbol{p} = \hbar\boldsymbol{k}\,.$$
2. Die Wellennatur der Teilchen wird durch ihre Wellenfunktion $\Psi(x,t)$ beschrieben, die eine Lösung der zeitabhängigen Schrödinger-Gleichung ist
$$\mathrm{i}\hbar\,\frac{\partial\Psi}{\partial t} = -\frac{\hbar^2}{2m}\,\frac{\partial^2\Psi}{\partial x^2} + V(x,t)\,\Psi(x,t)\,.$$
(Wir betrachten hier nur den eindimensionalen Fall).
3. Bei einem zeitunabhängigen Potential kann man die Wellenfunktion in der Form
$$\Psi(x,t) = \psi(x)\mathrm{e}^{-\mathrm{i}\omega t} \quad \text{mit} \quad \omega = E/\hbar$$
schreiben. Die Wellenfunktion $\psi(x)$ erfüllt die zeitunabhängige Schrödinger-Gleichung
$$-\frac{\hbar^2}{2m}\,\frac{\mathrm{d}^2\psi}{\mathrm{d}x^2} + V(x)\psi(x) = E\,\psi(x)\,.$$
Die Lösungen dieser Gleichung, die den Randbedingungen gehorchen, nennt man Eigenfunktionen, die zugehörigen Energiewerte heißen Eigenwerte.
4. Die Wellenfunktion $\psi(x)$ ist eine Wahrscheinlichkeitsamplitude, und $\rho(x) = |\psi(x)|^2$ ist eine Wahrscheinlichkeitsdichte. Die Wahrscheinlichkeit, das Teilchen im Intervall $[x, x + \mathrm{d}x]$ zu finden, ist gegeben durch den Ausdruck $|\psi(x)|^2\,\mathrm{d}x$. Die Normierungsbedingung lautet
$$\int\limits_{-\infty}^{+\infty} |\psi(x)|^2\,\mathrm{d}x = 1\,.$$
5. Es gilt die Unschärferelation von Werner Heisenberg
$$\Delta x \Delta p \geq \hbar/2\,.$$

Kapitel 3
Anwendungen der Schrödinger-Gleichung

In diesem Kapitel wenden wir die Schrödinger-Gleichung auf einfache eindimensionale Beispiele an. Man gewinnt daraus wesentliche Einsichten in die Prinzipien und Methoden der Quantentheorie und legt das Fundament für eine abstrakt-theoretische Formulierung.

3.1 Der Potentialtopf mit unendlich hohen Wänden

Wir wollen die eindimensionale Schrödinger-Gleichung für ein Teilchen in einem Potentialtopf mit unendlich hohen Wänden lösen und das Ergebnis mit stehenden Wellen auf einer Saite vergleichen. Das Potential habe die Form

$$\begin{aligned} V(x) &= 0 \quad && \text{für} \quad 0 \leq x \leq a \\ V(x) &\to \infty \quad && \text{für} \quad x < 0\,, \quad x > a\,. \end{aligned} \tag{3.1}$$

Im Bereich $0 \leq x \leq a$ lautet die Schrödinger-Gleichung

$$-\frac{\hbar^2}{2m}\frac{\mathrm{d}^2\psi}{\mathrm{d}x^2} = E\,\psi(x)\,. \tag{3.2}$$

In den übrigen Bereichen muss $\psi(x)$ verschwinden, da dort das Potential unendlich groß ist. Wir erhalten somit die Randbedingungen

$$\psi(0) = 0\,,\ \psi(a) = 0\,. \tag{3.3}$$

Die allgemeine Lösung ist

$$\psi(x) = A\,\sin kx + B\,\cos kx \quad \text{mit} \quad k = \sqrt{2mE}/\hbar\,. \tag{3.4}$$

Aus der ersten Randbedingung $\psi(0) = 0$ folgt sofort $B = 0$, es bleiben also nur die Sinusfunktionen. Die zweite Randbedingung $\psi(a) = 0$ hat eine interessante physikalische Konsequenz: die Wellenzahl k darf nicht beliebige Werte annehmen,

P. Schmüser, *Theoretische Physik für Studierende des Lehramts 1*,
DOI 10.1007/978-3-642-25397-3_3, © Springer-Verlag Berlin Heidelberg 2012

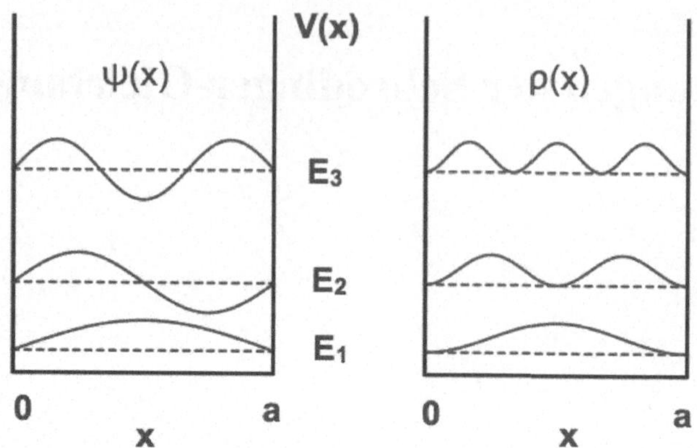

Abb. 3.1 *Links*: die ersten drei Energieniveaus und Wellenfunktionen eines Teilchens in einem Potentialtopf der Breite a mit unendlich hohen Wänden. *Rechts*: die Wahrscheinlichkeitsdichten. Die Energieniveaus E_n sind als *horizontale Linien* gezeichnet. Diese Linien dienen als x-Achsen für die Auftragung der zugehörigen Wellenfunktionen $\psi_n(x)$ und Wahrscheinlichkeitsdichten $\rho_n(x)$

sondern nur die quantisierten Werte

$$k = k_n = n\,\frac{\pi}{a} \qquad n = 1, 2, 3, \ldots \tag{3.5}$$

Die Wellenlänge $\lambda = 2\pi/k$ ist auch quantisiert

$$\lambda_n = \frac{2a}{n} \qquad n = 1, 2, 3, \ldots \tag{3.6}$$

Die Länge des Topfes ist ein ganzzahliges Vielfaches der halben Wellenlänge, $a = n\lambda/2$. Abbildung 3.1 zeigt, dass die Wellenfunktionen eine große Ähnlichkeit mit den Eigenschwingungen einer eingespannten Saite haben. Dies ist kein Zufall, denn die zugrundeliegenden Differentialgleichungen (eindimensionale Wellen- bzw. Schödinger-Gleichung) und die Randbedingungen sind mathematisch identisch. Die physikalische Interpretation ergibt Gemeinsamkeiten, aber auch fundamentale Unterschiede. Gemeinsam ist die Quantisierungsbedingung (3.6) der Wellenlänge. Für die Saite folgt daraus die Quantisierung der Frequenzen. Die Grundfrequenz ist $f_1 = v/\lambda_1$, wobei v die Schallgeschwindigkeit in der Saite ist, die Obertöne haben ganzzahlige Vielfache der Grundfrequenz $f_n = nf_1$.

Nun die Verschiedenheiten: eine stehende mechanische Welle kann in der Form geschrieben werden

$$F(x,t) = A\,\sin(k_n x)\cos(\omega_n t)\,, \quad \omega_n = 2\pi f_n\,. \tag{3.7}$$

Wahlweise kann die Zeitabhängigkeit auch durch $\sin(\omega_n t)$ dargestellt werden. Die Amplitude A ist frei wählbar (sie darf nur nicht so groß werden, dass die Schwingung anharmonisch wird oder die Saite gar zerreißt). Die Schwingungsenergie E_s

ist proportional zu A^2 und ist kontinuierlich variierbar zwischen $E_\mathrm{s} \to 0$ (sehr leiser Ton) und großen E_s-Werten (laute Töne).

Die Wellenfunktion des Teilchens hat nach Gl. (2.25) die Gestalt

$$\Psi_n(x,t) = A_n \sin(k_n x)\mathrm{e}^{-\mathrm{i}\,\omega_n t} \,. \tag{3.8}$$

Aus der Normierungsbedingung berechnen wir den Amplitudenfaktor

$$\int\limits_0^a |\psi_n(x)|^2 \,\mathrm{d}x = 1 \;\Rightarrow\; A_n = \sqrt{\frac{2}{a}} \quad \text{für alle } n \,. \tag{3.9}$$

Für die Energiewerte gilt

$$E_n = \frac{\hbar^2 k_n^2}{2m} = \frac{\hbar^2 \pi^2}{2ma^2} \cdot n^2 \,. \tag{3.10}$$

Die Besonderheiten des Quantensystems sind:

- Die Zeitabhängigkeit ist immer durch die komplexe Exponentialfunktion gegeben.
- Die Amplitude ist nicht frei wählbar, sondern durch die Normierungsbedingung festgelegt.
- Die Energie ist quantisiert.

Die Energieniveaus und Wellenfunktionen eines Teilchens im Potentialtopf sind in Abb. 3.1 skizziert. Die Wellenfunktion ψ_n hat $(n-1)$ Nullstellen (Knoten) im Intervall $0 < x < a$. Generell kann man feststellen, dass die Energie umso höher ist, je mehr Knoten die Wellenfunktion hat.

Besonders wichtig ist die Beobachtung, dass der tiefste Energiewert nicht null ist und dies auch nicht sein darf. Aus $E = p_x^2/(2m) = 0$ folgt nämlich $\Delta p_x = 0$ und daher $\Delta x \Delta p_x = 0$, da die Ortsunschärfe einen endlichen Wert hat ($\Delta x < a/2$). Mit anderen Worten, die Unschärferelation (2.29) wäre verletzt. Die sog. *Nullpunktsenergie* ist eine der wichtigen Konsequenzen der Unschärferelation.

3.2 Der Potentialtopf mit endlicher Tiefe

In diesem Fall ist es zweckmäßig, das Potential symmetrisch zu $x = 0$ anzuordnen, weil dann die Eigenfunktionen entweder gerade oder ungerade Funktionen von x sind. Auf diese Weise braucht man nur eine Randbedingung zu betrachten. Wir wählen also

$$\begin{aligned} V(x) &= -V_0 \quad \text{für} \quad -b \le x \le b \quad (b = a/2) \\ V(x) &= 0 \qquad \text{für} \quad |x| > b \,. \end{aligned} \tag{3.11}$$

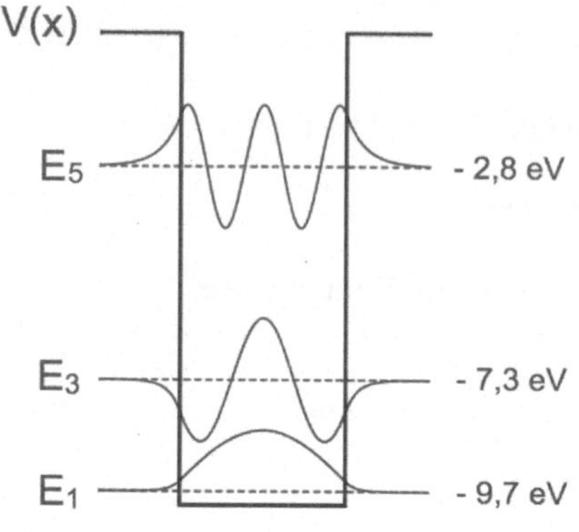

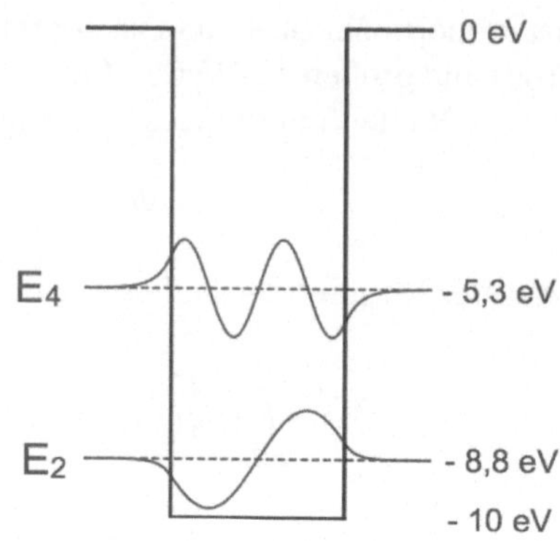

Abb. 3.2 *Links*: die symmetrischen Wellenfunktionen eines Elektrons in einem Potentialtopf endlicher Tiefe mit den zugehörigen Energieniveaus. *Rechts*: die antisymmetrischen Wellenfunktionen. Parameter: $-V_0 = -10\,\text{eV}$, $a = 2b = 1\,\text{nm}$

Innerhalb des Topfes erhalten wir eine Cosinusfunktion (gerade) oder Sinusfunktion (ungerade). Die Schrödinger-Gleichung wird in Anhang B gelöst. Es gibt nur endlich viele gebundene Zustände, die negative Energiewerte E_n haben. Für einen Topf der Tiefe $-V_0 = -10\,\text{eV}$ und Breite $a = 1$ nm sind die Wellenfunktionen und die zugehörigen Energieniveaus eines Elektrons in Abb. 3.2 skizziert. Die Wellenfunktionen dringen mit exponentieller Abschwächung in den Bereich $|x| > b$ ein. Das bedeutet, dass das Elektron mit einer gewissen Wahrscheinlichkeit in einem Gebiet gefunden wird, wo seine Gesamtenergie kleiner als die potentielle Energie ist. Das bedeutet keine Verletzung des Energiesatzes, denn das Elektron ist nicht frei, sondern bleibt an den Potentialtopf gebunden. In der klassischen Physik ist das Eindringen in solche „verbotenen" Bereiche nicht möglich.

Zwei Grenzfälle sind interessant:

(1) Breiter und tiefer Topf. In dem Fall sind die Energie-Eigenwerte

$$E_n \approx n^2 \cdot \frac{\hbar^2}{2m}\left(\frac{\pi}{a}\right)^2 - V_0\,. \tag{3.12}$$

Wenn man bedenkt, dass $E_n + V_0$ die Höhe des Energieniveaus über dem Boden des Topfes ist, entspricht dies genau den Energieniveaus in einem Potentialtopf mit unendlich hohen Wänden.

(2) Schmaler und flacher Potentialtopf. Wenn die Breite oder Tiefe des Topfes kleiner wird, gibt es immer weniger gebundene Zustände. Es ist interessant zu beobachten, dass selbst bei einem beliebig schmalen und flachen Potential ($a \to 0$, $V_0 \to 0$) immer noch ein gebundener Zustand existiert, der eine gerade Wellenfunktion hat. Diese Wellenfunktion erstreckt sich weit über den Rand des Topfes hinaus, siehe Abb. 3.3. Der flache Topf ist ein vereinfachtes Modell eines Donatoratoms in einem Halbleiter. Eine geringe thermische Energie reicht aus, das Elektron aus seiner Bindung zu lösen. Daher gibt es in Arsen-dotierten Siliziumkristallen freie Elektronen, die einen elektrischen Strom transportieren können.

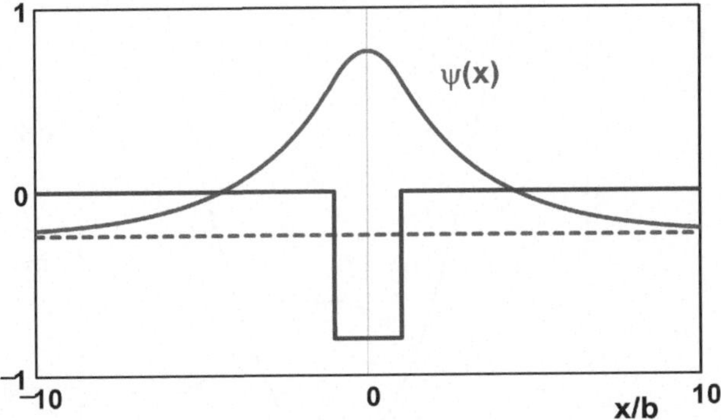

Abb. 3.3 Ein flacher Potentialtopf mit nur einem gebundenen Zustand. Der Topf ist *blau* gezeichnet, die Wellenfunktion *rot*. Die Tiefe des Topfes beträgt $-V_0 = -0{,}8\,\text{eV}$, die Breite $a = 2b = 0{,}3\,\text{nm}$. Die Energie des Elektrons ist $E_1 = -0{,}2\,\text{eV}$

3.3 Der harmonische Oszillator

Annähernd parabolische Potentiale kommen sehr häufig in der klassischen und Quanten-Physik vor, und entsprechend wichtig ist es, den harmonischen Oszillator genau zu verstehen. Das Potential schreiben wir in der Form $V(x) = \frac{C}{2}x^2$, dabei entspricht C der klassischen Federkonstanten (wir nennen sie nicht k, um eine Verwechslung mit der Wellenzahl zu vermeiden). Die klassische Kreisfrequenz ist $\omega = \sqrt{\frac{C}{m}}$. Die Schrödinger-Gleichung lautet

$$-\frac{\hbar^2}{2m}\frac{\mathrm{d}^2\psi}{\mathrm{d}x^2} + \frac{C}{2}\,x^2\,\psi(x) = E\psi(x)\,. \tag{3.13}$$

Es ist zweckmäßig, eine neue Variable $u = ax$ einzuführen und die Konstante a so zu wählen, dass die Schrödinger-Gleichung einfacher aussieht. Setzen wir

$$a = \sqrt{\frac{\omega m}{\hbar}}\,, \qquad b = \frac{2E}{\hbar\omega}\,,$$

so ergibt sich die Gleichung

$$\psi''(u) - u^2\psi(u) + b\,\psi(u) = 0\,. \tag{3.14}$$

Die einfachste Lösung finden wir durch Probieren, es ist eine Gaußfunktion:

$$\psi_0(u) \sim e^{-u^2/2} \;\Rightarrow\; \psi_0'' - u^2\psi_0 = -\psi\,.$$

Die Differentialgleichung (3.14) ist erfüllt, sofern die Konstante b den Wert $b = 1$ hat. Wir haben hiermit die Grundzustands-Wellenfunktion des harmonischen Oszil-

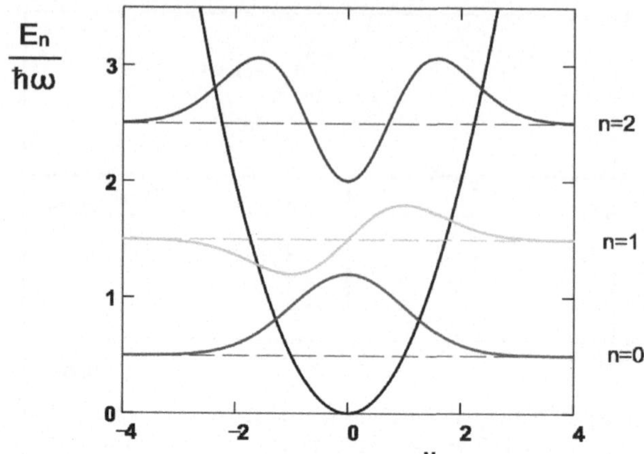

Abb. 3.4 Die ersten drei Energieniveaus und Wellenfunktionen des harmonischen Oszillators

lators gefunden und auch die zugehörige Energie

$$\psi_0(x) = A_0\,\mathrm{e}^{-u^2/2}\,, \quad E_0 = b\,\frac{\hbar\omega}{2} = \frac{\hbar\omega}{2}\,. \tag{3.15}$$

Die weiteren Lösungen der Differentialgleichung (3.14) werden durch eine Kombination von Raten und Konstruieren gefunden, siehe Anhang B. Die diskreten Energie-Eigenwerte lauten

$$E_n = (n + 1/2)\,\hbar\omega\,, \quad n = 0,\,1,\,2,\,3,\ldots \tag{3.16}$$

Der harmonische Oszillator hat äquidistante Energieniveaus, wie sie von Max Planck im Jahr 1900 postuliert wurden. Im Unterschied zur Planck'schen Hypothese ist das tiefste Niveau aber nicht null: auch hier gibt es eine Nullpunktsenergie, die den Wert $E_0 = \hbar\omega/2$ hat. Selbst für Temperaturen $T \to 0$ sind harmonische Oszillatoren nicht in Ruhe, sondern führen „Nullpunktsschwingungen“ aus, die experimentell nachweisbar sind (s. Aufgabe 3.7).

Die Wellenfunktionen und die Energieniveaus sind in Abb. 3.4 dargestellt. Die normierten Wellenfunktionen des harmonischen Oszillators lauten

$$\psi_n(x) = \left(\frac{m\,\omega}{\pi\hbar}\right)^{1/4} \frac{1}{\sqrt{2^n n!}}\,H_n(u)\,\exp(-u^2/2) \quad \text{mit} \quad u = \sqrt{\frac{m\,\omega}{\hbar}}\,x \tag{3.17}$$

und den Polynomen

$$\begin{aligned} H_0(u) &= 1\,, & H_1(u) &= 2u\,, \\ H_2(u) &= 4u^2 - 2\,, & H_3(u) &= 8u^3 - 12u\,,\ldots \end{aligned} \tag{3.18}$$

Die Grundzustandswellenfunktion und alle anderen Wellenfunktionen haben eine endliche Ausdehnung. Dies bedeutet, dass das Teilchen nicht scharf lokalisiert ist. Wir kommen darauf bei der Diskussion der Unschärferelation zurück. Eine weitere interessante Beobachtung ist, dass alle Wellenfunktionen kleine Ausläufer in die Gebiete haben, in denen die Gesamtenergie des Teilchens kleiner als die potentielle Energie ist. In der klassischen Mechanik ist so etwas verboten, weil dies eine negative kinetische Energie bedeuten würde. In der Quantenmechanik darf das Teilchen ein wenig in solche verbotenen Bereiche eindringen, wobei die Wahrscheinlichkeit exponentiell mit wachsender Eindringtiefe abnimmt.

3.4 Freie Teilchen, Wellenpakete

3.4.1 Ebene Wellen

Das einfachste denkbare Potential ist $V(x) \equiv 0$. Es ist eine der Merkwürdigkeiten der Quantenmechanik, dass dieses scheinbar so einfache Problem zu großen begrifflichen Schwierigkeiten führt. Die Schrödinger-Gleichung eines ungebundenen Teilchens

$$i\hbar \frac{\partial \Psi}{\partial t} = -\frac{\hbar^2}{2m}\frac{\partial^2 \Psi}{\partial x^2} \tag{3.19}$$

hat die Lösung

$$\Psi(x,t) = A\,\mathrm{e}^{\mathrm{i}(kx-\omega t)}, \quad \omega = \frac{E}{\hbar} = \frac{\hbar k^2}{2m}. \tag{3.20}$$

Je nach Vorzeichen von k ist dies eine nach rechts oder links laufende ebene Welle. Die Energie darf jeden positiven Wert annehmen, es gibt keine Quantisierung. Der Impuls $p = \hbar k$ ist durch E festgelegt. Für die ebene Wellen hat die Wahrscheinlichkeitsdichte überall im Raum den gleichen Wert $\rho = |A|^2$. Die Wellenfunktion (3.20) ist daher denkbar ungeeignet, ein lokalisiertes Teilchen wie ein Elektron zu beschreiben. Die Welle hat außerdem die falsche Ausbreitungsgeschwindigkeit, die Phasengeschwindigkeit ist gleich der halben Teilchengeschwindigkeit.

$$v_{\mathrm{ph}} = \frac{\omega}{k} = \frac{\hbar k}{2m} = \frac{p}{2m} = \frac{v}{2}. \tag{3.21}$$

Schließlich hat die ebene Welle den gravierenden Nachteil, nicht normierbar zu sein[1]. Das Integral

$$\int_{-\infty}^{+\infty} |\psi(x)|^2\,\mathrm{d}x = |A|^2 \int_{-\infty}^{+\infty} \mathrm{d}x$$

ist keineswegs gleich 1, sondern es divergiert für $A \neq 0$ und ist null für $A = 0$.

[1] Man kann dies Problem vermeiden, indem man der Wellenfunktion Randbedingungen in einem sehr großen Intervall auferlegt. Dies wird in der quantenmechanischen Beschreibung von Metallen und Halbleitern und bei der Behandlung von Streuprozessen gemacht.

3.4.2 Ein einfaches Wellenpaket

Wie gelingt es, lokalisierte Teilchen zu beschreiben? Die grundlegende Idee ist, viele dieser ebenen Wellen in geschickter Weise zu überlagern. Man kommt damit zu den sogenannten *Wellenpaketen*.

$$\Psi(x,t) = \int A(k)\mathrm{e}^{\mathrm{i}kx-\mathrm{i}\omega(k)t}\,\mathrm{d}k\,. \tag{3.22}$$

Dabei ist $A(k)$ eine von der Wellenzahl abhängige Amplitudenfunktion, und es gilt

$$\omega(k) = \frac{\hbar k^2}{2m}\,. \tag{3.23}$$

Als erstes, einfaches Beispiel wählen wir eine Amplitudenfunktion, die eine schmale um $k_0 = p_0/\hbar$ zentrierte Rechteckfunktion ist:

$$A(k) = \begin{cases} A_0 & \text{für} \quad k_0 - \Delta k \le k \le k_0 + \Delta k\,, \\ 0 & \text{sonst}\,. \end{cases} \tag{3.24}$$

Bei der Berechnung der Wellenfunktion ist zu bedenken, dass $\omega(k)$ quadratisch von k abhängt. In der Nähe von k_0 kann man dies linearisieren (Taylorentwicklung)

$$\omega(k) \approx \omega_0 + v_\mathrm{g}(k - k_0) \tag{3.25}$$

mit $\omega_0 = \hbar k_0^2/(2m)$ und der *Gruppengeschwindigkeit*

$$v_\mathrm{g} = \left(\frac{\mathrm{d}\omega}{\mathrm{d}k}\right)_{k=k_0} = \frac{\hbar k_0}{m} = v_0\,. \tag{3.26}$$

Die Gruppengeschwindigkeit entspricht der Geschwindigkeit eines Teilchens mit dem Impuls $p_0 = \hbar k_0$. Das Integral (3.22) kann nun berechnet werden.

$$\Psi(x,t) = A_0\,\mathrm{e}^{\mathrm{i}(k_0x-\omega_0)t} \int_{-\Delta k}^{+\Delta k} \mathrm{e}^{\mathrm{i}k'(x-v_0t)}\,\mathrm{d}k' \quad \text{mit} \quad k' = k - k_0\,.$$

Es folgt

$$\Psi(x,t) = 2\,A_0\,\Delta k\,\mathrm{e}^{\mathrm{i}(k_0x-\omega_0)t}\,\frac{\sin u}{u} \quad \text{mit} \quad u = \Delta k(x - v_0t)\,. \tag{3.27}$$

Die Funktion $\sin u/u$ hat ihr Maximum bei $u = 0$, d. h. bei $x = v_0t$. Das Wellenpaket wird in Abb. 3.5 gezeigt. Das Maximum wandert mit der Gruppengeschwindigkeit (3.26) nach rechts. Diese ist identisch mit der Teilchengeschwindigkeit v_0, die zum mittleren Impuls p_0 gehört.

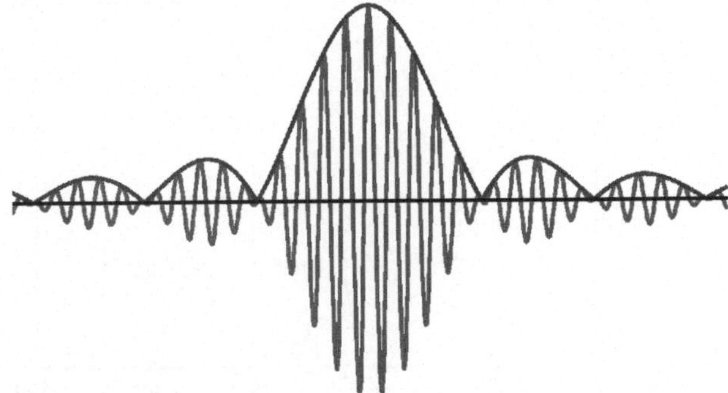

Abb. 3.5 Ein Wellenpaket, das einer Rechteckfunktion $A(k)$ entspricht. Gezeigt sind Realteil und Betrag der Wellenfunktion zum Zeitpunkt $t = 0$ (*rote Kurve* $\mathrm{Re}(\Psi(x,0))$, *blaue Kurve* $|\Psi(x,0)|$)

3.4.3 Gaußförmiges Wellenpaket

Das obige Wellenpaket ergibt schon eine gewisse Lokalisierung des Teilchens, entspricht aber immer noch nicht dem Bild eines wenig ausgedehnten Elektrons. Wir betrachten nun ein Beispiel, das hierfür besser geeignet ist. Der mathematische Aufwand ist größer, der physikalische Gehalt aber ebenfalls. Details der Rechnungen findet man in Anhang B.7.

Die Fouriertransformierte einer Gaußfunktion ist wiederum eine Gaußfunktion (Anhang A.4). Um ein Elektron mit dem Impuls $p_0 = \hbar k_0$ durch ein gaußförmiges Wellenpaket zu repräsentieren, wählen wir daher eine Amplitudenfunktion der Form

$$A(k) = A_0 \exp\left(-\frac{(k-k_0)^2}{4\sigma_k^2}\right). \tag{3.28}$$

Die Wellenfunktion lautet dann

$$\Psi(x,t) = A_0 \int \exp\left(-\frac{(k-k_0)^2}{4\sigma_k^2}\right) \mathrm{e}^{\mathrm{i}kx - \mathrm{i}\omega(k)t}\,\mathrm{d}k\,. \tag{3.29}$$

Eine aufwändige analytische Rechnung ergibt für die zeitabhängige Wahrscheinlichkeitsdichte (siehe z. B. [13])

$$\rho(x,t) = |\Psi(x,t)|^2 = \frac{1}{\sqrt{2\pi}\,\sigma(t)} \exp\left(-\frac{(x-v_0 t)^2}{2(\sigma(t))^2}\right). \tag{3.30}$$

Dieses Gauß-Wellenpaket hat nun fast alle gewünschten Eigenschaften: (1) es wandert mit der Geschwindigkeit $v_0 = \hbar k_0/m_e$ in x-Richtung, genau wie unser Teilchen; (2) es ist räumlich eingegrenzt; (3) die Wellenfunktion ist auf 1 normiert, wie man aus Gl. (3.30) erkennt (siehe auch Anhang A.3.3). Ein Problem bliebt dennoch: das Wellenpaket hat die unerfreuliche Eigenschaft, dass seine Breite im Laufe der

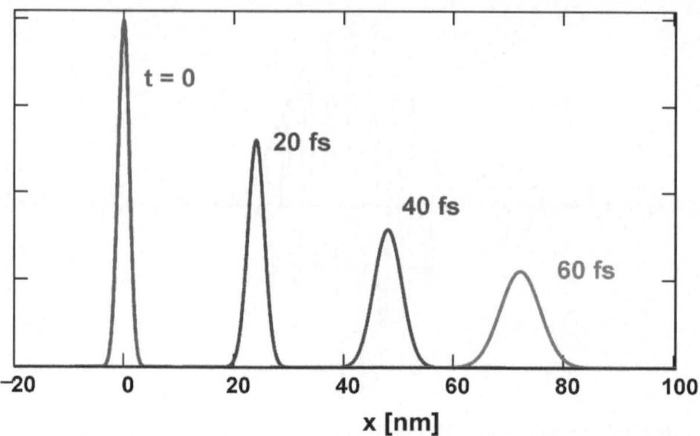

Abb. 3.6 Darstellung eines freien Elektrons mit $E = E_{\text{kin}} = 4\,\text{eV}$ durch ein gaußförmiges Wellenpaket mit $\sigma_0 = 1\,\text{nm}$. Aufgetragen ist die Wahrscheinlichkeitsdichte $\rho(x,t)$ für verschiedene Zeiten ($t = 0$, 20 fs, 40 fs, 60 fs). Die Fortbewegung und das „Zerfließen" des Wellenpakets sind deutlich erkennbar

Zeit zunimmt und gleichzeitig die Höhe absinkt. Man sagt, das Wellenpaket „zerfließt", siehe Abb. 3.6. Das Integral, die Fläche unter der Kurve, bleibt invariant. Die Varianz wächst als Funktion der Zeit an

$$(\sigma(t))^2 = \sigma_0^2 + \frac{\hbar^2}{4m_e^2\sigma_0^2} \cdot t^2 \quad \text{mit} \quad \sigma_0^2 = \frac{1}{4\,\sigma_k^2}\,. \tag{3.31}$$

Zum Zeitpunkt $t = 0$ ist die Impulsunschärfe des Teilchens $\Delta p_x = \hbar\sigma_k$ und die Ortsunschärfe $\Delta x = \sigma_0$. Daraus folgt die fundamentale Beziehung

$$\Delta x \cdot \Delta p_x = \hbar/2\,. \tag{3.32}$$

Dies ist ein Spezialfall der Heisenberg'schen Unschärferelation (2.29), die im vorliegenden Fall sogar mit dem Gleichheitszeichen gilt: für ein gaußförmiges Wellenpaket erhält man zum Zeitpunkt $t = 0$ die minimal mögliche Unschärfe zwischen Ort und Impuls. Im Laufe der Zeit nimmt die Unschärfe zu.

Das Zerfließen des Wellenpakets bedeutet natürlich nicht, dass auch das Teilchen selbst zerfließt. Vielmehr wird unsere Kenntnis über seine Position im Laufe der Zeit immer ungenauer. Dies Ergebnis kann man anschaulich deuten. Der Impuls des Teilchens ist uns nur mit einer Unschärfe bekannt, und das Gleiche gilt für die Geschwindigkeit.

$$\Delta p = \hbar\sigma_k = \frac{\hbar}{2\sigma_0} \quad \Rightarrow \quad \Delta v = \frac{\hbar}{2m_e\sigma_0}\,.$$

Die in der Zeit t zurückgelegte Strecke

$$x(t) = v_0\,t \pm \Delta v\,t$$

hat eine Ungenauigkeit, die linear mit der Zeit anwächst.

In Abb. 3.6 haben wir das Zerfließen nur auf einer sehr kurzen Zeitskala von weniger als 100 Femtosekunden gezeigt. Bei großen Zeiten kann die Breite makroskopische Dimensionen annehmen und die Identifikation von lokalisierten Teilchen mit Wellenpaketen problematisch machen. Darauf gehen wir in Kap. 9.3 genauer ein.

Das Zerfließen des Wellenpakets ist eine Folge der nichtrelativistischen Quantenmechanik, in der die Geschwindigkeit proportional zum Impuls ist und die Phasengeschwindigkeit der ebenen Wellen linear mit $k = 2\pi/\lambda$ anwächst. Bei relativistischen Teilchen ist $v_{\mathrm{ph}} \approx c$ und nahezu unabhängig vom Impuls. In diesem Fall zerfließen Wellenpakete nicht. Entsprechendes gilt für elektromagnetische Wellen im Vakuum oder in Kabeln, die wir natürlich nicht mit den Methoden der Quantenmechanik, sondern der Elektrodynamik berechnen (siehe Band 2). Man kann sehr kurze Wellenpulse durch viele Kilometer lange Koaxialkabel schicken, ohne dass sie sich merklich verbreitern. Die optische Datenübertragung in Glasfasern beruht wesentlich darauf, dass die Phasengeschwindigkeit bei der für optische Signalübertragung benutzten Wellenlänge von 1550 nm nahezu unabhängig von der Wellenlänge ist und deswegen die kurzen infraroten Lichtpulse nicht zerfließen.

3.5 Die Potentialstufe

Das Potential sei $V(x) = 0$ für $x < 0$ und $V(x) = V_0 > 0$ für $x \geq 0$. Das Teilchen soll von links einlaufen mit der Gesamtenergie $E > 0$. Wir rechnen zur Vereinfachung mit ebenen Wellen und betrachten zunächst den Fall $E < V_0$. Ein klassisches Teilchen würde bei $x = 0$ reflektiert werden. Die Lösung der Schrödinger-Gleichung lautet für $x < 0$

$$\psi_1(x) = A\,\mathrm{e}^{\mathrm{i}kx} + B\,\mathrm{e}^{-\mathrm{i}kx} \quad \text{mit} \quad k = \sqrt{2mE}/\hbar\,.$$

Im Bereich $x > 0$ kann man die Schrödinger-Gleichung

$$-\frac{\hbar^2}{2m}\cdot\psi'' + V_0\psi = E\,\psi$$

umschreiben in

$$\psi'' - \alpha^2\psi = 0 \quad \text{mit} \quad \alpha = \sqrt{2m(V_0 - E)}/\hbar\,.$$

Die Lösung ist

$$\psi_2(x) = C\,\mathrm{e}^{-\alpha x} + D\,\mathrm{e}^{+\alpha x}\,.$$

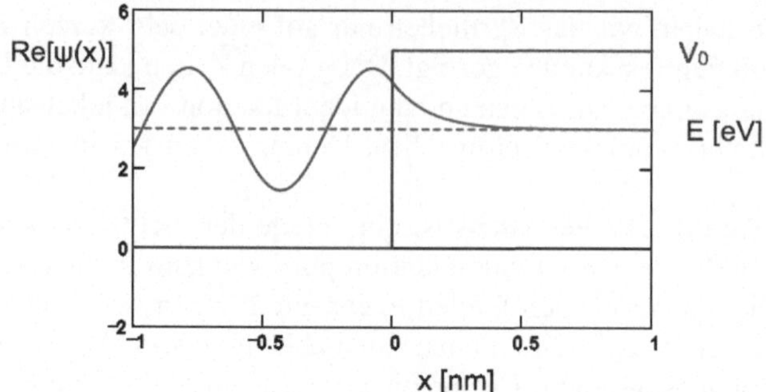

Abb. 3.7 Reflexion eines Elektrons der Energie $E = 3$ eV an einer Potentialstufe der Höhe $V_0 = 5$ eV. Der Realteil der Wellenfunktion ist als Funktion von x aufgetragen

Die Wellenfunktion muss für $x \to \infty$ verschwinden, daraus folgt $D = 0$. Am Ort $x = 0$ müssen ψ und ψ' stetig sein:

$$\psi_1(0) = \psi_2(0) \quad \Rightarrow \quad A + B = C\,,$$
$$\psi_1'(0) = \psi_2'(0) \quad \Rightarrow \quad \mathrm{i}k(A - B) = -\alpha C\,.$$

Man kann die Koeffizienten B und C durch A ausdrücken:

$$B = \frac{\mathrm{i}k + \alpha}{\mathrm{i}k - \alpha}A\,, \quad C = \frac{2\mathrm{i}k}{\mathrm{i}k - \alpha}A\,.$$

Der Realteil der Wellenfunktion ist in Abb. 3.7 aufgetragen. Das wichtige, vom klassischen Teilchenverhalten abweichende Ergebnis ist: die Welle dringt mit exponentieller Abschwächung in den „verbotenen“ Bereich $x > 0$ ein. Wie groß ist die Eindringtiefe $\delta = 1/\alpha$? Als realistisches Beispiel wählen wir $V_0 = 5\,\mathrm{eV}$, $E = 3\,\mathrm{eV}$ und setzen $m = m_e$. Dann ergibt sich $\delta \approx 0{,}13\,\mathrm{nm}$, das ist etwa ein Atomdurchmesser. Die *de-Broglie-Wellenlänge* des Elektrons beträgt hier rund das Fünffache dieses Wertes. Die reflektierte Welle hat die gleiche Amplitude wie die einlaufende Welle, $|B| = |A|$.

Interessant wird der Fall $E > V_0$. In dem Fall lautet die Wellenfunktion für $x > 0$

$$\psi_2(x) = C\,\mathrm{e}^{\mathrm{i}k'x} \quad \text{mit} \quad k' = \sqrt{2m(E - V_0)}/\hbar$$

(wenn die Welle von links einläuft, gibt es im Bereich $x > 0$ nur eine auslaufende Welle). Aus der Stetigkeit von ψ und ψ' bei $x = 0$ folgt

$$B = \frac{k - k'}{k + k'}A\,, \quad C = \frac{2k}{k + k'}A\,.$$

Der wichtige Unterschied zum klassischen Teilchen ist, dass trotz $E > V_0$ ein Teil der Welle reflektiert wird. Der Reflexionskoeffizient (Wahrscheinlichkeit für Reflexion) ist

$$R = \frac{|B|^2}{|A|^2} = \left(\frac{k-k'}{k+k'}\right)^2 . \tag{3.33}$$

Zur Berechnung der Transmission müssen wir bedenken, dass die Welle links und rechts eine andere Phasengeschwindigkeit hat: $v_{ph} = \hbar k/(2m)$, $v'_{ph} = \hbar k'/(2m)$. Die Transmissionswahrscheinlichkeit wird

$$T = \frac{v'_{ph}\,|C|^2}{v_{ph}\,|A|^2} = \frac{4kk'}{(k+k')^2} . \tag{3.34}$$

Es gilt $R + T = 1$, dies drückt die Erhaltung der Wahrscheinlichkeit aus.

Die identischen Formeln erhält man für die Reflexion und Transmission von Licht an der Grenzfläche zwischen zwei Medien mit verschiedenen Brechungsindizes, man muss nur k und k' durch n_1 und n_2 ersetzen. Für senkrechte Inzidenz des Lichts findet man

$$R = \left(\frac{n_1 - n_2}{n_1 + n_2}\right)^2 , \quad T = \frac{4n_1 n_2}{(n_1 + n_2)^2} .$$

3.6 Der Tunneleffekt

Das Eindringen der Welle in den Bereich $E < V(x)$ eröffnet die Möglichkeit, eine hinreichend dünne Potentialbarriere zu durchtunneln. Wir betrachten den in Abb. 3.8 skizzierten Potentialverlauf und nehmen $E < V_0$ an. Die Wellenfunktionen lauten für die drei Bereiche

$$\begin{aligned}
\psi_1(x) &= A\,e^{ikx} + B\,e^{-ikx} && \text{für} \quad x < 0 , \\
\psi_2(x) &= C\,e^{+\alpha x} + D\,e^{-\alpha x} && \text{für} \quad 0 \le x \le d , \\
\psi_3(x) &= F\,e^{ikx} && \text{für} \quad x > d .
\end{aligned}$$

Anmerkung: das Teilchen soll von links einlaufen, daher gibt es bei $x > d$ nur eine auslaufende Welle. Allerdings muss man im Zwischenbereich sowohl $e^{+\alpha x}$ wie $e^{-\alpha x}$ zulassen.

Die Amplitude A der einlaufenden Welle ist durch die Normierungsbedingung festgelegt. Um die Koeffizienten B, C, D und F zu berechnen, benutzen wir die Bedingung, dass $\psi(x)$ und $\psi'(x)$ bei $x = 0$ und $x = d$ stetig sein müssen. Die Randbedingung bei $x = 0$ lautet

$$A + B = C + D , \quad ik(A - B) = \alpha(C - D) .$$

Aus der Randbedingung bei $x = d$ ergibt sich

$$C = \frac{\alpha + ik}{\alpha - ik} e^{-2\alpha d}\, D , \quad F = \frac{2\alpha}{\alpha - ik} e^{-\alpha d - ikd}\, D .$$

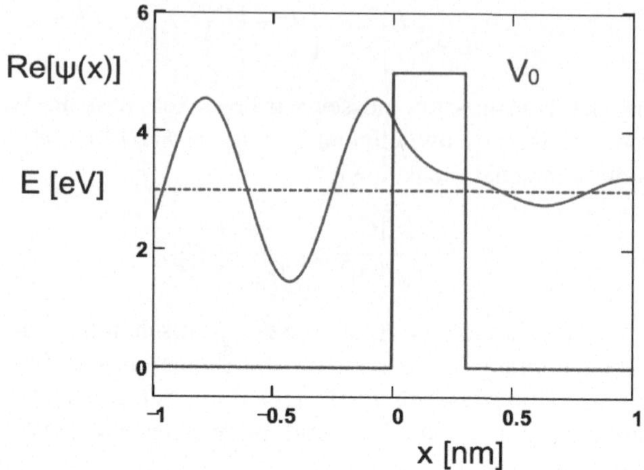

Abb. 3.8 Demonstration des Tunneleffekts bei einer Potentialschwelle der Höhe $V_0 = 5\,\mathrm{eV}$ und der Dicke $d = 0{,}3\,\mathrm{nm}$. Der Realteil der Wellenfunktion eines Elektrons der Energie $E = 3\,\mathrm{eV}$ ist vor, innerhalb und hinter der Potentialschwelle aufgetragen

Damit hat man vier Gleichungen für die vier unbekannten Koeffizienten B, C, D und F. Man kann sich die Rechnung etwas vereinfachen, indem man ausnutzt, dass in den meisten Anwendungen des Tunneleffekts $\mathrm{e}^{-2\alpha d} \ll 1$ ist. Wegen $|C| = \mathrm{e}^{-2\alpha d}\,|D|$ kann man den Koeffizienten C zunächst vernachlässigen und erhält

$$B \approx \frac{\mathrm{i}k + \alpha}{\mathrm{i}k - \alpha} A \quad \text{und} \quad D \approx \frac{2\mathrm{i}k}{\mathrm{i}k - \alpha} A\,.$$

Danach berechnet man C mit der Gleichung

$$C = \frac{\alpha + \mathrm{i}k}{\alpha - \mathrm{i}k} \mathrm{e}^{-2\alpha d}\, D\,.$$

Somit sind alle drei Wellenfunktionen bekannt. Sie sind in Abb. 3.8 als Funktion von x aufgetragen. Die Transmissionswahrscheinlichkeit wird

$$T = \frac{|F|^2}{|A|^2} = 16 \left(1 - \frac{E}{V_0}\right) \frac{E}{V_0} \mathrm{e}^{-2\alpha d}\,. \tag{3.35}$$

Der wesentliche Faktor ist

$$G = \exp(-2\alpha d) = \exp\left(-\frac{2}{\hbar} \sqrt{2m(V_0 - E)}\, d\right).$$

Die Tunnelwahrscheinlichkeit hängt exponentiell von der Breite d der Schwelle und dem Energieabstand $V_0 - E$ ab.

Der Tunneleffekt hat viele Anwendungen in Physik und Technik. Er ist Grundlage des Rastertunnelmikroskops und des SQUID (Superconducting Quantum Inter-

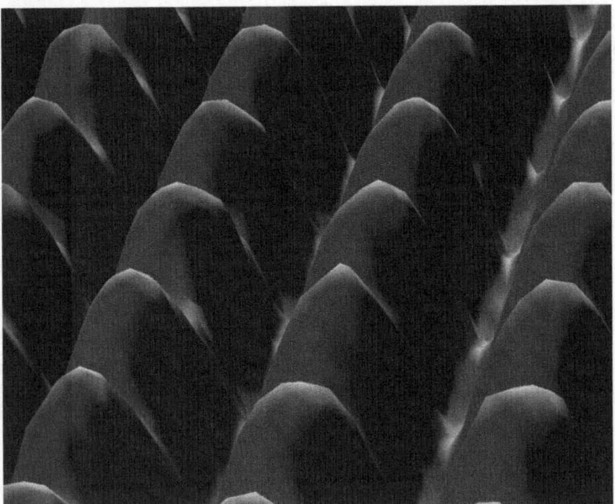

Abb. 3.9 Die Oberfläche eines Nickel-Einkristalls, abgetastet mit einem Rastertunnelmikroskop. (Wiedergabe mit freundlicher Genehmigung von Don Eigler, IBM-Forschungslabor Almaden. Image originally created by IBM Corporation)

ference Device), mit dem kleinste Magnetfelder gemessen werden können und das in der medizinischen Diagnostik eine wichtige Rolle spielt. Die fantastische Auflösung des Rastertunnelmikroskops ist in Abb. 3.9 zu erkennen, in der das Bild

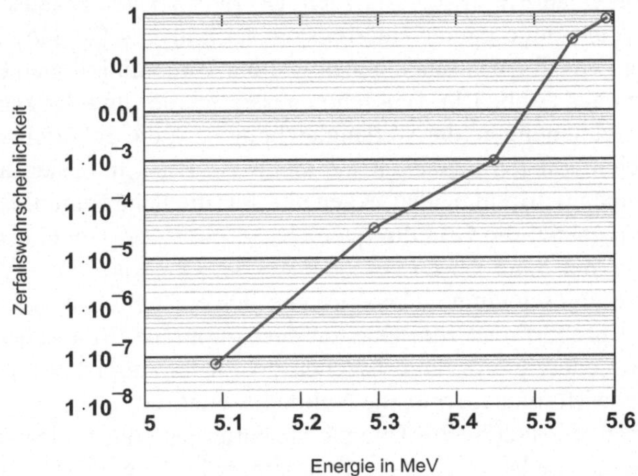

Abb. 3.10 Experimentelle Daten zum α-Zerfall von Plutonium (Pu^{238}) in den Grundzustand und verschiedene angeregte Zustände von Uran (U^{234}). Aufgetragen (auf einer logarithmischen Skala) ist die relative Zerfallswahrscheinlichkeit als Funktion der α-Energie in MeV. Die exponentielle Abhängigkeit ist deutlich erkennbar

der Oberfläche eines Nickel-Einkristalls gezeigt wird. Die einzelnen Ni-Atome sind deutlich sichtbar.

Nur mit dem Tunneleffekt kann man verstehen, dass beim radioaktiven α-Zerfall von Atomkernen die Halbwertszeiten ganz extrem von der Energie der α-Teilchen abhängen. Die Zerfallswahrscheinlichkeit eines α-aktiven Kerns ist proportional zum *Gamow-Faktor*

$$G = \exp\left(-\frac{2}{\hbar} \int_{r_1}^{r_2} \sqrt{2m_\alpha(V(r) - E_\alpha)}\,\mathrm{d}r \right). \tag{3.36}$$

Die exponentielle Abhängigkeit der Zerfallswahrscheinlichkeiten von der Energie der α-Teilchen wird in Abb. 3.10 gezeigt, sie lässt sich mit Hilfe der Formel (3.36) verstehen.

3.7 Didaktische Anmerkungen

3.7.1 Quantisierung der Energie

Ein hervorstechendes Merkmal der Quantenmechanik ist die Quantisierung der Energie. Diskrete Energieniveaus treten immer dann auf, wenn ein Teilchen durch ein Potential gebunden ist und nicht ins Unendliche entweichen kann. In der klassischen Mechanik ist die Energie dagegen eine kontinuierliche Variable. Dennoch gibt es auch dort Quantisierungen. Ein wichtiges Beispiel sind Eigenschwingungen. Wir betrachten eine eingespannte Gitarrensaite der Länge a. Die möglichen harmonischen Schwingungsformen sehen genau wie die Wellenfunktionen des Teilchens im Potentialtopf aus (Abb. 3.1). Wie schon gesagt wurde, sind die zugrundeliegenden Differentialgleichungen (die Wellengleichung bzw. die Schödinger-Gleichung) und die Randbedingungen mathematisch identisch. Die Quantisierungsbedingung (3.6) der Wellenlänge tritt in beiden Fällen auf. Für die Saite folgt daraus die Quantisierung der Frequenz: die Grundfrequenz ist $f_1 = v/\lambda_1$, wobei v die Schallgeschwindigkeit in der Saite ist. Die Frequenzen der Obertöne sind $f_n = nf_1$. Die Amplitude der Saitenschwingung ist kontinuierlich einstellbar, und die Energie der Schwingung ist proportional zum Quadrat der Amplitude. Eine ruhende Saite hat die Schwingungsenergie null. Das Teilchen im Potentialtopf hat immer eine von null verschiedene Minimalenergie, die Nullpunktsenergie.

Freie Teilchen, die sich bis ins Unendliche entfernen können, haben auch in der Quantenmechanik eine kontinuierlich veränderbare Energie. Dies betrifft beispielsweise Elektronen, die durch Ionisation von Atomen getrennt werden. Stellt man die Bedingung auf, dass die Teilchen sich nicht bis ins Unendliche, sondern nur bis zu einer extrem großen Entfernung frei bewegen können, so ist ihre Energie im Prinzip zwar quantisiert, aber die Niveaus liegen so dicht, dass sie quasi-kontinuierlich erscheinen.

3.7.2 Der Tunneleffekt in der Schule

Mit Mikrowellen kann der Tunneleffekt sehr schön demonstriert werden. Dazu wählen wir einen Aufbau, bei dem die Mikrowellen in einem Paraffinprisma total reflektiert und um 90° abgelenkt werden (Abb. 3.11). Bringt man ein zweites Prisma bis auf wenige Millimeter an die Grenzfläche heran, an der die Totalreflexion stattfindet, so läuft die Mikrowellenstrahlung einfach geradeaus, und die um 90° abgelenkte Welle wird stark unterdrückt. Die Erklärung ist, dass die elektromagnetische Welle ein wenig in den „verbotenen“ Bereich jenseits der Paraffin-Luft-Grenze eindringt und dort eine exponentielle Abschwächung erleidet. Ist diese verbotene Zone wesentlich schmaler als die Wellenlänge, so merkt die Mikrowelle kaum etwas davon und geht praktisch ungehindert in das zweite Paraffinprisma über. Mit wachsender Breite des Luftspalts wächst der total reflektierte Anteil auf Kosten des transmittierten Anteils rasch an.

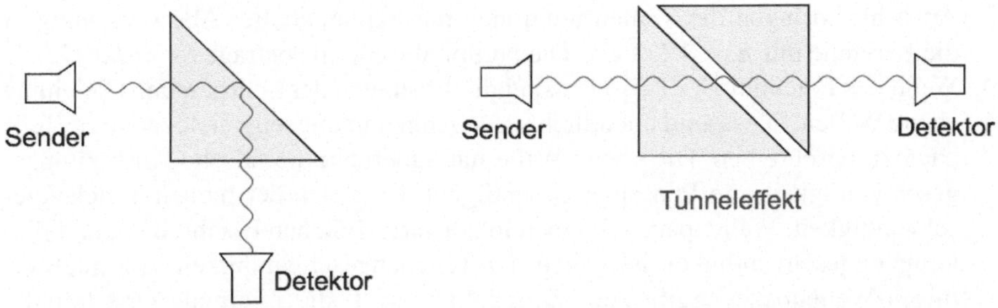

Abb. 3.11 Demonstration des Tunneleffekts. Mikrowellen mit einer Wellenlänge λ von etwa 3 cm werden in einem Paraffin-Prisma durch Totalreflexion um 90° abgelenkt. Nähert man ein zweites Prisma bis zu einem Abstand $d \ll \lambda$, so läuft die Mikrowellenstrahlung geradeaus

Zusammenfassung

1. In einem Potentialtopf der Breite a mit unendlich hohen Wänden sind die Wellenfunktionen stehende Wellen. Die Wellenlänge ist $\lambda_n = 2a/n$, die Energie ist quantisiert
$$E_n = \frac{\hbar^2 \pi^2}{2ma^2} \cdot n^2 , \quad n = 1, 2, 3, \ldots$$
Der tiefste Energiewert ist von null verschieden. Die Nullpunktsenergie ist eine Konsequenz der Unschärferelation.
2. In einem Potentialtopf mit endlicher Tiefe gibt es nur endlich viele gebundene Zustände. Die Wellenfunktionen dringen mit exponentieller Abschwächung in Bereiche ein, wo die Gesamtenergie kleiner als die potentielle Energie ist.
3. Der harmonische Oszillator hat äquidistante Energieniveaus:
$$E_n = (n + 1/2)\hbar\omega , \quad n = 0, 1, 2, 3\ldots$$
Auch hier dringen die Wellenfunktionen mit exponentieller Abschwächung in die Bereiche mit $E < V(x)$ ein. Die Nullpunktsenergie beträgt $E_0 = \hbar\omega/2$.
4. Wenn das Potential $V(x) \equiv 0$ ist, sind die Lösungen der Schrödinger-Gleichung ebene Wellen. Diese sind unendlich ausgedehnt und ungeeignet, lokalisierte Teilchen zu beschreiben. Die ebene Welle hat außerdem die falsche Ausbreitungsgeschwindigkeit, die Phasengeschwindigkeit ist gleich der halben Teilchengeschwindigkeit. Wellenpakete können lokalisierte Teilchen beschreiben, und ihre Gruppengeschwindigkeit ist gleich der Teilchengeschwindigkeit. Ein gaußförmiges Wellenpaket ergibt zum Zeitpunkt $t = 0$ die minimale Orts-Impuls-Unschärfe, allerdings zerfließt das Wellenpaket im Lauf der Zeit.
5. An einer Potentialschwelle werden ebene Wellen vollständing reflektiert, wenn ihre Energie kleiner als die Potentialstufe ist. Falls die Energie größer als die Potentialstufe ist, werden sie teilweise reflektiert. Der Reflexionskoeffizient und der Transmissionskoeffizient sind
$$R = \left(\frac{k - k'}{k + k'}\right)^2 , \quad T = \frac{4kk'}{(k + k')^2} .$$
6. Der Tunneleffekt eröffnet die Möglichkeit, eine hinreichend dünne Potentialbarriere zu durchqueren. Die Transmissionswahrscheinlichkeit ist proportional zum Gamow-Faktor
$$G = \exp\left(-\frac{2}{\hbar}\sqrt{2m(V_0 - E)}\, d\right) .$$

Aufgaben

3.1) Bei einer Klausur mit $N = 50$ Teilnehmern werden die folgenden Punktzahlen x erzielt:
je 1-mal: 2, 3, 8, 12, 14, 15, 23, 27, 37; je 2-mal: 7, 11, 13, 17, 19, 25, 29, 30, 32, 33; je 3-mal: 16, 18, 21, 24, 26; 6-mal: 20.
Berechne $\langle x \rangle$, $\langle x^2 \rangle$ und die Varianz σ der Verteilung. Skizziere ein Balkendiagramm und eine auf die Gesamtzahl N normierte Gaußfunktion der Standardabweichung σ.

3.2) Ein Elektron sei an einen Potentialtopf der Breite $a = 2b = 10^{-10}$ m und der Tiefe $-V_0 = -1$ eV gebunden. Bestimme die Energie E_1 des einzigen gebundenen Zustands. Mit welcher Wahrscheinlichkeit w_i befindet sich das Elektron innerhalb des Topfs, mit welcher Wahrscheinlichkeit w_a außerhalb?

3.3) Ein Teilchen befindet sich zum Zeitpunkt $t = 0$ in der linken Hälfte eines Potentialtopfs mit unendlich hohen Wänden. a) Ein ruhendes klassisches Objekt würde für alle Zeiten in der linken Hälfte bleiben. Gilt das auch für ein Elektron oder Neutron? b) Das Teilchen werde durch folgende Anfangswellenfunktion repräsentiert

$$\psi_0(x) = A \sin 2\pi x/a \quad \text{für} \quad 0 \leq x \leq a/2$$
$$\psi_0(x) = 0 \quad \text{für} \quad a/2 < x \leq a \; .$$

Skizziere $\psi_0(x)$ und berechne die Normierungskonstante A.
c) An welchem Ort findet man das Teilchen mit der größten Wahrscheinlichkeit?

3.4) Fortsetzung von Aufg. 3.3. a) Entwickle $\psi_0(x)$ nach den Eigenfunktionen des Potentialtopfs, $\psi_0(x) = \sum_n c_n \psi_n(x)$ und bestimme die Koeffizienten c_n für $n = 1 \ldots 6$. Mit welcher Wahrscheinlichkeit wird bei einer Messung der Energie der Wert $E_1, E_2, \ldots E_6$ gemessen? b) Wie lautet die zeitabhängige Wellenfunktion $\Psi(x,t)$? Zeichne $|\Psi(x,t)|^2$ für verschiedene Zeiten. Durch Probieren kann man eine Zeit finden, bei der sich das Teilchen mit großer Wahrscheinlichkeit in der rechten Hälfte des Potentialtopfs aufhält.

3.5) Um die Lösung der Schrödinger-Gleichung in mehr als einer Raumdimension zu demonstrieren, betrachten wir als einfachstes Beispiel einen zweidimensionalen Potentialtopf mit unendlich hohen Wänden und quadratischer Grundfläche. Das Potential habe die Form

$$V(x,y) = 0 \qquad \text{für} \quad 0 \leq x \leq a, \; 0 \leq y \leq a \, ,$$
$$V(x,y) \to \infty \quad \text{für} \quad x < 0 \, , \; x > a \quad \text{oder für} \quad y < 0 \, , \; y > a \; .$$

Die Schrödinger-Gleichung im Bereich $0 \leq x \leq a, \; 0 \leq y \leq a$ lautet

$$-\frac{\hbar^2}{2m}\left[\frac{\partial^2 \psi}{\partial x^2} + \frac{\partial^2 \psi}{\partial y^2}\right] = E\,\psi(x,y) \, . \tag{3.37}$$

In den übrigen Bereichen muss $\psi(x, y)$ verschwinden, da dort das Potential unendlich groß ist. Wir erhalten somit die Randbedingungen

$$\psi(0, y) = 0\,, \ \psi(a, y) = 0\,, \ \psi(x, 0) = 0\,, \ \psi(x, a) = 0\,.$$

Eine mit den Randbedingungen bei $x = 0$ oder $y = 0$ verträgliche Lösung setzen wir als Produkt von zwei Sinusfunktionen an

$$\psi(x, y) = A \sin(k_1 x) \sin(k_2 y)\,.$$

Welche Werte sind für die Komponenten k_1 und k_2 des Wellenvektors erlaubt und was sind die zugehörigen Energiewerte? Skizziere in einer 3D-Darstellung einige der Wellenfunktionen.

3.6) Im Sauerstoffmolekül können die Atomkerne Schwingungen um den Gleichgewichtsabstand $r_0 = 1{,}2 \cdot 10^{-10}$ m durchführen. Die gemessene Energiedifferenz benachbarter Schwingungsniveaus beträgt $\hbar\omega = 0{,}19$ eV.
a) Berechne die „Federkonstante" C des Oszillators. Hinweis: das Sauerstoff-Atom besteht aus 8 Protonen und 8 Neutronen. Man muss bei O_2 mit der reduzierten Masse rechnen.
b) Das Potential zwischen den beiden Kernen kann als Funktion des Kernabstands r durch folgenden Ausdruck parametrisiert werden

$$V(r) = D\,[1 - \mathrm{e}^{-\kappa(r-r_0)}]^2 - D \quad \text{mit} \quad \kappa = \omega\sqrt{\frac{m_{\text{red}}}{2D}}$$

mit $D = 5$ eV. Skizziere das Potential $V(r)$ im Bereich $0{,}75\, r_0 < r < 3\, r_0$. Wie groß ist die Dissoziationsenergie des Moleküls?

3.7) In den Wasserstoff- bzw. Deuterium-Molekülen H_2, HD und D_2 hat das Potential einen ähnlichen Verlauf wie in Aufgabe 3.6. Da sich nur die Atomkerne unterscheiden, die Elektronenhüllen aber identisch sind, ist das Potential $V(r)$ identisch für alle drei Moleküle. Trotzdem misst man verschiedene Dissozationsenergien. a) Wie kommt das und warum ist diese Beobachtung ein experimenteller Beweis für die Existenz der Nullpunktsschwingungen? b) Die Energie der Nullpunktsschwingung beträgt $E_0 = 0{,}273$ eV beim H_2-Molekül. Berechne E_0 für HD und D_2.

3.8) In den Abbildungen 3.7 und 3.8 wird der Realteil der Wellenfunktion als Funktion von x gezeigt, und man kann erkennen, dass $\psi(x)$ und $\psi'(x)$ überall stetig sind. Für diese beiden Fälle sollen der Imaginärteil und das Absolutquadrat der Wellenfunktion berechnet und als Funktion von x aufgetragen werden. Beim Tunneleffekt zeigt $|\psi|^2$ ein oszillatorisches Verhalten vor der Barriere und ist konstant hinter der Barriere. Wie kann man das physikalisch erklären?

3.9) Wenn ein Mountainbiker ungebremst auf einen Abgrund zufährt, ist sein Schicksal besiegelt, und er stürzt in die Tiefe. Der „quantenmechanische Mountainbiker" (in unserem Fall ein Elektron) hat eine gute Chance, ungeschoren davon zu kommen, sofern die kinetische Energie niedrig ist. Wir drehen die Potentialstufe

aus Abb. 3.7 um (es sei also $V(x) = 5\,\text{eV}$ für $x < 0$ und $V(x) = 0$ für $x > 0$) und lassen das Elektron mit einer kinetischen Energie von 0,1 eV auf die Stufe zufliegen.
a) Berechne die Wellenfunktion auf beiden Seiten der Stufe und zeichne $\text{Re}(\psi(x))$.
b) Mit welcher Wahrscheinlichkeit wird das Elektron an der Stufe reflektiert?

3.10) Dies ist eine Aufgabe zum Diskutieren mit Schülern. Es werden zwei Achterbahnen gezeigt; die Bewegungen der Autos können anhand der klassischen Mechanik diskutiert werden. Wie sehen die äquivalenten quantenmechanischen Bilder aus und worin bestehen die Gemeinsamkeiten und die Unterschiede?

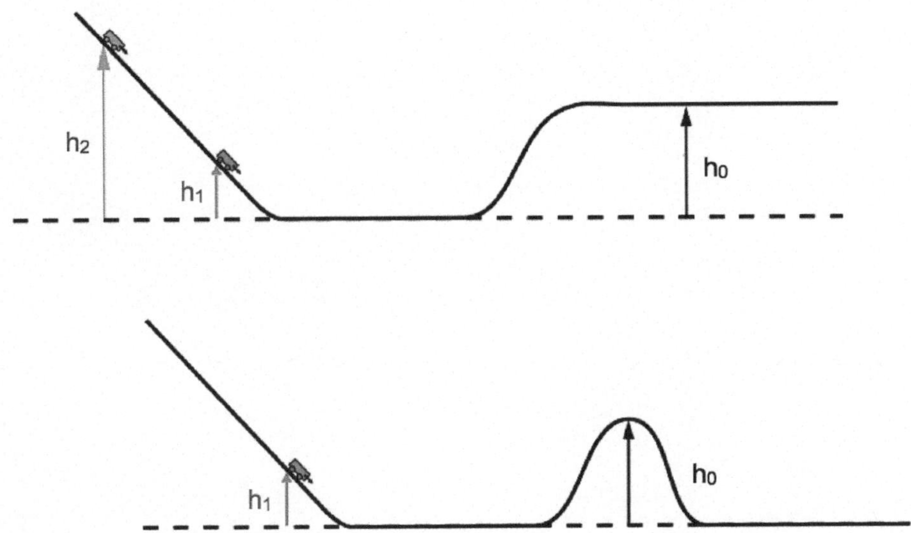

Kapitel 4
Theoretische Konzepte und Formalismus der Quantenmechanik

In diesem Kapitel betrachten wir zur Vereinfachung der Schreibweise nur die eindimensionale Schrödinger-Gleichung, um daran die grundlegenden theoretischen Konzepte der Quantenmechanik zu erklären. Ein Grundprinzip der Quantentheorie ist, dass alle physikalischen Messgrößen, auch „Observable" genannt, durch Operatoren repräsentiert werden. Die möglichen Messwerte sind genau die Eigenwerte dieser Operatoren. Dies soll am Beispiel des Hamilton-Operators sowie der Orts- und Impulsoperatoren verdeutlicht werden.

4.1 Hamilton-Operator

Die eindimensionale Schrödinger-Gleichung schreiben wir in der Form

$$\left[-\frac{\hbar^2}{2m}\frac{\mathrm{d}^2}{\mathrm{d}x^2} + V(x)\right]\psi(x) = E\,\psi(x)\,. \tag{4.1}$$

Die Größe in der eckigen Klammer ist nicht ein multiplikativer Faktor, sondern ein Operator, also eine Rechenvorschrift, die auf die Wellenfunktion angewandt wird. Dieser Operator wird Hamilton-Operator genannt und ist der wichtigste Operator der Quantenmechanik

$$\widehat{H} = -\frac{\hbar^2}{2m}\frac{\mathrm{d}^2}{\mathrm{d}x^2} + V(x)\,. \tag{4.2}$$

Die Schrödinger-Gleichung lautet dann in kompakter Form

$$\widehat{H}\,\psi(x) = E\psi(x)\,. \tag{4.3}$$

Die Anwendung eines Operators auf eine Funktion liefert in der Regel eine andere Funktion, siehe Aufgabe 4.1. Eine Gleichung, bei der links ein Operator auf eine Funktion angewandt wird und rechts dieselbe Funktion steht, multipliziert mit einer Konstanten, nennen wir eine *Eigenwertgleichung*. Die Funktionen, die die

DOI 10.1007/978-3-642-25397-3_4,

Gleichung erfüllen, heißen die *Eigenfunktionen* des Operators, die rechts stehenden Konstanten sind die *Eigenwerte*.
Die Lösung der Schrödinger-Gleichung ist gleichbedeutend damit, die Eigenfunktionen ψ_n des Hamilton-Operators und die zugehörigen Eigenwerte E_n zu bestimmen:

$$\widehat{H}\psi_n(x) = E_n\psi_n(x)\,. \tag{4.4}$$

Die Festlegung der Randbedingungen, beispielsweise das Verschwinden der Wellenfunktion außerhalb eines Potentialtopfs, ist Teil der Definition des Hamilton-Operators. Ein grundlegendes Postulat der Quantenmechanik lautet:

Die möglichen Energiewerte eines Systems sind genau die Eigenwerte E_n des Hamilton-Operators dieses Systems, die zugehörigen Wellenfunktionen sind genau die Eigenfunktionen ψ_n.

Nicht nur die Energie, sondern auch alle anderen physikalischen Messgrößen werden durch Operatoren repräsentiert. Was ist die Motivation dafür? Die gesamte Information, die uns über ein Teilchen oder ein System von Teilchen zur Verfügung steht, steckt in der Wellenfunktion ψ. Die Operatoren holen gewissermaßen die physikalischen Messgrößen aus der Wellenfunktion heraus. Die Impuls- und Ortsoperatoren werden im nächsten Abschnitt besprochen, die Diskussion der Operatoren von Bahndrehimpuls und Spin verschieben wir auf Kap. 5.

4.2 Impuls- und Ortsoperator

Impulsoperator

Ein Teilchen mit wohldefiniertem Impuls hat eine präzise festgelegte Wellenlänge $\lambda = 2\pi\hbar/p$. Es muss daher durch eine ebene Welle beschrieben werden

$$\Psi(x,t) = A\,\mathrm{e}^{\mathrm{i}(kx-\omega t)}\,.$$

Die Anwendung des Impulsoperators muss den Messwert $p = \hbar k$ ergeben. Daraus folgt für die x-Komponente des Operators

$$\widehat{p}_x = -\mathrm{i}\hbar\frac{\partial}{\partial x}\,. \tag{4.5}$$

Die Eigenfunktionen von $\widehat{p}_x$ sind die ebenen Wellen $\exp(\mathrm{i}(kx - \omega t))$, die Eigenwerte sind $\hbar k$. Sie sind nicht quantisiert, es sei denn, man schreibt gewisse Randbedingungen vor wie z. B. eine räumliche Periodizität der Wellenfunktion. In dem Fall lassen sich die Funktionen auch normieren. Dreidimensional gilt

$$\widehat{\boldsymbol{p}} = -\mathrm{i}\hbar\nabla = -\mathrm{i}\hbar\begin{pmatrix}\partial_x\\ \partial_y\\ \partial_z\end{pmatrix} \quad \text{mit} \quad \partial_x \equiv \frac{\partial}{\partial x} \text{ etc.} \tag{4.6}$$

Hier haben wir den Nabla-Operator ∇ eingeführt. Die Eigenfunktionen und Eigenwerte von $\widehat{\boldsymbol{p}}$ sind

$$e^{i(\boldsymbol{k}\cdot\boldsymbol{r}-\omega t)} \quad \text{und} \quad \boldsymbol{p} = \hbar \boldsymbol{k} \ .$$

Ortsoperator

Wenn schon die Impuls-Eigenfunktionen problematisch sind, so trifft das in noch stärkerem Maße auf die Eigenfunktionen des Ortsoperators zu. Dieser Operator soll bei Anwendung auf die Wellenfunktion den Ort des Teilchens ergeben. Bei keiner der bisher betrachteten Wellenfunktionen (Potentialtopf, Oszillator, Wellenpaket) ist dies der Fall, denn sie haben alle eine endliche räumliche Ausdehnung. Überall dort, wo $|\psi(x)|^2 \neq 0$ ist, darf sich das Teilchen aufhalten. Man kann nur eine Wahrscheinlichkeit angeben, das Teilchen an einem bestimmten Ort zu finden, aber nicht mit Sicherheit diesen Ort vorhersagen. Damit ein scharfer Orts-Eigenwert herauskommt, muss die Wellenfunktion offensichtlich auf einen infinitesimalen Ortsbereich eingeschränkt sein. Keine „normale“ Funktion erfüllt diese Bedingung, sondern nur die Dirac-Delta-Funktion, die im mathematischen Sinn eine verallgemeinerte Funktion (Distribution) ist.

Um eine Funktion zu konstruieren, die den Ort eines Teilchens sehr genau festlegt, beginnen wir mit einem gaußförmigen Wellenpaket bei $x = x_0$, dessen Breite wir dann gegen null gehen lassen. Als Wahrscheinlichkeitsdichte nehmen wir also

$$\rho(x) = \frac{1}{\sqrt{2\pi}\,\sigma} \exp\left(-\frac{(x-x_0)^2}{2\sigma^2}\right)$$

und betrachten anschließend den Limes $\sigma \to 0$. Mit abnehmender Breite wächst die Höhe an, so dass das Integral unter der Kurve immer den Wert 1 hat (s. Kap. 3.4.3). Eine mögliche Definition der Dirac-Deltafunktion ist

$$\delta(x-x_0) = \lim_{\sigma\to 0}\left[\frac{1}{\sqrt{2\pi}\,\sigma} \exp\left(-\frac{(x-x_0)^2}{2\sigma^2}\right)\right] . \tag{4.7}$$

Für hinreichend kleines σ ist die zu $\rho(x)$ gehörige Wellenfunktion näherungsweise eine Eigenfunktion des Ortsoperators mit dem Eigenwert x_0, nämlich dem Ort, an dem $\psi(x) \neq 0$ ist

$$\widehat{x}\,\psi(x) \approx x_0\,\psi(x_0) \,. \tag{4.8}$$

4.3 Dirac-Notation und Skalarprodukt

Von Paul Dirac stammt eine sehr nützliche Notation zur Kennzeichnung quantenmechanischer Zustände. Jeder Wellenfunktion ψ wird ein Vektor $|\psi\rangle$ zugeordnet, der „ket“-Vektor genannt wird. Einer konjugiert komplexen Wellenfunktion ϕ^* wird ein Vektor $\langle\phi|$ zugeordnet, den man „bra“-Vektor nennt. Wenn wir an normale Vektoren denken, so ist der *ket* ein Spalten- und der *bra* ein Zeilenvektor. Es wird ein Skalarprodukt definiert durch

$$\langle \phi \mid \psi \rangle = \int_{-\infty}^{+\infty} \phi^*(x)\psi(x)\,\mathrm{d}x\,. \tag{4.9}$$

Dies Skalarprodukt hat das Aussehen einer Klammer („bracket"), der bra-Vektor bildet die linke Seite, der ket-Vektor die rechte Seite der Klammer. Das Skalarprodukt ist im Allgemeinen eine komplexe Zahl. Es gilt

$$\langle \psi \mid \phi \rangle = \int_{-\infty}^{+\infty} \psi^*(x)\phi(x)\,\mathrm{d}x = \langle \phi \mid \psi \rangle^*\,. \tag{4.10}$$

Setzen wir speziell $\phi = \psi$, so erhalten wir die Norm, die natürlich eine reelle Zahl ist und bei korrekter Normierung der Wellenfunktion den Wert 1 hat.

$$\langle \psi \mid \psi \rangle = \int_{-\infty}^{+\infty} \psi^*(x)\psi(x)\,\mathrm{d}x = 1\,. \tag{4.11}$$

Wichtig sind die Skalarprodukte der Eigenfunktionen des Hamilton-Operators:

$$\langle \psi_m \mid \psi_n \rangle = \int_{-\infty}^{+\infty} \psi_m^*(x)\psi_n(x)\,\mathrm{d}x = \delta_{mn}\,. \tag{4.12}$$

Dabei ist δ_{mn} das Kroneckersymbol: $\delta_{mn} = 1$ für $m = n$ und $\delta_{mn} = 0$ für $m \neq n$. Die Eigenfunktionen sind auf eins normiert und paarweise orthogonal.
Wir wollen an dieser Stelle anmerken, dass die Dirac-Notation besonders gut für die Hilbertraum-Formulierung der Quantenmechanik geeignet ist, die in vielen Standard-Lehrbüchern zu finden ist, die wir aber aus Gründen der mathematischen Komplexität in diesem Buch nicht diskutieren können.

4.4 Das Superpositionsprinzip

Eine beliebige Linearkombination der Eigenfunktionen des Hamilton-Operators

$$\Psi(x,t) = \sum_n c_n \Psi_n(x,t) = \sum_n c_n \psi_n(x)\mathrm{e}^{-\mathrm{i}\omega_n t} \quad \text{mit} \quad \omega_n = E_n/\hbar \tag{4.13}$$

ist eine Lösung der zeitabhängigen Schrödinger-Gleichung, wie man aus folgender Rechnung sieht, bei der Gl. (2.16) benutzt wird:

$$\mathrm{i}\hbar\,\frac{\partial \Psi}{\partial t} = \sum_n c_n \mathrm{i}\hbar\,\frac{\partial \Psi_n}{\partial t} = \sum_n c_n \widehat{H}\,\Psi_n(x,t) = \widehat{H}\,\Psi(x,t)\,.$$

Umgekehrt kann man zeigen, dass jede beliebige Lösung der zeitabhängigen Schrödinger-Gleichung als Linearkombination (4.13) dargestellt werden kann. Das Superpositionsprinzip besagt, dass als Wellenfunktionen eines Teilchen nicht nur die Eigenfunktionen in Frage kommen, sondern dass auch alle Linearkombinationen der Form (4.13) zulässig sind.

Wie berechnet man die Koeffizienten c_n? Zur Vereinfachung wählen wir den Zeitpunkt $t = 0$, dann werden alle Faktoren $\exp(-\mathrm{i}\,\omega_n t) = 1$, und wir erhalten

$$\Psi(x,0) \equiv \psi(x) = \sum_n c_n \psi_n(x)\,. \tag{4.14}$$

Zur Berechnung der Koeffizienten nutzen wir aus, dass die $\psi_n(x)$ als paarweise orthogonale Einheitsvektoren in einem unendlich-dimensionalen Vektorraum aufgefasst werden können. Bilden wir das Skalarprodukt von ψ mit einer speziellen Eigenfunktion ψ_m, so folgt

$$\langle \psi_m \mid \psi \rangle = \sum_n c_n \langle \psi_m \mid \psi_n \rangle = \sum_n c_n \delta_{mn} = c_m\,.$$

Also gilt für jeden Wert von m

$$c_m = \langle \psi_m \mid \psi \rangle = \int \psi_m^*(x)\,\psi(x)\,\mathrm{d}x\,. \tag{4.15}$$

Berechnen wir die Norm von ψ, so ergibt sich

$$\int_0^a \psi^*(x)\,\psi(x)\,\mathrm{d}x = \sum_n |c_n|^2 = 1\,. \tag{4.16}$$

Daraus wird ersichtlich, dass ein durch die Wellenfunktion $\psi(x)$ beschriebenes Teilchen mit der Wahrscheinlichkeit $|c_n|^2$ im Zustand $\psi_n(x)$ gefunden wird und dass dementprechend bei einer Messung der Energie mit der Wahrscheinlichkeit $|c_n|^2$ der Wert E_n herauskommt. Der Mittelwert der Energie ist

$$\langle E \rangle = \sum_n |c_n|^2 E_n\,. \tag{4.17}$$

Das Superpositionsprinzip ist die tiefere Ursache für die Verschränkung von Zuständen und die Nichtlokalität der Quantentheorie, auf die in Kap. 9 eingegangen wird.

4.5 Erwartungswerte

Das Konzept, Observable durch Operatoren darzustellen, deren Eigenwerte die einzig möglichen Messwerte der physikalischen Größe sind, erweist sich als nicht hinreichend, alle denkbaren physikalischen Fragestellungen zu beantworten. Die Zustände mit wohldefinierter Energie werden durch die Eigenfunktionen des Hamilton-Operators beschrieben, die aber in den meisten Fällen nicht gleichzeitig Impuls- oder Orts-Eigenfunktionen sind. Wir haben oben gesehen, dass die Eigenfunktionen des Impulsoperators und die Eigenfunktionen des Ortsoperators etwas pathologische Funktionen sind: die ersteren sind unendlich ausgedehnte ebene Wellen, die zweiten sind extrem schmale und entsprechend sehr hohe Funktionen, die im Limes verschwindender Breite gegen die Deltafunktion streben. Diese Eigenfunktionen unterscheiden sich stark von der Wellenfunktion eines Teilchens im Potentialtopf oder im Oszillatorpotential. Was tut man nun, wenn man theoretisch vorhersagen möchte, was bei der Messung des Ortes oder Impulses eines Teilchens herauskommt? Es erweist sich als zweckmäßig, den Begriff des Eigenwertes zu verallgemeinern. Man kommt damit zum *Erwartungswert.*

4.5.1 Erwartungswerte als gewichtetes Mittel der Eigenwerte

Die Wellenfunktion des Teilchens sei $\psi(x)$. Wir definieren den Erwartungswert eines Operators $\widehat{A}$ im Zustand ψ durch das Integral

$$\langle \widehat{A} \rangle \equiv \langle \psi | \widehat{A} | \psi \rangle = \int_{-\infty}^{+\infty} \psi^*(x) \widehat{A}\, \psi(x)\, \mathrm{d}x\,. \tag{4.18}$$

Wir wenden diese Beziehung zunächst auf den Hamilton-Operator an und wählen für ψ eine Eigenfunktion ψ_n.

$$\begin{aligned} \langle \psi_n | \widehat{H} | \psi_n \rangle &= \int_{-\infty}^{+\infty} \psi_n^*(x)\, [\widehat{H}\, \psi_n(x)]\, \mathrm{d}x = \int_{-\infty}^{+\infty} \psi_n^*(x)\, [E_n\, \psi_n(x)]\, \mathrm{d}x \\ &= E_n \underbrace{\int_{-\infty}^{+\infty} \psi_n^*(x) \psi_n(x)\, \mathrm{d}x}_{1} = E_n\,. \end{aligned} \tag{4.19}$$

Wenn ein Eigenzustand vorliegt, ist der Erwartungswert somit identisch mit dem Eigenwert.

Im zweiten Beispiel setzen wir ψ als Linearkombination von zwei Eigenfunktionen von $\widehat{H}$ an

$$\psi(x) = c_1 \psi_1(x) + c_2 \psi_2(x) \quad \text{mit} \quad |c_1|^2 + |c_1|^2 = 1\,.$$

Diese Wellenfunktion ist auf 1 normiert, und man erhält für den Erwartungswert von $\widehat{H}$

$$\begin{aligned}\langle\psi|\widehat{H}|\psi\rangle &= |c_1|^2\langle\psi_1|\widehat{H}|\psi_1\rangle\\ &\quad + |c_2|^2\langle\psi_2|\widehat{H}|\psi_2\rangle + c_1^* c_2\langle\psi_1|\widehat{H}|\psi_2\rangle + c_2^* c_1\langle\psi_2|\widehat{H}|\psi_1\rangle.\end{aligned}$$

Jetzt wenden wir die Formeln (4.19) und (4.12) an:

$$\begin{aligned}&\langle\psi_1|\widehat{H}|\psi_1\rangle = E_1\,,\quad \langle\psi_2|\widehat{H}|\psi_2\rangle = E_2\,,\\ &\langle\psi_1|\widehat{H}|\psi_2\rangle = E_2\langle\psi_1|\psi_2\rangle = 0\,,\quad \langle\psi_2|\widehat{H}|\psi_1\rangle = E_1\langle\psi_2|\psi_1\rangle = 0\end{aligned}$$

und erhalten

$$\langle\psi|\widehat{H}|\psi\rangle = |c_1|^2 E_1 + |c_2|^2 E_2\,. \tag{4.20}$$

Dies ist eine sehr wichtige Gleichung, sie besagt, dass bei einer Messung der Energie entweder der Eigenwert E_1 gefunden wird, und zwar mit der Wahrscheinlichkeit $|c_1|^2$, oder der Eigenwert E_2 mit der Wahrscheinlichkeit $|c_2|^2$. Der Erwartungswert ist das mit den relativen Wahrscheinlichkeiten gewichtete Mittel der Eigenwerte.

4.5.2 Erwartungswerte des Orts- und Impulsoperators

Wenden wir die Definition (4.18) auf den Ortsoperator an, so ergibt sich

$$\langle\,\widehat{x}\,\rangle = \int_{-\infty}^{+\infty} \psi^*(x)\widehat{x}\,\psi(x)\,\mathrm{d}x = \int_{-\infty}^{+\infty} x\,|\psi(x)|^2\,\mathrm{d}x\,. \tag{4.21}$$

Das Ergebnis ist der mit der Wahrscheinlichkeitsdichte gewichtete Mittelwert des Teilchenortes. Für den Impulsoperator folgt entsprechend

$$\langle\,\widehat{p}\,\rangle = \int_{-\infty}^{+\infty} \psi^*(x)(-\mathrm{i}\hbar)\frac{\partial\psi(x)}{\partial x}\,\mathrm{d}x\,. \tag{4.22}$$

Zur Vereinfachung wird hier der Index x weggelassen, d. h. wir schreiben $\langle\,\widehat{p}\,\rangle$ anstatt $\langle\,\widehat{p}_x\,\rangle$. Transformiert man diese Gleichung in den Impulsraum (Anhang C.3), so folgt

$$\langle\,\widehat{p}\,\rangle = \int_{-\infty}^{+\infty} p\,|\phi(p)|^2\,\mathrm{d}p\,. \tag{4.23}$$

Dies ist der Mittelwert des Impulses, gewichtet mit der Wahrscheinlichkeitsdichte im Impulsraum. Der Impulsoperator hat zwei verschiedene Darstellungen:

$$\begin{aligned}\widehat{p} &\cong -\mathrm{i}\hbar\frac{\partial}{\partial x} \quad \text{Differentiation im Ortsraum}\,,\\ \widehat{p} &\cong p \quad \text{Multiplikation mit } p \text{ im Impulsraum}\,.\end{aligned} \tag{4.24}$$

Analog dazu hat auch der Ortsoperator zwei Darstellungen:

$$\begin{aligned}\widehat{x} &\cong x \quad \text{Multiplikation mit } x \text{ im Ortsraum}\,,\\ \widehat{x} &\cong \mathrm{i}\hbar\frac{\partial}{\partial p} \quad \text{Differentiation im Impulsraum}\,.\end{aligned} \tag{4.25}$$

4.6 Vertauschbare und nicht vertauschbare Operatoren

4.6.1 Definition des Kommutators

Die Multiplikation von Zahlen genügt dem Kommutativgesetz: $a \cdot b = b \cdot a$. Bei Matrizen ist das anders, das Ergebnis hängt von der Reihenfolge der Faktoren ab. Ein Beispiel

$$\begin{pmatrix}1&0\\0&-1\end{pmatrix}\cdot\begin{pmatrix}0&1\\1&0\end{pmatrix}=\begin{pmatrix}0&1\\-1&0\end{pmatrix}, \quad \begin{pmatrix}0&1\\1&0\end{pmatrix}\cdot\begin{pmatrix}1&0\\0&-1\end{pmatrix}=\begin{pmatrix}0&-1\\1&0\end{pmatrix}.$$

Die Nichtvertauschbarkeit gilt auch für viele Operatoren der Quantentheorie. Besonders wichtig ist die Nichtvertauschbarkeit der Orts- und Impulsoperatoren.

$$\begin{aligned}\widehat{x}\,(\widehat{p}_x\psi(x)) &= -\mathrm{i}\hbar\, x\cdot\frac{\partial\psi}{\partial x}\,,\\ \widehat{p}_x\,(\widehat{x}\psi(x)) &= -\mathrm{i}\hbar\,\frac{\partial(x\cdot\psi(x))}{\partial x} = -\mathrm{i}\hbar\, x\cdot\frac{\partial\psi}{\partial x} - \mathrm{i}\hbar\,\psi(x)\,.\end{aligned}$$

Es folgt

$$(\widehat{x}\,\widehat{p}_x - \widehat{p}_x\,\widehat{x})\psi(x) = \mathrm{i}\hbar\,\psi(x)\,. \tag{4.26}$$

Dies gilt für beliebige Funktionen $\psi(x)$. Man definiert den *Kommutator* der beiden Operatoren durch

$$[\widehat{x},\,\widehat{p}_x] = \widehat{x}\,\widehat{p}_x - \widehat{p}_x\,\widehat{x} = \mathrm{i}\hbar\,. \tag{4.27}$$

Der Kommutator ist selbst ein Operator, in diesem Fall der Einheitsoperator, multipliziert mit $\mathrm{i}\hbar$. Die beiden nicht vertauschbaren Operatoren haben sehr verschiedene Eigenfunktionen: die infinitesimal schmalen Deltafunktionen und die unendlich ausgedehnten ebenen Wellen.

4.6.2 Vertauschbare Operatoren und gleichzeitige Messbarkeit

Wie wir gerade gesehen haben, sind der Orts- und Impulsoperator nicht vertauschbar. Ort und Impuls können nicht gleichzeitig präzise Werte annehmen, man nennt sie *inkompatible Observable*. Wie steht es nun mit Messgrößen, deren Operatoren vertauschbar sind? Ein grundlegendes Theorem der Quantenmechanik lautet:

Zwei Observable sind genau dann kompatibel (d. h. sie können gleichzeitig präzise Werte annehmen), wenn die zugehörigen Operatoren vertauschbar sind. Das wiederum ist gleichbedeutend damit, dass die beiden Operatoren einen vollständigen Satz gemeinsamer Eigenfunktionen besitzen.

Auf den Beweis gehen wir in Anhang C ein.

4.6.3 Nicht vertauschbare Operatoren und Unschärferelation

Die Unschärfe einer Observablen (Messgröße) A im Quantenzustand $|\psi\rangle$ soll jetzt präzise definiert werden. Dazu berechnen wir die Erwartungswerte des zugehörigen Operators $\widehat{A}$ und seines Quadrates $\widehat{A}^2 = \widehat{A} \cdot \widehat{A}$ (zweimalige Anwendung des Operators):

$$\langle \widehat{A} \rangle \equiv \langle \psi | \widehat{A} | \psi \rangle = \int\limits_{-\infty}^{+\infty} \psi^*(x) \widehat{A} \psi(x) \, \mathrm{d}x \, ,$$

$$\langle \widehat{A}^2 \rangle \equiv \langle \psi | \widehat{A}^2 | \psi \rangle = \int\limits_{-\infty}^{+\infty} \psi^*(x) \widehat{A}^2 \psi(x) \, \mathrm{d}x \, .$$

Die Unschärfe ist wie folgt definiert

$$\Delta A = \sqrt{\langle \left(\widehat{A} - \langle \widehat{A} \rangle \right)^2 \rangle} = \sqrt{\langle \widehat{A}^2 \rangle - \langle \widehat{A} \rangle^2} \, . \tag{4.28}$$

Gegeben seien nun zwei nicht vertauschbare selbstadjungierte Operatoren $\widehat{A}$ und $\widehat{B}$. Man kann dann generell beweisen (siehe z. B. [3, 14]), dass das Produkt der Unschärfen dieser Operatoren die folgende Ungleichung erfüllt

$$\Delta A \cdot \Delta B \geq \frac{1}{2} |\langle [\widehat{A}, \widehat{B}] \rangle| \, . \tag{4.29}$$

Dies ist die Unschärferelation von Werner Heisenberg in ihrer allgemeinsten Form. Hat speziell der Kommutator die Form

$$[\widehat{A}, \widehat{B}] = \mathrm{i}\hbar \, ,$$

so folgt

$$\Delta A \cdot \Delta B \geq \hbar/2 \,.$$

Diese Ungleichung gilt insbesondere für die Orts-und Impulsoperatoren

$$\Delta x \cdot \Delta p_x \geq \hbar/2 \,, \quad \Delta y \cdot \Delta p_y \geq \hbar/2 \,, \quad \Delta z \cdot \Delta p_z \geq \hbar/2 \,. \tag{4.30}$$

Zu beachten ist, dass verschiedene Komponenten des Orts- und Impulsoperators, beispielsweise $\widehat{x}$ und $\widehat{p}_y$, vertauschbar sind, so dass im Prinzip die x-Koordinate eines Teilchens und die y-Komponente seines Impulses gleichzeitig präzise messbar sind.

Im nächsten Kapitel wird bewiesen, dass die Komponenten des Drehimpuls-Operators nicht kommutieren und die Unschärferelation (4.29) erfüllen.

4.6.4 Energie-Zeit-Unschärfe

Eine weitere wichtige Unschärferelation ist die Energie-Zeit-Unschärfe:

$$\Delta E \cdot \Delta t \geq \hbar \,. \tag{4.31}$$

Man kann sich diese Beziehung mit Hilfe der Fouriertransformation zwischen Frequenz und Zeit plausibel machen. Wir betrachten als Beispiel einen elektrischen Spannungsimpuls $U(t)$, der eine kurze zeitliche Dauer Δt hat. Die Fouriertransformierte ist

$$\tilde{U}(\omega) = \frac{1}{\sqrt{2\pi}} \int_{-\infty}^{+\infty} U(t) \mathrm{e}^{-\mathrm{i}\omega t} \, \mathrm{d}t \,.$$

Die Frequenzbandbreite $\Delta\omega$ ist umgekehrt proportional zur Zeitdauer Δt. Wählen wir für $U(t)$ eine Gaußfunktion der Varianz σ_t^2, so ist $\tilde{U}(\omega)$ ebenfalls eine Gaußfunktion (siehe Anhang A.4), und für die Varianz gilt

$$\sigma_\omega^2 = 1/\sigma_t^2 \,.$$

Benutzen wir $E = \hbar\omega$, so folgt hieraus

$$\Delta E \, \Delta t = \hbar \,.$$

Anwendung auf stationäre Zustände

In einem stationären Zustand hat die Energie einen wohldefinierten Wert, und die Wellenfunktion ist Eigenfunktion des Hamilton-Operators.

$$\Psi(x,t) = \psi(x) \, \exp\left(-\mathrm{i}\frac{E}{\hbar}\, t\right) , \quad \widehat{H}\psi = E\,\psi \,.$$

Die Energieunschärfe ist null. Das Teilchen wird, sofern keine Störung eintritt, für immer in diesem Zustand bleiben. Die „Lebensdauer“ ist also unendlich. Die stationären Zustände sind demnach gekennzeichnet durch

$$\Delta E \to 0 \quad \text{und} \quad \Delta t \to \infty$$

und sind mit der Energie-Zeit-Unschärferelation in Einklang.

Lebensdauer und Energiebreite von instabilen Zuständen

Interessant wird die Energie-Zeit-Unschärferelation für Zustände, die sich zeitlich ändern. Besondere Bedeutung haben die radioaktiven Zerfälle instabiler Atomkerne und Elementarteilchen sowie die Zerfälle angeregter Atomniveaus. Die Behandlung dieser Vorgänge geht im Prinzip über den Rahmen der nichtrelativistischen Quantenmechanik hinaus und erfordert eine relativistische Quantenfeldtheorie. Der radioaktive Zerfall ist dadurch gekennzeichnet, dass die Anzahl der noch nicht zerfallenen Kerne exponentiell abnimmt

$$N(t) = N_0 \exp(-t/\tau)\,. \tag{4.32}$$

Die *mittlere Lebensdauer* τ ist die Zeit, in der die Zahl von N_0 auf $N_0/e = 0{,}37\,N_0$ abgesunken ist. Ein zeitlich zerfallendes System hat automatisch eine Energieunschärfe, die man bei Elementarteilchen mit Γ bezeichnet. Es gilt die wichtige Gleichung

$$\Gamma \cdot \tau = \hbar\,. \tag{4.33}$$

Angeregte atomare Niveaus weisen ebenfalls diese Unschärfe auf, während der Grundzustand stabil und energetisch scharf ist. Eine Konsequenz der Gleichung (4.33) ist, dass die Spektrallinien der Atome alle eine endliche Breite haben.

4.7 Der Messprozess in der Quantenmechanik

Die Frage, was bei einer Messung mit der Wellenfunktion eines Teilchens passiert, hat die theoretischen Physiker über Jahrzehnte beschäftigt und zu vielen Kontroversen geführt. Besonders umstritten war, ob die Messapparatur als klassisches Nachweisgerät angesehen werden darf oder ob sie auch quantenmechanisch, also mit Hilfe einer Wellenfunktion behandelt werden sollte. Die meisten Physiker haben in der Vergangenheit dazu geneigt, die Messapparatur als klassisches Nachweisgerät anzusehen (vermutlich weil keine adäquate quantentheoretische Behandlung bekannt war), aber heute besteht kein Zeifel daran, dass auch Messgeräte den Gesetzen der Quantenmechanik unterliegen. Für eine weiterführende Diskussion dieser sehr komplexen Fragestellung wird auf Kap. 9 verwiesen.

An dieser Stelle wollen wir uns auf die traditionelle Betrachtungsweise beschränken. Ein gutes Beispiel ist das Doppelspaltexperiment: die Wellenfunktion (genauer ihr Absolutquadrat) bestimmt das Interferenzmuster, aber ein einzelnes Quant (Elektron oder Photon) macht nur einen punktförmigen Eintrag in diesem Muster. Nachdem wir das Quant in einem definierten Element unseres Pixeldetektors nachgewiesen haben, hat sich seine Wellenfunktion geändert, denn wir wissen jetzt, dass es sich an einer wohldefinierten Stelle des Interferenzmusters befand.

Ein anderes Beispiel: ein Teilchen werde durch die Superposition von drei Eigenfunktionen des Hamilton-Operators beschrieben:

$$\Psi(x,t) = c_1\Psi_1(x,t) + c_2\Psi_2(x,t) + c_3\Psi_3(x,t)\,.$$

Die Messung der Energie wird entweder E_1, E_2 oder E_3 ergeben. Nun machen wir eine Messung und stellen fest, dass $E = E_2$ ist. Dann wissen wir, dass die Wellenfunktion nach der Messung Ψ_2 sein muss. Diese Änderung der Wellenfunktion als Konsequenz der Messung wird manchmal etwas hochtrabend „Kollaps“ der Wellenfunktion genannt. So geheimnisvoll ist das Ganze aber nicht: nach der Messung wissen wir einfach besser Bescheid über das Teilchen.

4.8 Korrespondenzprinzip und Ehrenfest-Theorem

Die relativistische Mechanik geht im Grenzfall kleiner Geschwindigkeiten in die Newton'sche Mechanik über. Bei der Entwicklung der Quantentheorie vom Bohr'schen Atommodell bis hin zur Schrödinger-Gleichung war den Theoretikern bewusst, dass die neue Theorie in analoger Weise in die klassische Physik übergehen sollte, wenn man sie auf makroskopische Körper anwendet. Das Korrespondenzprinzip und das Ehrenfest-Theorem waren wichtige Leitlinien bei der Entwicklung der Quantentheorie. Der Inhalt des Korrespondenzprinzips ist, dass die Quantenmechanik im Limes großer Quantenzahlen in die klassische Physik übergeht. Dies Prinzip hat bei der Entwicklung eines quantentheoretischen Atommodells eine wichtige Rolle gespielt. Wir kommen in Kap. 6 darauf zurück.

Das Ehrenfest-Theorem besagt, dass die Erwartungswerte den Gesetzen der klassischen Physik genügen. Als Beispiel betrachten wir ein bewegtes Teilchen, beschrieben durch ein Wellenpaket. Die Wahrscheinlichkeitsdichte wird zeitabhängig, und auch die Erwartungswerte haben eine Zeitabhängigkeit. Der Erwartungswert des Ortes ist

$$\langle\widehat{x}\rangle = \int\limits_{-\infty}^{+\infty} \Psi^*(x,t)\widehat{x}\,\Psi(x,t)\,\mathrm{d}x = \int\limits_{-\infty}^{+\infty} x\,\rho(x,t)\,\mathrm{d}x\,. \tag{4.34}$$

Wir bilden jetzt die zeitliche Ableitung

$$\frac{\mathrm{d}\langle\,\widehat{x}\,\rangle}{\mathrm{d}t} = \int\limits_{-\infty}^{+\infty} x\,\frac{\partial\rho}{\partial t}\,\mathrm{d}x$$

und setzen die Kontinuitätsgleichung (B.5) und die Gl. (B.4) ein:

$$\frac{\mathrm{d}\langle\,\widehat{x}\,\rangle}{\mathrm{d}t} = -\int\limits_{-\infty}^{+\infty} x\,\frac{\partial J}{\partial x}\,\mathrm{d}x = -\frac{\mathrm{i}\hbar}{2m}\int\limits_{-\infty}^{+\infty} x\,\frac{\partial}{\partial x}\left(\frac{\partial\Psi^*}{\partial x}\,\Psi - \Psi^*\,\frac{\partial\Psi}{\partial x}\right)\mathrm{d}x\,.$$

Partielle Integration ergibt

$$\frac{\mathrm{d}\langle\,\widehat{x}\,\rangle}{\mathrm{d}t} = \frac{\mathrm{i}\hbar}{2m}\int\limits_{-\infty}^{+\infty}\left(\frac{\partial\Psi^*}{\partial x}\,\Psi - \Psi^*\,\frac{\partial\Psi}{\partial x}\right)\mathrm{d}x\,.$$

Hierbei haben wir ausgenutzt, dass die Wellenfunktion an den Integrationsgrenzen $\pm\infty$ verschwindet. Wenn man den ersten Term noch einmal partiell integriert und die ganze Gleichung mit der Masse m multipliziert, folgt die wichtige Beziehung

$$m\,\frac{\mathrm{d}\langle\,\widehat{x}\,\rangle}{\mathrm{d}t} = \int\limits_{-\infty}^{+\infty} \Psi^*(-\mathrm{i}\hbar)\frac{\partial\Psi}{\partial x}\,\mathrm{d}x = \int\limits_{-\infty}^{+\infty} \Psi^*\,\widehat{p}_x\,\Psi\,\mathrm{d}x \equiv \langle\,\widehat{p}_x\,\rangle\,. \tag{4.35}$$

Für die Erwartungswerte gilt daher die klassische Beziehung $mv_x = p_x$. Die Zeitabhängigkeit des Erwartungswertes des Impulses wird analog berechnet mit dem Ergebnis

$$\frac{\mathrm{d}\langle\,\widehat{p}_x\,\rangle}{\mathrm{d}t} = -\frac{\partial V}{\partial x} \equiv F_x\,, \tag{4.36}$$

d. h. die zeitliche Änderung des Impulses ist gleich der wirkenden Kraft, genau wie in der klassischen Mechanik.

4.9 Anwendungsbeispiele und didaktische Anmerkungen

4.9.1 Polarisiertes Licht im Quantenbild

Die statistische Natur der Quantentheorie tritt auch in der Optik zutage, sobald man sich in das Photonenbild begibt. Licht kann linear polarisiert werden, das bedeutet, der elektrische Vektor schwingt in einer Ebene. Eine horizontal bzw. vertikal polarisierte Welle schreiben wir in der Form

$$\boldsymbol{E}_{\text{hor}}(z,t) = E_0 \cos(kz - \omega t)\hat{\boldsymbol{x}} , \quad \boldsymbol{E}_{\text{vert}}(z,t) = E_0 \cos(kz - \omega t)\hat{\boldsymbol{y}} . \tag{4.37}$$

Dabei ist $k = \omega/c = 2\pi/\lambda$, und $\hat{\boldsymbol{x}}$ bzw. $\hat{\boldsymbol{y}}$ sind die Einheitsvektoren in x- bzw. y-Richtung. Die Ausbreitung des Lichts erfolgt in z-Richtung. Wenn wir horizontal polarisiertes Licht durch eine Polarisationsfolie senden, deren optische Achse um einen Winkel α gegen die horizontale Ebene gedreht ist, so ist die Intensität hinter dem Polarisator

$$I(\alpha) = I_0 \cos^2 \alpha .$$

Die Schwingungsebene des Lichts hat sich ebenfalls um diesen Winkel gedreht. Wie deuten wir diesen Vorgang im Lichtquantenbild? Die Wahrscheinlichkeitsinterpretation der Quantenmechanik ist auch hier anwendbar. Die Wahrscheinlichkeit, dass ein einlaufendes horizontal polarisiertes Photon die Polarisationsfolie passiert, ist $w = \cos^2 \alpha$. Wählen wir beispielsweise einen Winkel von 30°, so hat jedes Photon eine Chance von 75 %, den Polarisator zu durchqueren, und eine Chance von 25 %, an der Polarisationsfolie reflektiert zu werden (sofern man Absorption vernachlässigen darf). Mehr als diese Wahrscheinlichkeitsaussagen können wir nicht machen; für ein individuelles Photon ist es unmöglich vorherzusagen, ob es die Polarisationsfolie durchqueren wird oder nicht. Wenn es aber die Folie durchquert hat, so ist nachher sein Polarisationsvektor um 30° gegen die Horizontale gedreht.

Addiert man die beiden orthogonal polarisierten Wellen (4.37) vektoriell mit einer Phasenverschiebung von $\pm\pi/2$ (dies geht mit einer $\lambda/4$-Platte), so erhält man zirkular polarisiertes Licht, bei dem der $\boldsymbol{E}$-Vektor auf einer Schraubenlinie (Rechts- oder Linksschraube) umläuft. Die Superposition von zwei orthogonalen, linear polarisierten Lichtwellen mit $\pm\pi/2$-Phasendifferenz führt somit zu rechts- oder linkszirkular polarisierten Wellen, die durch folgende Ausdrücke gegeben sind

$$\begin{aligned} \boldsymbol{E}_{\text{rechts}}(z,t) &= E_0/\sqrt{2}\, [\cos(kz - \omega t)\hat{\boldsymbol{x}} - \sin(kz - \omega t)\hat{\boldsymbol{y}}] , \\ \boldsymbol{E}_{\text{links}}(z,t) &= E_0/\sqrt{2}\, [\cos(kz - \omega t)\hat{\boldsymbol{x}} + \sin(kz - \omega t)\hat{\boldsymbol{y}}] . \end{aligned} \tag{4.38}$$

In der Sprache der Teilchenphysik werden die zugehörigen Photonen rechtshändig oder linkshändig genannt. Ihre Spinkomponente in Richtung des Impulses ist $+\hbar$ bzw. $-\hbar$. Wir haben hier eine typische Anwendung des Superpositionsprinzips.

Umgekehrt ergibt die Superposition einer rechts- und einer linkszirkularen Welle je nach Phasendifferenz eine horizontal oder vertikal linear polarisierte Welle. Auch diese Vorgänge kann man sich im Quantenbild ansehen. Wenn ein linear polarisiertes Photon auf eine $\lambda/4$-Platte trifft, deren optische Achse um 45° gegen die Schwingungsebene des einlaufenden Photons gedreht ist, so wandelt sich dieses Photon in ein zirkular polarisiertes Photon um. Schickt man dies zirkulare Photon nun durch eine Polarisationsfolie, so wird daraus wieder ein linear polarisiertes Photon, dessen $\boldsymbol{E}$-Vektor parallel zur optischen Achse der Folie schwingt.

4.9.2 Berechnung von Erwartungswerten

Potentialtopf

Der Grundzustand eines Teilchens im Potentialtopf mit unendlich hohen Wänden hat die Wellenfunktion

$$\Psi_1(x,t) = \sqrt{\frac{2}{a}}\,\sin\left(\frac{\pi\,x}{a}\right)\,\mathrm{e}^{-\mathrm{i}\omega t}\,.$$

Dies ist eine Eigenfunktion des Hamilton-Operators, die Energie hat den scharfen Wert

$$E_1 = \frac{\hbar^2\pi^2}{2m\,a^2}\,.$$

Die Lebensdauer τ ist unendlich. Der Erwartungswert der Energie stimmt mit dem Eigenwert überein, die Energieunschärfe ist $\Delta E_1 = 0$.

Wie steht es mit anderen Messgrößen? Die Funktion $\Psi(x,t)$ ist sicherlich keine Eigenfunktion des Orts- oder Impulsoperators. Der Erwartungswert des Ortsoperators ist

$$\langle\widehat{x}\rangle = \frac{2}{a}\int_0^a x\,\sin^2(\pi\,x/a)\,\mathrm{d}x = a/2\,.$$

Der Mittelwert des Teilchenortes ist also $x = a/2$, genau die Mitte des Potentialtopfs. Der Erwartungswert von $\widehat{x}^2$ ist

$$\langle\widehat{x}^2\rangle = \frac{2}{a}\int_0^a x^2\,\sin^2(\pi\,x/a)\,\mathrm{d}x = 0{,}283\,a^2\,.$$

Es folgt

$$\Delta x = \sqrt{\langle\widehat{x}^2\rangle - \langle\widehat{x}\rangle^2} = 0{,}18\,a\,.$$

Der Erwartungswert der x-Komponente des Impulsoperators ist null, denn die Funktion $\sin(kx) = (\mathrm{e}^{\mathrm{i}kx} - \mathrm{e}^{-\mathrm{i}kx})/(2\mathrm{i})$ ist die Linearkombination von zwei Eigenfunktionen des Impulsoperators mit den Eigenwerten $\pm\hbar k$, der Mittelwert ist also null. Man kann dies auch direkt nachrechnen

$$\langle\widehat{p}_x\rangle = -i\hbar\frac{2}{a}\int_0^a \sin(\pi\,x/a)\,\frac{\partial\sin(\pi\,x/a)}{\partial x}\,\mathrm{d}x = 0\,.$$

Der Erwartungswert von $\widehat{p}_x^2$ ist

$$\langle \widehat{p}_x^2 \rangle = -\hbar^2 \frac{2}{a} \int\limits_0^a \sin(\pi\, x/a) \frac{\partial^2 \sin(\pi\, x/a)}{\partial x^2}\,\mathrm{d}x = \hbar^2 \frac{2\pi^2}{a^3} \int\limits_0^a \sin^2(\pi\, x/a)\,\mathrm{d}x$$

$$= \frac{\hbar^2\pi^2}{a^2} \quad \Rightarrow \quad \Delta p_x = \sqrt{\langle \widehat{p}_x^2 \rangle - \langle \widehat{p}_x \rangle^2} = \hbar\pi/a\,.$$

Wir erhalten daher $\Delta p_x\, \Delta x = 0{,}57\,\hbar > \hbar/2$.

Der harmonische Oszillator

Auch in diesem Fall soll der Grundzustand ψ_0 näher analysiert werden. Die Funktion $\exp(-u^2/2)$ ist symmetrisch zu $u = \sqrt{m\omega/\hbar} \cdot x = 0$. Daher ist anschaulich klar, dass der Erwartungswert von $\widehat{x}$ null sein muss. Mathematisch folgt das aus der Beobachtung, dass $x\,|\psi_0(x)|^2$ eine ungerade Funktion von x ist:

$$\langle \widehat{x} \rangle = \int\limits_{-\infty}^{+\infty} x\,|\psi_0(x)|^2\,\mathrm{d}x = 0\,.$$

Den Erwartungswert von $\widehat{x}^2$ findet man durch partielle Integration

$$\langle \widehat{x}^2 \rangle = \int\limits_{-\infty}^{+\infty} x^2\,|\psi_0(x)|^2\,\mathrm{d}x$$

$$= \frac{\hbar}{\sqrt{\pi}m\omega} \int\limits_{-\infty}^{+\infty} u^2 \mathrm{e}^{-u^2}\,\mathrm{d}u = -\frac{\hbar}{2\sqrt{\pi}m\omega} \int\limits_{-\infty}^{+\infty} u\,\frac{\mathrm{d}}{\mathrm{d}u}(\mathrm{e}^{-u^2})\,\mathrm{d}u\,.$$

Wegen $\int_{-\infty}^{+\infty} \mathrm{e}^{-u^2}\,\mathrm{d}u = \sqrt{\pi}$ folgt

$$\langle \widehat{x}^2 \rangle = \frac{\hbar}{2m\omega}\,. \tag{4.39}$$

Der Erwartungswert des Impulsoperators $\widehat{p}_x$ ist null, weil – anschaulich gesprochen – das Teilchen gleich häufig nach rechts wie nach links schwingt. Mathematisch:

$$\langle \widehat{p}_x \rangle = \int\limits_{-\infty}^{+\infty} \psi_0^*(x)(-\mathrm{i}\hbar)\frac{\partial \psi_0}{\partial x}\,\mathrm{d}x = 0\,,$$

denn das Integral verschwindet, weil der Integrand eine ungerade Funktion von x ist. Der Erwartungswert von $\widehat{p}_x^2$ wird

$$\langle \widehat{p}_x^2 \rangle = -\int\limits_{-\infty}^{+\infty} \psi_0^*(x)\hbar^2 \frac{\partial^2 \psi_0}{\partial x^2}\,\mathrm{d}x\,.$$

Auswertung des Integrals ergibt

$$\langle \hat{p}_x^2 \rangle = m\hbar\omega/2 \,. \tag{4.40}$$

Das Produkt der Unschärfen von Ort und Impuls wird

$$\Delta x \cdot \Delta p_x = \sqrt{\langle \hat{x}^2 \rangle} \cdot \sqrt{\langle \hat{p}_x^2 \rangle} = \hbar/2 \,. \tag{4.41}$$

Im Grundzustand des harmonischen Oszillators hat das Produkt den minimal möglichen, mit der Unschärferelation verträglichen Wert. Für die angeregten Zustände ψ_n mit $n > 0$ ergeben sich größere Unschärfen (Aufgabe 4.2).

Physikalisch interessant sind die Erwartungswerte der kinetischen und potentiellen Energie:

$$\langle E_{\text{kin}} \rangle = \frac{\langle \hat{p}_x^2 \rangle}{2m} = \frac{\hbar\omega}{4} \,, \quad \langle E_{\text{pot}} \rangle = \langle V(x) \rangle = \frac{C\,\langle \hat{x}^2 \rangle}{2} = \frac{\hbar\omega}{4} \,. \tag{4.42}$$

Wie beim klassischen Oszillator haben die kinetische und die potentielle Energie im zeitlichen Mittel den gleichen Wert. Diese Relation gilt auch für die angeregten Zustände. Wie man sieht, ist das Ehrenfest-Theorem auch beim harmonischen Oszillator erfüllt.

4.9.3 Das Superpositionsprinzip bei einer Saite

Wir haben schon mehrfach die Analogien zwischen einem quantenmechanischen Potentialtopf und einer schwingenden Saite angesprochen. Das in der Quantenmechanik wichtige Superpositionsprinzip spielt auch bei Musikinstrumenten eine große Rolle. Wenn man eine Gitarrensaite zupft, so wird die Verformung der Saite nicht sinusförmig sein. Beispielsweise können wir uns vorstellen, dass die Saite dreieckförmig gezupft wird, wie in Abb. 4.1 skizziert. Man kann diese Dreieckskurve periodisch fortsetzen und durch eine Fourierreihe darstellen (s. Anhang A.4). Zum Zeitpunkt $t = 0$ gilt

$$f(x) = 0{,}81\, A \left(\sin(\pi x) - \frac{1}{3^2} \sin(3\pi x) + \frac{1}{5^2} \sin(5\pi x) - \frac{1}{7^2} \sin(7\pi x) \ldots \right),$$

wenn A die Auslenkung der Saite ist. Bei der nachfolgenden Schwingung der Saite tritt nicht nur die Grundfrequenz f_1 auf, sondern auch die höheren Harmonischen $f_3 = 3f_1$, $f_5 = 5f_1 \ldots$. Hinzu kommen die Eigenschwingungen des Gitarrenkastens, die den charakteristischen Klang des Instruments ausmachen. In die mathematische Formulierung der Quantenmechanik übersetzt wird durch diese Gleichung eine Superpositionswellenfunktion beschrieben.

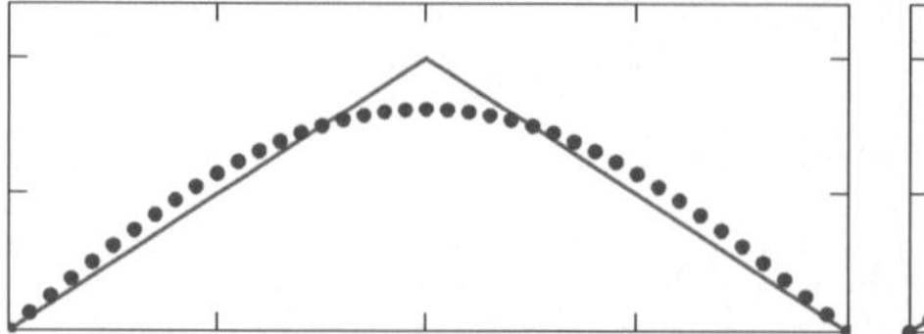
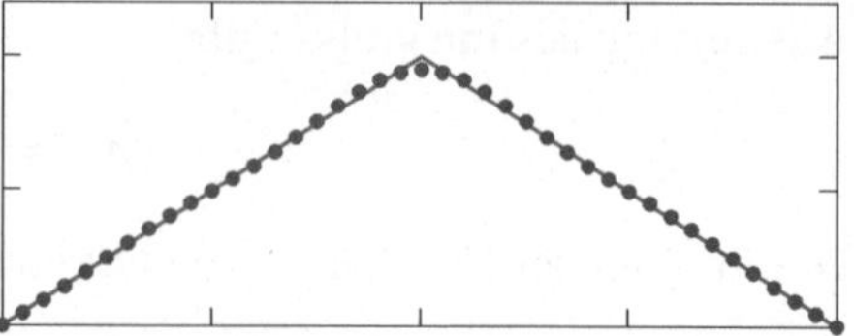

Abb. 4.1 *Links*: dreieckförmiges Zupfen einer Gitarrensaite (*rote Kurve*). Die harmonische Grundschwingung (*blaue Punkte*) ist deutlich davon verschieden. *Rechts*: Approximation durch eine Fourierreihe bis zur Ordnung 7. Die *rote Kurve* wäre auch eine erlaubte Wellenfunktion eines Teilchens im Potentialtopf

Zusammenfassung

1. Alle physikalischen Messgrößen (auch Observable genannt) werden durch Operatoren repräsentiert. Die möglichen Messwerte sind die Eigenwerte dieser Operatoren.
2. Der Hamilton-Operator hat im eindimensionalen Fall (1D) die Gestalt
$$\widehat{H} = -\frac{\hbar^2}{2m}\frac{\mathrm{d}^2}{\mathrm{d}x^2} + V(x)\,.$$
3. Der Impulsoperator ist im 1D-Fall
$$\widehat{p}_x = -\mathrm{i}\hbar\frac{\partial}{\partial x}\,.$$
Die Eigenfunktionen des Impulsoperators sind die ebenen Wellen $\exp(\mathrm{i}\,kx)$, die im Raum unendlich ausgedehnt sind.
4. Anwenden des Ortsoperators $\widehat{x}$ bedeutet Multiplikation der Wellenfunktion mit der Ortskoordinate x_0 des Teilchens. Eigenfunktion des Ortsoperators ist die Deltafunktion $\delta(x - x_0)$.
5. Die Dirac-Notation ist nützlich für eine allgemeinere Formulierung der Quantenmechanik. Eine Schrödinger-Wellenfunktion wird durch den „ket"-Vektor $|\psi\rangle$ repräsentiert. Das Skalarprodukt ist definiert durch
$$\langle\psi\,|\,\phi\rangle = \int\limits_{-\infty}^{+\infty} \psi^*(x)\phi(x)\,\mathrm{d}x\,.$$
6. Das Superpositionsprinzip besagt, dass beliebige Linearkombinationen der Eigenfunktionen als Wellenfunktionen eines Teilchen zulässig sind, z. B. $\Psi(x,t) = \sum_n c_n\Psi_n(x,t)$. Bei einer Messung der Energie ergeben sich genau die Eigenwerte E_n mit den jeweiligen Wahrscheinlichkeiten $|c_n|^2$.

7. Der Erwartungswert eines Operators ist

$$\langle \widehat{A} \rangle = \int_{-\infty}^{+\infty} \psi^*(x) \widehat{A}\, \psi(x)\, \mathrm{d}x\,.$$

Er ist das gewichtete Mittel der Eigenwerte.

8. Die Unschärfe einer Observablen ist $\Delta A = \sqrt{\langle \widehat{A}^2 \rangle - \langle \widehat{A}\,\rangle^2}$.

9. Zwei Observable sind genau dann kompatibel (gleichzeitig messbar), wenn die zugehörigen Operatoren vertauschbar sind. In dem Fall besitzen sie einen vollständigen Satz gemeinsamer Eigenfunktionen.

10. Die Erwartungswerte nicht vertauschbarer Operatoren erfüllen die Heisenberg'sche Unschärferelation. Die Orts-Impuls-Unschärferelation lautet $\Delta x\, \Delta p_x \geq \hbar/2$.

11. Die Energie-Zeit-Unschärferelation hat die Form $\Delta E \cdot \Delta t \geq \hbar$.

12. Der Messprozess kann die Wellenfunktion ändern. Beispiel: die Wellenfunktion eines Teilchens sei eine Superposition von Eigenfunktionen des Hamilton-Operators, $\Psi(x,t) = \sum_n c_n \Psi_n(x,t)$. Ergibt die Messung der Energie den Wert E_j, so ist die Wellenfunktion nach der Messung $\Psi_j(x,t)$.

13. Das Ehrenfest-Theorem besagt, dass die Erwartungswerte den Gesetzen der klassischen Physik genügen.

Aufgaben

4.1) Die Operatoren der Quantenmechanik sind alle linear und erfüllen die Bedingungen $\widehat{O}[\psi_1(x) + \psi_2(x)] = \widehat{O}\,\psi_1(x) + \widehat{O}\,\psi_2(x)$ und $\widehat{O}[c\psi(x)] = c\,\widehat{O}\,\psi(x)$, wenn c eine Konstante ist. Welche der folgenden Operatoren genügen diesen Bedingungen, welche nicht?

$$\widehat{O}_1\,\psi(x) = \psi'(x)\,, \quad \widehat{O}_2\,\psi(x) = \int \psi(x)\,\mathrm{d}x\,, \quad \widehat{O}_3\,\psi(x) = \sqrt{\psi(x)}\,,$$

$$\widehat{O}_4\,\psi(x) = x^2\psi(x)\,, \quad \widehat{O}_5\,\psi(x) = (\psi(x))^3\,, \quad \widehat{O}_6\,\psi(x) = \psi(x) + c\,.$$

Welche dieser Operatoren haben Eigenfunktionen und Eigenwerte und wie lauten diese?

4.2) a) Berechne die Normierungskonstante der Wellenfunktion ψ_1 des harmonischen Oszillators. b) Zeige explizit, dass die Wellenfunktionen ψ_1, ψ_2 und ψ_3 paarweise orthogonal sind. c) Berechne $\langle \widehat{x}^2 \rangle$ und $\langle \widehat{p}_x^2 \rangle$ für den Zustand ψ_1 und zeige, dass die Unschärferelation erfüllt ist. Worin besteht hierbei der Unterschied zum Grundzustand ψ_0?

4.3) Berechne die Erwartungswerte der kinetischen und potentiellen Energie für den ersten angeregten Zustand ψ_1 des harmonischen Oszillators. Ist das Ehrenfest-Theorem erfüllt?

4.4) Diskrete Energiewerte für freie Teilchen (dreidimensional). Wir betrachten Elektronen im feldfreien Raum ($V(r) = 0$) mit Energie $E > 0$. Um zu abzählbar vielen Wellenfunktionen und Energiewerten zu kommen, verlangen wir, dass die Wellenfunktionen folgende Bedingungen erfüllen:

$$\psi(x, y, z) = 0 \quad \text{für} \quad x = 0, L\,, \quad y = 0, L\,, \quad z = 0, L\,.$$

Dabei ist L eine makroskopische Länge, wir wählen $L = 0{,}01\,\mathrm{m}$. Die Teilchen in einem 3D-Potentialtopf werden durch stehende Wellen beschrieben. Die Wellenfunktionen werden so normiert, dass man 1 Teilchen im Volumen L^3 hat. a) Die Gestalt der normierten Wellenfunktionen ist anzugeben. b) Diese Wellenfunktionen hängen von drei Quantenzahlen n_1, n_2, n_3 ab. Welche Werte dürfen diese Zahlen haben? Es ist zu zeigen, dass die Wellenfunktionen orthogonal sind.
c) Wie groß ist die Energie des tiefsten Zustandes in eV?

4.5) Fortsetzung von Aufgabe 4.4). a) Die Lage der niedrigsten vier Energieniveaus ist zu skizzieren und die Vielfachheit der Niveaus (Entartung) ist anzugeben. b) Die Zahl der Energieniveaus $g(E)\Delta E$ im Intervall $[E, E + \Delta E]$ soll berechnet werden für folgende Werte: $E = 0{,}1\,\mathrm{eV}$, $1\,\mathrm{eV}$, $10\,\mathrm{eV}$ und $\Delta E = 10^{-9}\,\mathrm{eV}$. Siehe hierzu Anhang B.5.

Kapitel 5
Die Drehimpulsoperatoren

Die dreidimensionale Schrödinger-Gleichung spielt eine große Rolle in der Atomphysik. Wir beschränken uns in diesem Buch auf den Spezialfall, dass ein Zentralpotential vorliegt: $V = V(r)$ hängt nur vom Betrag des Ortsvektors $|\boldsymbol{r}| = r = \sqrt{x^2 + y^2 + z^2}$ und nicht von der Richtung im Raum ab. Der Hamilton-Operator

$$\widehat{H} = -\frac{\hbar^2}{2m}\left(\frac{\partial^2}{\partial x^2} + \frac{\partial^2}{\partial y^2} + \frac{\partial^2}{\partial z^2}\right) + V(r)\,. \tag{5.1}$$

ist dann rotationsinvariant. Dies wird in Anhang C bewiesen.

5.1 Der Operator des Bahndrehimpulses

In der klassischen Mechanik definiert man den Bahndrehimpuls als Vektorprodukt des Orts- und Impulsvektors

$$\boldsymbol{L} = \boldsymbol{r} \times \boldsymbol{p}\,. \tag{5.2}$$

Übertragen auf die Quantentheorie erhalten wir

$$\widehat{\boldsymbol{L}} = \widehat{\boldsymbol{r}} \times \widehat{\boldsymbol{p}} = -\mathrm{i}\hbar\,\widehat{\boldsymbol{r}} \times \nabla\,. \tag{5.3}$$

Die drei Komponenten sind

$$\begin{aligned}
\widehat{L}_x &= -\mathrm{i}\hbar\left(y\,\frac{\partial}{\partial z} - z\,\frac{\partial}{\partial y}\right),\\
\widehat{L}_y &= -\mathrm{i}\hbar\left(z\,\frac{\partial}{\partial x} - x\,\frac{\partial}{\partial z}\right),\\
\widehat{L}_z &= -\mathrm{i}\hbar\left(x\,\frac{\partial}{\partial y} - y\,\frac{\partial}{\partial x}\right).
\end{aligned} \tag{5.4}$$

P. Schmüser, *Theoretische Physik für Studierende des Lehramts 1*,
DOI 10.1007/978-3-642-25397-3_5, © Springer-Verlag Berlin Heidelberg 2012

Wir betrachten eine infinitesimale Drehung um die z-Achse um den Winkel $\Delta\varphi \ll 1$. Die Koordinaten werden wie folgt transformiert:

$$\begin{aligned} x' &= x\,\cos\Delta\varphi + y\,\sin\Delta\varphi \approx x + y\Delta\varphi \quad (\text{wegen}\sin\Delta\varphi \approx \Delta\varphi,\ \cos\Delta\varphi \approx 1),\\ y' &= -x\sin\Delta\varphi + y\cos\Delta\varphi \approx y - x\Delta\varphi\,,\\ z' &= z\,. \end{aligned}$$

Um die Änderung der Wellenfunktion zu berechnen, verwenden wir die Taylor-Entwicklung (Anhang A.3.1):

$$\psi(x',y',z') \approx \psi(x+y\,\Delta\varphi, y-x\,\Delta\varphi, z) \approx \psi(x,y,z) - \left(x\,\frac{\partial\psi}{\partial y} - y\,\frac{\partial\psi}{\partial x}\right)\cdot\Delta\varphi\,.$$

Man kann die Transformation der Wellenfunktion mit Hilfe des Drehimpulsoperators auch in folgender Form schreiben

$$\psi(x',y',z') = \psi(x,y,z) - \frac{i\,\Delta\varphi}{\hbar}\,\widehat{L}_z\,\psi(x,y,z)\,. \tag{5.5}$$

Man sagt, dass $\widehat{L}_z$ der erzeugende Operator für eine infinitesimale Rotation um die z-Achse ist. Analog erzeugen $\widehat{L}_x$ und $\widehat{L}_y$ infinitesimale Rotationen um die x- bzw. y-Achse.

5.2 Drehimpuls-Vertauschungsregeln

5.2.1 Vertauschbarkeit mit dem Hamilton-Operator

Bei einem Zentralpotential ist der Hamilton-Operator rotationsinvariant, man sollte daher vermuten, dass $\widehat{H}$ mit $\widehat{\boldsymbol{L}}$ kommutiert. Dies ist in der Tat der Fall, es gilt

$$[\,\widehat{H},\,\widehat{L}_x\,] = [\,\widehat{H},\,\widehat{L}_y\,] = [\,\widehat{H},\,\widehat{L}_z\,] = 0\,. \tag{5.6}$$

Der Beweis der Vertauschungsrelation $[\,\widehat{H},\,\widehat{L}_z\,] = 0$ wird in Anhang C gebracht. Da $\widehat{H}$ und $\widehat{L}_z$ kommutieren, kann man gemeinsame Eigenfunktionen finden. Aus Symmetriegründen vertauschen auch $\widehat{L}_x$ und $\widehat{L}_y$ mit $\widehat{H}$. Man könnte auf die Idee kommen, dass es gemeinsame Eigenfunktionen für $\widehat{H}$ und alle Komponenten des Drehimpulsoperators gibt. Dies ist jedoch nicht der Fall, da diese Komponenten nicht miteinander kommutieren.

5.2.2 Nichtvertauschbarkeit der Drehimpulskomponenten

Räumliche Drehungen um orthogonale Achsen sind nicht kommutativ. Dies wird in Abb. 5.1 demonstriert. Daher ist nicht verwunderlich, dass auch die Komponenten

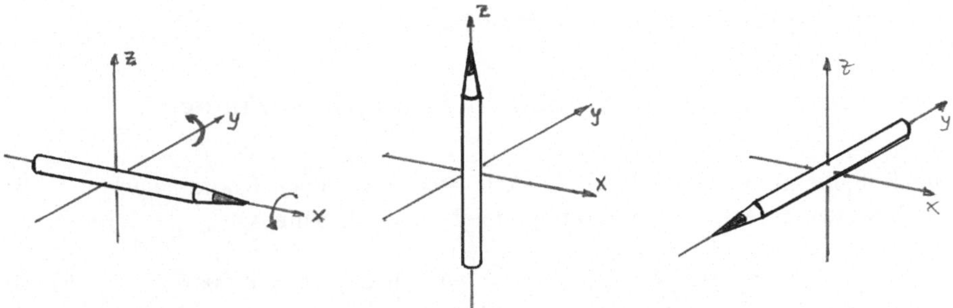

Abb. 5.1 Nichtvertauschbarkeit räumlicher Drehungen. *Links* ist ein Buntstift entlang der x-Achse orientiert. Das *mittlere Bild* zeigt die Lage des Buntstifts, wenn erst eine 90°-Drehung um die x-Achse und danach eine 90°-Drehung um die y-Achse ausgeführt wird. Das *rechte Bild* zeigt die Lage bei umgekehrter Reihenfolge der Drehungen

des Drehimpulsoperators nicht kommutieren. Es gelten die Vertauschungsregeln

$$[\widehat{L}_x, \widehat{L}_y] = \mathrm{i}\hbar\widehat{L}_z\,, \quad [\widehat{L}_y, \widehat{L}_z] = \mathrm{i}\hbar\widehat{L}_x\,, \quad [\widehat{L}_z, \widehat{L}_x] = \mathrm{i}\hbar\widehat{L}_y\,. \tag{5.7}$$

Wir beweisen die erste Regel:

$$\begin{aligned}
&[\widehat{L}_x, \widehat{L}_y]\psi(x,y,z) \\
&= -\hbar^2\left[\left(y\frac{\partial}{\partial z} - z\frac{\partial}{\partial y}\right)\left(z\frac{\partial}{\partial x} - x\frac{\partial}{\partial z}\right) - \left(z\frac{\partial}{\partial x} - x\frac{\partial}{\partial z}\right)\left(y\frac{\partial}{\partial z} - z\frac{\partial}{\partial y}\right)\right]\psi \\
&= \mathrm{i}\hbar(\mathrm{i}\hbar)\left(y\frac{\partial\psi}{\partial x} - x\frac{\partial\psi}{\partial y}\right) = \mathrm{i}\hbar\widehat{L}_z\psi\,.
\end{aligned}$$

Es sind aber alle Komponenten mit dem Quadrat des vektoriellen Drehimpulsoperators $\widehat{\boldsymbol{L}}^2 = \widehat{L}_x^2 + \widehat{L}_y^2 + \widehat{L}_z^2$ vertauschbar.

$$[\widehat{L}_x, \widehat{\boldsymbol{L}}^2] = [\widehat{L}_y, \widehat{\boldsymbol{L}}^2] = [\widehat{L}_z, \widehat{\boldsymbol{L}}^2] = 0\,. \tag{5.8}$$

Dies wird für $\widehat{L}_x$ bewiesen:

$$\begin{aligned}
\widehat{L}_x\widehat{L}_y\widehat{L}_y &= \widehat{L}_y\widehat{L}_x\widehat{L}_y + \mathrm{i}\hbar\widehat{L}_z\widehat{L}_y = \widehat{L}_y\widehat{L}_y\widehat{L}_x + \mathrm{i}\hbar(\widehat{L}_z\widehat{L}_y + \widehat{L}_y\widehat{L}_z)\,, \\
\widehat{L}_x\widehat{L}_z\widehat{L}_z &= \widehat{L}_z\widehat{L}_x\widehat{L}_z - \mathrm{i}\hbar\widehat{L}_y\widehat{L}_z = \widehat{L}_z\widehat{L}_z\widehat{L}_x - \mathrm{i}\hbar(\widehat{L}_y\widehat{L}_z + \widehat{L}_z\widehat{L}_y)\,.
\end{aligned} \tag{5.9}$$

Wenn man die beiden Gleichungen (5.9) addiert, folgt sofort die Behauptung. Die Konsequenz ist, dass es gemeinsame Eigenfunktionen von $\widehat{\boldsymbol{L}}^2$ und einer Komponente gibt. Traditionell wählt man dafür die z-Komponente. Diese Funktionen sind dann keine Eigenfunktionen von $\widehat{L}_x$ und $\widehat{L}_y$. Welche Raumrichtung man für die z-Achse wählt, ist dabei beliebig. In der Atomphysik ist es oft die Richtung eines von außen angelegten Magnetfeldes.

5.3 Der Drehimpuls in Kugelkoordinaten

5.3.1 Umrechnung von $\widehat{L}^2$ und $\widehat{L}_z$ in Kugelkoordinaten

Die Kugelkoordinaten (r, θ, φ) sind mit den kartesischen Koordinaten (x, y, z) durch folgende Beziehungen verknüpft (siehe auch Anhang A):

$$x = r \sin\theta \cos\varphi , \quad y = r \sin\theta \sin\varphi , \quad z = r \cos\theta . \tag{5.10}$$

Die Umrechnung der Drehimpulsoperatoren in Kugelkoordinaten ist mühsam, siehe Anhang C. Der Operator $\widehat{L}_z$ hat eine besonders einfache Form, was damit zusammenhängt, dass bei den Kugelkoordinaten die z-Achse eine Sonderrolle einnimmt: der Polarwinkel θ wird zwischen dem Ortsvektor $\boldsymbol{r}$ und der z-Achse gemessen, und bei einer Rotation um die z-Achse ändert sich nur der Azimutalwinkel φ.

$$\widehat{L}_z = -i\hbar \frac{\partial}{\partial\varphi} . \tag{5.11}$$

Das Quadrat des Drehimpulsoperators lautet in Kugelkoordinaten

$$\widehat{\boldsymbol{L}}^2 = -\hbar^2 \left[\frac{1}{\sin\theta} \frac{\partial}{\partial\theta} \left(\sin\theta \frac{\partial}{\partial\theta} \right) + \frac{1}{\sin^2\theta} \frac{\partial^2}{\partial\varphi^2} \right] . \tag{5.12}$$

Bemerkenswert ist die Tatsache, dass bei den Drehimpulsoperatoren nur die Winkel-Ableitungen vorkommen und nicht die radiale Ableitung. Es gibt dafür einen einfachen Grund: die Drehimpulsoperatoren erzeugen räumliche Drehungen, aber keine Radiusänderungen.

5.3.2 Die Bahndrehimpuls-Eigenfunktionen

Die gemeinsamen Eigenfunktionen von $\widehat{\boldsymbol{L}}^2$ und $\widehat{L}_z$ sind die Kugelfunktionen $Y_{lm}(\theta, \varphi)$. Die Eigenwertgleichungen lauten

$$\widehat{\boldsymbol{L}}^2 Y_{lm}(\theta,\varphi) = l(l+1)\hbar^2 Y_{lm}(\theta,\varphi) , \quad \widehat{L}_z Y_{lm}(\theta,\varphi) = m\hbar Y_{lm}(\theta,\varphi) . \tag{5.13}$$

Die *Bahndrehimpulsquantenzahl* l kann die ganzzahligen Werte $l = 0, 1, 2, 3, \ldots$ annehmen, die *magnetische Quantenzahl* m ist ebenfalls ganzzahlig, und es gilt $-l \leq m \leq +l$. Für $l = 0, 1, 2$ haben Kugelfunktionen die Gestalt

$$Y_{00} = \frac{1}{\sqrt{4\pi}} ,$$

$$Y_{1\pm1} = \sqrt{\frac{3}{8\pi}} \sin\theta \, \mathrm{e}^{\pm i\varphi} , \quad Y_{10} = \sqrt{\frac{3}{4\pi}} \cos\theta ,$$

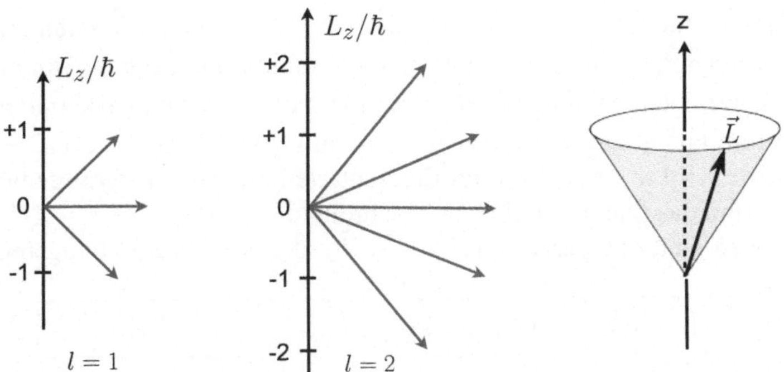

Abb. 5.2 *Links* und *Mitte*: Richtungsquantelung des Drehimpulses. Gezeigt werden die Bahndrehimpulsmultipletts für $l = 1$ und $l = 2$. *Rechts*: Die Lage des Vektors $\boldsymbol{L}$ auf einem Kegelmantel um die z-Achse für $l = 1,\ m = 1$

$$Y_{2\pm2} = \sqrt{\frac{15}{32\pi}}\,\sin^2\theta\,\mathrm{e}^{\pm 2\mathrm{i}\varphi}\,,\qquad Y_{2\pm1} = \sqrt{\frac{15}{8\pi}}\,\sin\theta\cos\theta\,\mathrm{e}^{\pm\mathrm{i}\varphi}\,,$$

$$Y_{20} = \sqrt{\frac{5}{16\pi}}\,(3\cos^2\theta - 1)\,. \tag{5.14}$$

Die Kugelfunktionen sind auf 1 normiert und für unterschiedliche Quantenzahlen ($l \neq l'$ oder $m \neq m'$) orthogonal

$$\int_0^{2\pi}\left[\int_0^{\pi} Y^*_{lm}(\theta,\varphi)Y_{l'm'}(\theta,\varphi)\,\sin\theta\,\mathrm{d}\theta\right]\mathrm{d}\varphi = \delta_{ll'}\cdot\delta_{mm'}\,. \tag{5.15}$$

Richtungsquantelung

Der quantenmechanische Drehimpulsvektor kann relativ zur z-Achse nur gewisse diskrete Winkel einnehmen, die durch die Quantenzahlen l und m bestimmt sind. Für $l = 1$ und $l = 2$ wird diese Richtungsquantelung in Abb. 5.2 gezeigt. Die x- und y-Komponenten des Drehimpulsvektors sind unbestimmt. Wir können nur sagen, dass der Vektor $\boldsymbol{L}$ irgendwo auf einem Kegelmantel um die z-Achse liegen muss. Die Quantenzahl m der z-Komponente des Drehimpulses wird deshalb magnetische Quantenzahl genannt, weil in vielen atomphysikalischen Experimenten die z-Achse durch die Richtung eines externen Magnetfeldes definiert wird.

5.4 Algebraische Behandlung des Drehimpulses

In diesem Abschnitt sollen die wichtigsten Eigenschaften von Drehimpulsen in der Quantenmechanik allein aus den Vertauschungsregeln (5.7) hergeleitet werden. Wir

werden dabei entdecken, dass es neben dem Bahndrehimpuls $\widehat{\boldsymbol{L}}$ noch eine andere Kategorie von Drehimpuls gibt, den Eigendrehimpuls oder *Spin* $\widehat{\boldsymbol{S}}$. Um beide Fälle zu erfassen, bezeichnen wir den Drehimpulsoperator in diesem Abschnitt mit $\widehat{\boldsymbol{J}}$ (der Gesamtdrehimpuls in einem Atom wird ebenfalls mit $\widehat{\boldsymbol{J}}$ bezeichnet). Die algebraische Methode wird in der Kern- und Elementarteilchenphysik verallgemeinert, um den Isospin und das Quark-Modell zu beschreiben.
Betrachtet werden drei Operatoren $\widehat{J}_x$, $\widehat{J}_y$, $\widehat{J}_z$, die den Vertauschungsregeln

$$\boxed{[\widehat{J}_x, \widehat{J}_y] = \mathrm{i}\hbar\widehat{J}_z\,, \quad [\widehat{J}_y, \widehat{J}_z] = \mathrm{i}\hbar\widehat{J}_x\,, \quad [\widehat{J}_z, \widehat{J}_x] = \mathrm{i}\hbar\widehat{J}_y} \tag{5.16}$$

gehorchen, von denen wir aber nicht voraussetzen, dass sie die spezielle Form (5.4) der Bahndrehimpuls-Operatoren haben. Dann kann man leicht nachweisen, dass alle drei Komponenten mit $\widehat{\boldsymbol{J}}^2$ kommutieren, siehe die Rechnung in den Gleichungen (5.9). Es ist daher möglich, gemeinsame Eigenzustände der Operatoren $\widehat{\boldsymbol{J}}^2$ und $\widehat{J}_z$ zu finden, die wir als Dirac-ket-Vektoren $|\, j, m\rangle$ schreiben mit den Quantenzahlen j und m:

$$\widehat{\boldsymbol{J}}^2\,|\, j,m\rangle = j(j+1)\hbar^2|\, j,m\rangle\,, \quad \widehat{J}_z\,|\, j,m\rangle = m\hbar|\, j,m\rangle\,. \tag{5.17}$$

Diese Eigenzustände sind Eigenfunktionen (die Kugelfunktionen) im Fall des Bahndrehimpulses und Eigenvektoren im Fall des Spins (s. unten). Im Augenblick wird über die Quantenzahlen j, m keine Voraussetzung gemacht, es können beliebige reelle Zahlen sein, wobei allerdings $j \geq 0$ sein muss, da die Eigenwerte von $\widehat{\boldsymbol{J}}^2$ nicht negativ sein können.

Es werden nun zwei *Leiteroperatoren* definiert: der *Aufsteigeoperator* $\widehat{J}_+$ und der *Absteigeoperator* $\widehat{J}_-$

$$\widehat{J}_+ = \widehat{J}_x + \mathrm{i}\widehat{J}_y\,, \quad \widehat{J}_- = \widehat{J}_x - \mathrm{i}\widehat{J}_y\,. \tag{5.18}$$

Der Operator $\widehat{J}_+$ genügt den Vertauschungsregeln

$$\widehat{J}_z\widehat{J}_+ - \widehat{J}_+\widehat{J}_z = \hbar\widehat{J}_+\,, \quad \widehat{J}_+\widehat{\boldsymbol{J}}^2 - \widehat{\boldsymbol{J}}^2\widehat{J}_+ = 0\,.$$

Wenden wir die erste Regel auf einen Eigenzustand $|\, j, m\rangle$ an, so ergibt sich folgender Ausdruck:

$$\widehat{J}_z\,(\widehat{J}_+|\, j,m\rangle) = \widehat{J}_+(\widehat{J}_z|\, j,m\rangle + \hbar|\, j,m\rangle) = (m+1)\hbar\,(\widehat{J}_+|\, j,m\rangle)\,.$$

Was besagt diese Gleichung? Nehmen wir an, $\widehat{J}_+\,|\, j,m\rangle$ sei ungleich null. In dem Fall zeigt die Gleichung, dass $\widehat{J}_+\,|\, j,m\rangle$ ein Eigenzustand von $\widehat{J}_z$ ist mit dem Eigenwert $(m+1)\hbar$. Wir können daher schreiben

$$\widehat{J}_+\,|\, j,m\rangle = C_+(j,m)|\, j,m+1\rangle \tag{5.19}$$

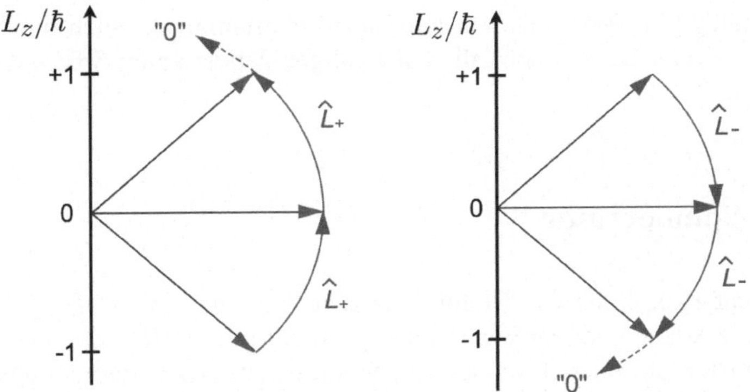

Abb. 5.3 Wirkung der Leiteroperatoren im Fall des Bahndrehimpuses, d. h. für $\widehat{\boldsymbol{J}} = \widehat{\boldsymbol{L}}$. Der Aufsteigeoperator hat folgende Wirkung: $\widehat{L}_+|\,1,-1\rangle = \hbar\sqrt{2}|\,1,0\rangle$, $\widehat{L}_+|\,1,0\rangle = \hbar\sqrt{2}|\,1,+1\rangle$ und $\widehat{L}_+|\,1,+1\rangle = 0$. Für den Absteigeoperator finden wir $\widehat{L}_-|\,1,+1\rangle = \hbar\sqrt{2}|\,1,0\rangle$, $\widehat{L}_-|\,1,0\rangle = \hbar\sqrt{2}|\,1,-1\rangle$ und $\widehat{L}_-|\,1,-1\rangle = 0$

mit einem noch zu bestimmenden Koeffizienten $C_+(j,m)$. Der Operator $\widehat{J}_+$ erhöht also die z-Komponente um $\Delta m = 1$. Diese Beobachtung rechtfertigt den Namen Aufsteigeoperator.

Allerdings kann das Aufsteigen nicht unbegrenzt weitergehen, denn man muss die Bedingung $m^2 \leq j(j+1)$ beachten, siehe Anhang C. Daher gibt es ein maximales $m = m_{\max}$. Wendet man $\widehat{J}_+$ auf den Zustand $|\,j,m_{\max}\rangle$ an, so muss null herauskommen, weil es andernfalls einen Zustand mit $m > m_{\max}$ gäbe. Die Quantenzahl j bleibt ungeändert in Gl. (5.19), weil die Operatoren $\widehat{J}_+$ und $\widehat{\boldsymbol{J}}^2$ kommutieren.

Für den Absteigeoperator zeigt man entsprechend, dass

$$\widehat{J}_-\,|\,j,m\rangle = C_-(j,m)|\,j,m-1\rangle \tag{5.20}$$

gilt, sofern $\widehat{J}_-\,|\,j,m\rangle \neq 0$ ist. Die Koeffizienten $C_+(j,m), C_-(j,m)$ werden in Anhang C berechnet. Die Wirkung der Leiteroperatoren ist in Abb. 5.3 für den Fall des Bahndrehimpulses 1 bildlich dargestellt.

Die maximalen und minimalen Werte von m sind $m_{\max} = +j$ und $m_{\min} = -j$ (Anhang C). Die Quantenzahl m nimmt folgende Werte an:

$$m = -j,\, -j+1, \ldots + j\,. \tag{5.21}$$

Dies sind $2j+1$ Werte, und da die Schrittweite Δm den Betrag 1 hat, ist $2j+1$ ist eine positive ganze Zahl. Es gibt zwei Möglichkeiten:

a) j ist ganzzahlig, $j = 0,\, 1,\, 2, \ldots$.
b) j ist halbzahlig, $j = 1/2,\, 3/2,\, 5/2, \ldots$.

Die ganzzahligen j-Werte gehören zum Bahndrehimpuls (oder auch zum Spin, z. B. bei Photonen oder Deuteronen), die halbzahligen gehören zum Spin oder Gesamtdrehimpuls.

5.5 Der Spinoperator

Die Erde hat zwei Arten von Drehimpuls: den Bahndrehimpuls infolge der Bewegung um die Sonne und den Eigendrehimpuls, der mit der Rotation um die Achse verbunden ist. Elektronen, Protonen und Neutronen besitzen ebenfalls einen Eigendrehimpuls, den man *Spin* nennt und der im Unterschied zum Bahndrehimpuls durch eine halbzahlige Quantenzahl $s = 1/2$ beschrieben wird. Es gibt einen wichtigen Unterschied zwischen dem Eigendrehimpuls der Erde und dem Spin eines Elementarteilchens. Denkt man sich die Erdkugel in kleine Massenelemente aufgeteilt, so ist der Eigendrehimpuls die Summe der Bahndrehimpulse dieser Massenelemente bei der Rotation um die Erdachse. Man darf sich aber das Elektron nicht als rotierende Kugel vorstellen, denn das führt auf ernsthafte Widersprüche. Nach heutigem Wissen ist das Elektron ein praktisch punktförmiges Teilchen, die Messungen am Elektron-Positron-Speicherring PETRA ergaben eine obere Grenze für den Radius von 10^{-18} m. Um einen Drehimpuls der Größe $\hbar/2$ aufzubringen, müsste eine Kugel der Masse m_e und mit einem Radius von $r = 10^{-18}$ m so schnell rotieren, dass am Äquator die Lichtgeschwindigkeit um ein Vielfaches überschritten würde.

Der Spin ist ein relativistischer Effekt (siehe Band 2). Trotz der Schwierigkeiten mit der Veranschaulichung besteht aber kein Zweifel daran, dass auch der Spin gewisse Eigenschaften eines mechanischen Drehimpulses aufweist. Der experimentelle Beweis wurde durch ein von A. Einstein vorgeschlagenes und von W. J. de Haas ausgeführtes Experiment erbracht. Ein an einem dünnen Torsionsfaden hängender magnetisierter Eisenstab konnte durch Ummagnetisieren, gekoppelt mit Umklappen der Spins, in Rotation versetzt werden.

Für den Spinoperator kann man die Vertauschungsregeln des Drehimpulses nicht beweisen, vielmehr werden die Regeln postuliert

$$[\widehat{S}_x, \widehat{S}_y] = i\hbar\widehat{S}_z\,, \quad [\widehat{S}_y, \widehat{S}_z] = i\hbar\widehat{S}_x\,, \quad [\widehat{S}_z, \widehat{S}_x] = i\hbar\widehat{S}_y\,. \tag{5.22}$$

Diese Regeln sind hinreichend um zu beweisen, dass jede Komponente mit dem Quadrat des Spinoperators vertauscht, die Rechnung verläuft genau wie bei den Gleichungen (5.9).

$$[\widehat{S}_x, \widehat{\boldsymbol{S}}^2] = [\widehat{S}_y, \widehat{\boldsymbol{S}}^2] = [\widehat{S}_z, \widehat{\boldsymbol{S}}^2] = 0\,. \tag{5.23}$$

Die gemeinsamen Eigenzustände von $\widehat{\boldsymbol{S}}^2$ und $\widehat{S}_z$ bezeichnen wir mit $|s, m_s\rangle$.

$$\widehat{\boldsymbol{S}}^2|s, m_s\rangle = s(s+1)\hbar^2|s, m_s\rangle\,, \quad \widehat{S}_z|s, m_s\rangle = m_s\hbar\,|s, m_s\rangle\,. \tag{5.24}$$

Im Folgenden beschränken wir uns auf die Spinquantenzahl $s = 1/2$, da die elementaren Bausteine der Materie, Elektronen, Protonen und Neutronen, sowie die Bausteine der Nukleonen, die Quarks, alle den Spin $1/2$ haben. Für diesen Spezialfall schreiben wir die Eigenzustände auch in der Form von Spaltenvektoren

$$|1/2, 1/2\rangle = \begin{pmatrix} 1 \\ 0 \end{pmatrix}, \quad |1/2, -1/2\rangle = \begin{pmatrix} 0 \\ 1 \end{pmatrix}. \tag{5.25}$$

Es ist leicht zu sehen, dass die Operatoren dann durch Matrizen repräsentiert werden:

$$\widehat{S}^2 = \frac{3\hbar^2}{4} \begin{pmatrix} 1 & 0 \\ 0 & 1 \end{pmatrix}, \quad \widehat{S}_z = \frac{\hbar}{2} \begin{pmatrix} 1 & 0 \\ 0 & -1 \end{pmatrix}. \tag{5.26}$$

Die Matrixform des Aufsteigeoperators erhalten wir aus den Relationen

$$\widehat{S}_+ \begin{pmatrix} 0 \\ 1 \end{pmatrix} = C_+(1/2, -1/2) \begin{pmatrix} 1 \\ 0 \end{pmatrix} = \hbar \begin{pmatrix} 1 \\ 0 \end{pmatrix}, \quad \widehat{S}_+ \begin{pmatrix} 1 \\ 0 \end{pmatrix} = 0 .$$

und entsprechend für den Absteigeoperator

$$\widehat{S}_- \begin{pmatrix} 1 \\ 0 \end{pmatrix} = C_-(1/2, 1/2) \begin{pmatrix} 0 \\ 1 \end{pmatrix} = \hbar \begin{pmatrix} 0 \\ 1 \end{pmatrix}, \quad \widehat{S}_- \begin{pmatrix} 0 \\ 1 \end{pmatrix} = 0 .$$

Es folgt

$$\widehat{S}_+ = \hbar \begin{pmatrix} 0 & 1 \\ 0 & 0 \end{pmatrix}, \quad \widehat{S}_- = \hbar \begin{pmatrix} 0 & 0 \\ 1 & 0 \end{pmatrix}. \tag{5.27}$$

Daraus berechnen wir die x- und y-Komponenten:

$$\widehat{S}_x = \frac{1}{2}(\widehat{S}_+ + \widehat{S}_-) = \frac{\hbar}{2} \begin{pmatrix} 0 & 1 \\ 1 & 0 \end{pmatrix}, \quad \widehat{S}_y = \frac{1}{2\mathrm{i}}(\widehat{S}_+ - \widehat{S}_-) = \frac{\hbar}{2} \begin{pmatrix} 0 & -\mathrm{i} \\ \mathrm{i} & 0 \end{pmatrix}. \tag{5.28}$$

Die Pauli-Matrizen haben die Gestalt

$$\sigma_x = \begin{pmatrix} 0 & 1 \\ 1 & 0 \end{pmatrix}, \quad \sigma_y = \begin{pmatrix} 0 & -\mathrm{i} \\ \mathrm{i} & 0 \end{pmatrix}, \quad \sigma_z = \begin{pmatrix} 1 & 0 \\ 0 & -1 \end{pmatrix}. \tag{5.29}$$

Die Komponenten des Spinoperators sind

$$\widehat{S}_j = \frac{\hbar}{2} \sigma_j . \tag{5.30}$$

5.6 Addition von Drehimpulsen

5.6.1 Addition von zwei Spins 1/2

Im Helium-Atom (s. Kap. 7) können die Spins der beiden Elektronen zu einem Gesamtspin kombiniert werden[1]. Die Addition von zwei Spins $1/2$ ist schematisch in den Abb. 5.4 und 5.5 zu sehen, die Rechnungen bringen wir in Anhang C. Wir schreiben

$$\widehat{S} = \widehat{S}_1 + \widehat{S}_2 \tag{5.31}$$

und setzen einen Produktzustand an

$$|s, m_s\rangle = |s_1, m_{s1}\rangle \cdot |s_2, m_{s2}\rangle ,$$

wobei $\widehat{S}_1$ nur auf $|s_1, m_{s1}\rangle$ und $\widehat{S}_2$ nur auf $|s_2, m_{s2}\rangle$ wirkt. Es ist leicht zu sehen, dass die z-Komponente additiv ist:

$$m_s = m_{s1} + m_{s2} .$$

Der Maximalwert ist $m_s = 1$, daher existieren die sogenannten „Triplettzustände" mit der Spinquantenzahl $s = 1$.

$$\begin{aligned} |1, +1\rangle &= |1/2, +1/2\rangle \cdot |1/2, +1/2\rangle \\ |1, 0\rangle &= \frac{1}{\sqrt{2}} \left(|1/2, +1/2\rangle \cdot |1/2, -1/2\rangle + |1/2, -1/2\rangle \cdot |1/2, +1/2\rangle\right) \\ |1, -1\rangle &= |1/2, -1/2\rangle \cdot |1/2, -1/2\rangle \end{aligned} \tag{5.32}$$

Der Singulettzustand ($s = 0$) ist orthogonal zu $|1, 0\rangle$:

$$|0, 0\rangle = \frac{1}{\sqrt{2}} \left(|1/2, +1/2\rangle \cdot |1/2, -1/2\rangle - |1/2, -1/2\rangle \cdot |1/2, +1/2\rangle\right) \tag{5.33}$$

Man kann sich diese Ausdrücke leichter merken, wenn man die Spinausrichtung durch Pfeile symbolisiert:

$$\begin{aligned} |1, +1\rangle &= |\Uparrow\rangle_1 |\Uparrow\rangle_2 , \quad |1, -1\rangle = |\Downarrow\rangle_1 |\Downarrow\rangle_2 , \\ |1, 0\rangle &= \frac{1}{\sqrt{2}} \left(|\Uparrow\rangle_1 |\Downarrow\rangle_2 + |\Downarrow\rangle_1 |\Uparrow\rangle_2\right) , \\ |0, 0\rangle &= \frac{1}{\sqrt{2}} \left(|\Uparrow\rangle_1 |\Downarrow\rangle_2 - |\Downarrow\rangle_1 |\Uparrow\rangle_2\right) . \end{aligned} \tag{5.34}$$

Die Abb. 5.4 und 5.5 zeigen eine bildliche Darstellung der Spinaddition.

[1] Bei der Addition zweier Spins werden zwei unabhängige Quantensysteme zusammengesetzt, wobei man das sog. Tensorprodukt von Vektoren bildet. Die mathematische Behandlung geht über den Rahmen dieses Lehrbuchs hinaus.

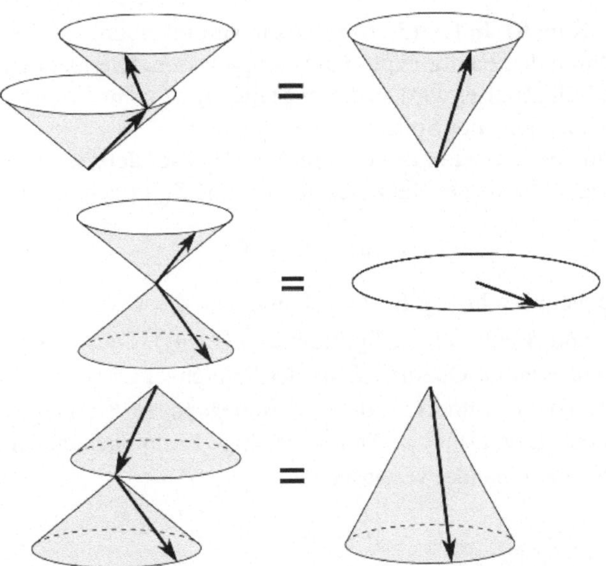

Abb. 5.4 Die Addition von zwei Spins $1/2$ zum Gesamtspin $s = 1$ (Triplett)

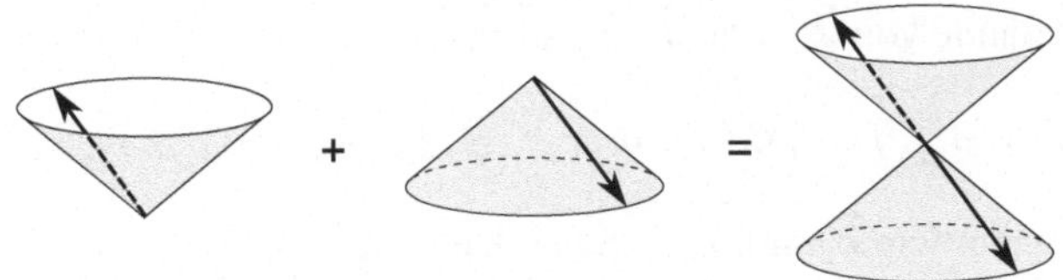

Abb. 5.5 Die Addition von zwei Spins $1/2$ zum Gesamtspin $s = 0$ (Singulett)

5.6.2 Addition von Bahndrehimpuls und Spin

Der Gesamtdrehimpuls eines atomaren Elektrons ist die vektorielle Summe von Bahndrehimpuls und Spin:

$$\boldsymbol{J} = \boldsymbol{L} + \boldsymbol{S} \, . \tag{5.35}$$

In der nichtrelativistischen Quantenmechanik ist es zulässig, die Gesamtwellenfunktion als Produkt der Bahnwellenfunktion $\psi_{n\,l\,m_l}(r, \theta, \varphi)$ und der Spinfunktion $|s, m_s\rangle$ zu schreiben[2], da Spinumklapp-Prozesse nur eine sehr kleine Wahrscheinlichkeit haben

$$\Psi_{\text{ges}} = \psi_{n\,l\,m_l}(r, \theta, \varphi) \cdot |s, m_s\rangle \, . \tag{5.36}$$

Nach dem Superpositionsprinzip können auch Linearkombinationen dieser Produktfunktionen auftreten, diese sind bei verschränkten Zuständen von besonderer

[2] Im relativistischen Fall ist diese Produktschreibweise nicht mehr erlaubt, die Lösungen der Dirac-Gleichung sind vierkomponentige *Spinor*-Wellenfunktionen, die die Ortsabhängigkeit und die Spineinstellung der Elektronen umfassen und gleichzeitig noch die Antiteilchen beschreiben.

Bedeutung (s. Kap. 9). In Gl. (5.36) wird zur Vereinfachung die Zeitabhängigkeit, beschrieben durch den Faktor $\exp(-\mathrm{i}\omega t)$, weggelassen. Die magnetische Quantenzahl des Bahndrehimpulses wird an dieser Stelle m_l genannt, um sie von der magnetischen Quantenzahl m_s des Spins zu unterscheiden.

Wie wird nun der Operator des Gesamtdrehimpulses definiert? Gleichung (5.35) legt nahe, ihn als Summe der Bahndrehimpuls- und Spinoperatoren zu schreiben

$$\widehat{\boldsymbol{J}} = \widehat{\boldsymbol{L}} + \widehat{\boldsymbol{S}}\,, \tag{5.37}$$

wobei die Rechenvorschrift gilt, dass $\widehat{\boldsymbol{L}}$ nur auf die Ortswellenfunktion $\psi_{n\,l\,m_l}(r,\theta,\varphi)$ wirkt und $\widehat{\boldsymbol{S}}$ nur auf die Spinfunktion $|s,\, m_s\rangle$. Dies ist leicht einzusehen, denn für den Differential-Operator $\widehat{\boldsymbol{L}}$ ist der Spaltenvektor $|s,\, m_s\rangle$ eine Konstante, und für den Matrix-Operator $\widehat{\boldsymbol{S}}$ ist die Funktion $\psi_{n\,l\,m_l}(r,\theta,\varphi)$ eine komplexe Zahl und kein Spaltenvektor. Daher sind auch beliebige Komponenten der beiden Operatoren $\widehat{\boldsymbol{L}}$ und $\widehat{\boldsymbol{S}}$ untereinander vertauschbar:

$$[\widehat{L}_j,\, \widehat{S}_k] = 0\,. \tag{5.38}$$

Unter Benutzung dieser Beziehung ist leicht zu beweisen, dass der Operator $\widehat{\boldsymbol{J}}$ den Drehimpuls-Vertauschungsregeln (5.16) genügt. Die Konsequenz ist, dass gemeinsame Eigenzustände von $\widehat{\boldsymbol{J}}^2$ und $\widehat{J}_z$ existieren

$$\widehat{\boldsymbol{J}}^2\,|j,\, m_j\rangle = j(j+1)\hbar^2\,|j,\, m_j\rangle\,, \quad \widehat{J}_z\,|j,\, m_j\rangle = m_j\hbar\,|j,\, m_j\rangle\,. \tag{5.39}$$

Was passiert, wenn wir $\widehat{J}_z$ auf Ψ_{ges} anwenden?

$$\begin{aligned}\widehat{J}_z\Psi_{\text{ges}} &= [\widehat{L}_z\psi_{n\,l\,m_l}(r,\theta,\varphi)]\cdot|s,\, m_s\rangle + \psi_{n\,l\,m_l}(r,\theta,\varphi)\cdot[\widehat{S}_z\,|s,\, m_s\rangle]\\ &= (m_l + m_s)\hbar\,\Psi_{\text{ges}} = m_j\hbar\,\Psi_{\text{ges}}\,.\end{aligned}$$

Daraus folgt, dass die magnetischen Quantenzahlen addiert werden

$$m_j = m_l + m_s\,. \tag{5.40}$$

Wegen $m_s = \pm 1/2$ wird m_j und damit auch j halbzahlig. Der Maximalwert von m_j ist offensichtlich $(m_j)_{\text{max}} = l + 1/2$. Das bedeutet, dass auch der maximale j-Wert $l + 1/2$ ist. Wir werden sehen, dass außerdem noch der j-Wert $l - 1/2$ vorkommt.

Um ein definiertes Beispiel vor Augen zu haben, betrachten wir den Fall $l = 1$. In Abb. 5.6 ist die Addition von Bahndrehimpuls und Spin vektoriell dargestellt. Die beiden Zustände mit $|m_j| = 3/2$ sind einfach besetzt, die Zustände mit $|m_j| = 1/2$ dagegen doppelt. Es gibt die beiden Gesamtdrehimpuls-Multipletts

$$\begin{aligned}|j,\, m_j\rangle &= |3/2,\, +3/2\rangle\,, \quad |3/2,\, +1/2\rangle\,, \quad |3/2,\, -1/2\rangle\,, \quad |3/2,\, -3/2\rangle\,,\\ |j,\, m_j\rangle &= |1/2,\, +1/2\rangle\,, \quad |1/2,\, -1/2\rangle\,.\end{aligned} \tag{5.41}$$

Die formale Behandlung ist in Anhang C zu finden.

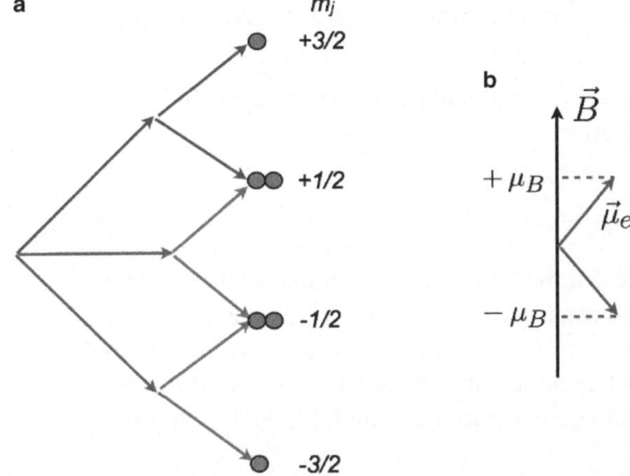

Abb. 5.6 (**a**) Die vektorielle Addition von Bahndrehimpuls 1 (*blaue Pfeile*) und Spin $1/2$ (*rote Pfeile*). Die Darstellung ist etwas vereinfacht, die Vektoren liegen in Wahrheit nicht alle in der Zeichenebene. Man erkennt, dass die Zustände mit $m_j = \pm 3/2$ einfach besetzt sind und Zustände mit $m_j = \pm 1/2$ doppelt. (**b**) Die beiden Einstellungen des magnetischen Eigenmoments des Elektrons in einem Magnetfeld $\boldsymbol{B}$, das in z-Richtung weist. Die z-Komponenten des magnetischen Eigenmoments sind $\pm\,\mu_{\mathrm{B}}$, die potentiellen Energien im Feld sind $E_{\mathrm{pot}} = -\boldsymbol{\mu}_e \cdot \boldsymbol{B} = \mp\,\mu_{\mathrm{B}}\,B$

5.7 Magnetische Momente

5.7.1 Bohr'sches Atommodell

Im Bohr'schen Atommodell bewegt sich das Elektron auf einer Kreisbahn um den Kern. Der elektrische Strom ist $I = -e\,v/(2\pi r)$ und der Bahndrehimpuls $L = m_e r v$. Ein Kreisstrom I wirkt wie ein magnetischer Dipol. Sein magnetisches Moment ist

$$\mu = I \pi r^2 \,,$$

die Richtung ergibt sich aus der Rechtsschraubenregel. Die vektorielle Form des magnetischen Moments ist

$$\boldsymbol{\mu} = -\frac{e}{2m_e}\boldsymbol{L} \,. \tag{5.42}$$

Der Minimalwert des Drehimpulses ist $L = 1\,\hbar$ im Bohr'schen Atommodell, und das damit gekoppelte magnetische Moment hat den Betrag

$$|\boldsymbol{\mu}| = \mu_{\mathrm{B}} = \frac{e\hbar}{2m_e} = 5{,}788 \cdot 10^{-5}\,\mathrm{eV/T} \,. \tag{5.43}$$

Die Größe μ_{B} nennt man das *Bohr'sche Magneton.*

5.7.2 Magnetische Momente in der Quantentheorie

Die Beziehung (5.42) bleibt in der Quantentheorie erhalten, muss aber als Operatorgleichung interpretiert werden.

$$\widehat{\mu} = -\frac{e}{2m_e}\,\widehat{\boldsymbol{L}}\,. \tag{5.44}$$

Der magnetische Momentenvektor ist antiparallel zum Drehimpulsvektor (da die Ladung des Elektrons negativ ist) und zeigt die gleiche Richtungsquantisierung (s. Abb. 5.6). Diese Richtungsquantisierung wurde erstmals im Stern-Gerlach-Experiment sichtbar gemacht. Nur der Betrag und die z-Komponente des magnetischen Momentenvektors sind messbar. Offensichtlich gilt

$$\mu_z = -m_l \cdot \frac{e\hbar}{2m_e} = -m_l \cdot \mu_{\mathrm{B}}\,. \tag{5.45}$$

Für den minimalen von null verschiedenen Wert $|m_l| = 1$ hat das magnetische Bahnmoment den Betrag μ_{B}. Legt man ein externes Magnetfeld $\boldsymbol{B}$ in z-Richtung an, so hat das magnetische Bahnmoment des Elektrons eine potentielle Energie

$$E_{\mathrm{pot}} = -\boldsymbol{\mu} \cdot \boldsymbol{B} = m_l\,\mu_{\mathrm{B}}\,B\,. \tag{5.46}$$

Das Elektron hat neben dem magnetischen Bahnmoment auch noch ein magnetisches Eigenmoment, das aber überraschenderweise ebenfalls den Wert μ_{B} hat, obwohl $|m_s|$ nur $1/2$ ist. Schreibt man analog zu (5.44)

$$\widehat{\boldsymbol{\mu}}_e = -g \cdot \frac{e}{2m_e}\,\widehat{\boldsymbol{S}}\,, \tag{5.47}$$

so muss man dem *g-Faktor* den Wert $g = 2$ zuordnen.

Die Modellvorstellung, das Elektron sei eine geladene Kugel, die um die eigene Achse rotiert, ist falsch. Wie wir bereits erwähnt haben, würde die Rotationsgeschwindigkeit am Äquator die Lichtgeschwindigkeit weit übertreffen, und zweitens wäre das magnetische Eigenmoment dann $\mu_{\mathrm{B}}/2$. Die Dirac-Gleichung als relativistische Verallgemeinerung der Schrödinger-Gleichung löst die Problematik auf: sie sagt sowohl den Spin $1/2$ als auch den g-Faktor von 2 voraus. Allerdings gibt es auch hier noch Korrekturen durch die Quantenelektrodynamik (QED), der experimentell bestimmte g-Faktor des Elektrons ist geringfügig größer als 2. Die sog. (g minus 2)-Experimente, bei denen die Abweichung des g-Faktors von 2 bestimmt wird, zählen zu den genauesten Tests der QED.

Eine wichtige Konsequenz dieser Betrachtungen ist, dass es zwei verschiedene Quellen für den Magnetismus gibt: Ströme und die magnetischen Eigenmomente der Elementarteilchen, vorwiegend der Elektronen. Die Magnetisierung von Eisen wird ausschließlich durch die ausgerichteten magnetischen Momente der Elektronen in der nur teilweise gefüllten 3d-Schale des Fe-Atoms hervorgerufen. Nach heutigem Wissen ist es nicht legitim, die magnetischen Eigenmomente auf Kreisströme zurückzuführen.

5.7.3 Magnetische Momente der Nukleonen

Protonen und Neutronen haben den Spin $1/2$. Gemäß der Dirac-Gleichung erwartet man für die magnetischen Momente

$$\mu_p = +\frac{e\hbar}{2m_p}, \quad \mu_n = 0\,.$$

Experimentell findet man ganz andere Werte, vor allem ist das Moment des Neutrons ungleich null, obwohl es elektrisch neutral ist:

$$\mu_p = +2{,}79 \cdot \frac{e\hbar}{2m_p}, \quad \mu_n = -1{,}91 \cdot \frac{e\hbar}{2m_n}\,. \tag{5.48}$$

Hieraus kann man erkennen, dass die Nukleonen keine strukturlosen elementaren Teilchen sind, sondern aus kleineren Bausteinen bestehen. Das Quark-Modell kann die „anomalen" magnetischen Momente der Nukleonen erklären[3].

5.8 Didaktische Anmerkungen

5.8.1 Drehimpulse in der klassischen und Quantenphysik

Drehungen im Raum und die damit verbundenen Erscheinungen bereiten häufig große Verständnisschwierigkeiten. Der Kreisel ist eines der kompliziertesten Systeme der klassischen Mechanik. Ein außerhalb seines Schwerpunkts unterstützter rotierender Kreisel fällt nicht herunter, wie dies ein ruhender Kreisel tun würde, sondern macht eine ausweichende Präzessionsbewegung, die senkrecht zur Schwerkraft verläuft. Dieses eigenartige Verhalten kann man leicht im Experiment vorführen und bei Kenntnis der Vektorrechnung auch mathematisch nachvollziehen, aber intuitiv einleuchtend ist die Präzession wohl kaum. In der Quantenmechanik sind Drehimpulse noch komplizierter. Wir haben in diesem Kapitel gerichtete Pfeile benutzt, um die Drehimpulsquantisierung sowie die Addition von Bahndrehimpuls und Spin oder die Addition zweier Spins zu veranschaulichen. Die nötigen mathematischen Rechnungen sind in Anhang C zusammengestellt. Wichtig ist die Erkenntnis, dass die Drehimpulsquantisierung allein aus den Vertauschungsregeln folgt und dass nur ganzzahlige oder halbzahlige Quantenzahlen in Frage kommen.

---

[3] Dies gilt für das sog. *naive Quark-Modell*, in dem nur die „Valenzquarks" (uud) des Protons und (udd) des Neutrons berücksichtigt werden und nicht die Gluonen und Quark-Antiquark-Paare.

Die Auf- und Absteigeoperatoren liefern wegen ihrer sehr anschaulichen Bedeutung den einfachsten Zugang zur Theorie des Drehimpulses. Diese Operatoren ändern die Quantenzahl der z-Komponente um ± 1, woraus die Struktur der Drehimpulsmultipletts und die Richtungsquantelung verständlich werden.

5.8.2 Stern-Gerlach-Experiment

Von Otto Stern und Walther Gerlach wurde 1922 erstmals die Richtungsquantelung des Drehimpulses nachgewiesen. Das Experiment wurde mit einem Silber-Atomstrahl durchgeführt. Das neutrale Silberatom hat ein ungepaartes Elektron mit Bahndrehimpuls $l = 0$, daher hat das Ag-Atom den Spin $1/2$, und sein magnetisches Moment ist identisch mit dem Moment $\mu_{\rm B}$ des Elektrons. Die Atome durchlaufen ein inhomogenes Magnetfeld (Abb. 5.7). Wegen der zwei Spineinstellungen gibt es beim magnetischen Moment nur die parallele oder antiparallele Orientierung, und deshalb spaltet der Atomstrahl in zwei Teilstrahlen auf. Quantitativ berechnet man die Kraft mit der Formel

$$F_z = \pm \mu_{\rm B} \frac{\partial B}{\partial z} \,. \tag{5.49}$$

Das Stern-Gerlach-Experiment kann nicht mit geladenen Teilchen durchgeführt werden, weil die auf die Ladung wirkende Lorentzkraft $e\,\boldsymbol{v} \times \boldsymbol{B}$ sehr viel stärker ist als die auf das magnetische Moment wirkende Kraft (5.49).

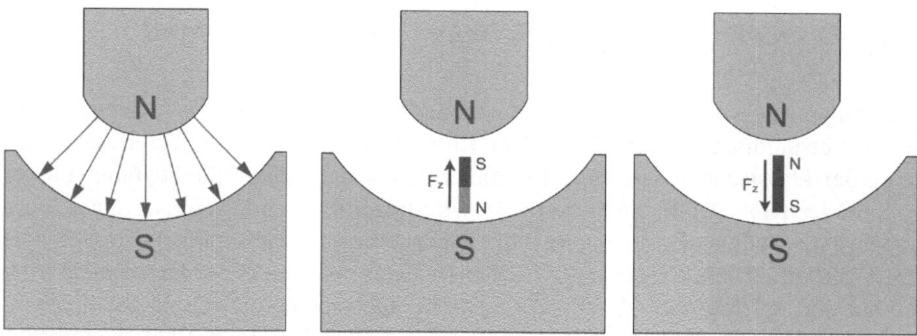

Abb. 5.7 Prinzip des Stern-Gerlach-Experiments. Durch geeignet geformte Eisenpolschuhe wird ein inhomogenes Magnetfeld erzeugt (*linkes Bild*), dessen Stärke vom Südpol zum Nordpol hin zunimmt. Auf die beiden Pole eines kleinen Stabmagneten wirken in diesem Feld verschieden große Kräfte. Je nach Ausrichtung wird der Stabmagnet nach oben gezogen (*mittleres Bild*) oder nach unten (*rechtes Bild*). Der Stabmagnet ist ein Bild für das magnetische Moment des Silberatoms

5.8.3 Magnetische Kernresonanz, Kernspin-Tomografie

In einem externen Magnetfeld B_0 hat ein magnetisches Moment eine potentielle Energie

$$E_{\text{pot}} = -\boldsymbol{\mu} \cdot \boldsymbol{B}_0 \,. \tag{5.50}$$

Das magnetische Moment des Protons ist mit hoher Genauigkeit bekannt: $\mu_p = 2{,}792847356\, e\hbar/(2m_p)$. In einem Magnetfeld B_0 haben die Protonen in wasserstoffhaltigen Substanzen (Wasser, Eiweiß, Fett etc.) zwei energetisch verschiedene Einstellungen $E_1 = -\mu_p B_0$ und $E_2 = +\mu_p B_0$. Durch Einstrahlung von Hochfrequenz kann man einen Übergang $E_1 \to E_2$ bewirken, wenn die Frequenz die Bedingung

$$\hbar\omega_0 = 2\pi\hbar f_0 = 2\mu_p B_0$$

erfüllt. Es ist $f_0 = 42{,}6\,\text{MHz}$ für $B_0 = 1\,\text{Tesla}$. Die magnetische Kernresonanz (*nuclear magnetic resonance NMR*) ist eine hochpräzise Methode zur Messung von Magnetfeldern.

In chemischen Verbindungen addiert sich zum externen Feld B_0 das innere Magnetfeld B_{int} der Atome oder Moleküle. Dadurch verschiebt sich die Resonanzfrequenz. Dies wird in Abb. 5.8 für Essigsäure CH_3–COOH gezeigt. Man kann sehr gut die verschiedenen lokalen Felder bei den drei Protonen des CH_3 und dem einen Proton des COOH erkennen.

Die Kernspin-Tomografie (*magnetic resonance imaging MRI*) ist eine ortsaufgelöste Anwendung der magnetischen Kernresonanz, die große Bedeutung in der medizinischen Diagnose hat. Der Vorteil gegenüber der Röntgendiagnostik ist, dass Knochen eine kaum sichtbare Abschattung verursachen, weil sie wenig Wasserstoff

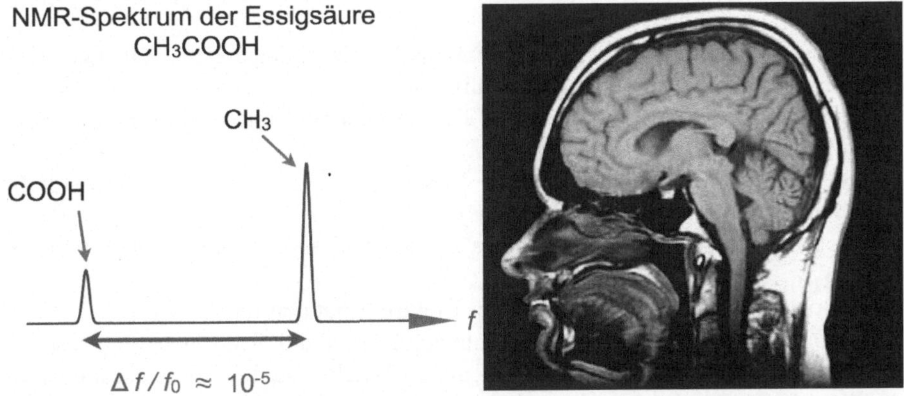

Abb. 5.8 *Links*: magnetische Kernresonanz mit Essigsäure. *Rechts*: Kernspin-Tomografie eines menschlichen Kopfes. (Aus Wikipedia, Wiedergabe unter der GNU-Lizenz für freie Dokumentation)

enthalten. Die magnetischen Momente schwerer Atomkerne sind wesentlich kleiner als das Moment des Protons, daher sind diese Kerne „unsichtbar" bei der Protonenresonanz.

Zusammenfassung

1. Der Operator des Bahndrehimpulses ist

$$\widehat{\boldsymbol{L}} = \widehat{\boldsymbol{r}} \times \widehat{\boldsymbol{p}} = -\mathrm{i}\hbar\,\widehat{\boldsymbol{r}} \times \nabla\,.$$

2. Die Komponenten des Drehimpulsoperators kommutieren nicht untereinander, es gelten die Vertauschungsregeln $[\widehat{L}_x, \widehat{L}_y] = \mathrm{i}\hbar\widehat{L}_z$ etc. Alle Komponenten sind mit dem Quadrat des Drehimpulsoperators $\widehat{\boldsymbol{L}}^2$ vertauschbar.

3. In Kugelkoordinaten gilt

$$\widehat{L}_z = -i\hbar\,\frac{\partial}{\partial\varphi}\,, \quad \widehat{\boldsymbol{L}}^2 = -\hbar^2\left[\frac{1}{\sin\theta}\frac{\partial}{\partial\theta}\left(\sin\theta\,\frac{\partial}{\partial\theta}\right) + \frac{1}{\sin^2\theta}\frac{\partial^2}{\partial\varphi^2}\right].$$

4. Die gemeinsamen Eigenfunktionen von $\widehat{L}_z$ und $\widehat{\boldsymbol{L}}^2$ sind die Kugelfunktionen $Y_{lm}(\theta,\varphi)$

$$\widehat{L}_z Y_{lm} = m\,\hbar\,Y_{lm}\,, \quad \widehat{\boldsymbol{L}}^2 Y_{lm} = l(l+1)\,\hbar^2\,Y_{lm}\,.$$

Die Bahndrehimpuls-Quantenzahl kann die ganzzahligen Werte $l = 0, 1, 2, 3 \ldots$ annehmen, die magnetische Quantenzahl m die Werte $-l, -l+1 \ldots +l$.

5. In einem Zentralpotential $V = V(r)$ kommutieren $\widehat{H}$ und $\widehat{\boldsymbol{L}}$, d. h. der Bahndrehimpuls ist erhalten.

6. Die Bahndrehimpuls-Multipletts kann man mit Hilfe der Leiteroperatoren $\widehat{L}_\pm = \widehat{L}_x \pm \mathrm{i}\,\widehat{L}_y$ erzeugen.

7. Der Spinoperator erfüllt die Drehimpuls-Vertauschungsregeln. Die Quantenzahl s kann halbzahlig oder ganzzahlig sein.

8. Bei der Addition von zwei Spins $1/2$ erhält man ein Triplett mit $s = 1$ und ein Singulett mit $s = 0$.

9. Die Addition von Bahndrehimpuls 1 und Spin $1/2$ ergibt zwei Gesamtdrehimpuls-Multipletts mit $j = 3/2$ und $j = 1/2$.

10. Das magnetische Bahnmoment eines atomaren Elektrons hat die z-Komponente $-m_l\mu_\mathrm{B}$.

11. Das magnetische Eigenmoment eines Elektrons hat den Betrag μ_B.

12. Die anomalen magnetischen Momente von Proton und Neutron zeigen, dass die Nukleonen keine strukturlosen elementaren Teilchen sind, sondern aus kleineren Bausteinen (Quarks) bestehen.

Aufgaben

5.1) a) Die Kugelfunktionen sind Eigenfunktionen von $\widehat{\boldsymbol{L}}^2$ und $\widehat{L}_z$. Für $l = 1, 2$ und alle erlaubten m-Werte soll dies nachgerechnet und die Eigenwerte bestimmt werden.
b) Zeige explizit, dass die Y_{lm} keine Eigenfunktionen von $\widehat{L}_x$ und $\widehat{L}_y$ sind. Was ergibt sich bei Anwendung der Leiteroperatoren $\widehat{L}_+$ bzw. $\widehat{L}_-$?

5.2) Das Deuteron ist ein aus einem Proton und einem Neutron bestehender Atomkern mit Spin 1.
a) Wie muss man die Nukleonenspins kombinieren?
b) Die drei Spineinstellungen des Deuterons bezüglich der z-Achse beschreiben wir durch die Spaltenvektoren

$$|1,1\rangle = \begin{pmatrix} 1 \\ 0 \\ 0 \end{pmatrix} \quad |1,0\rangle = \begin{pmatrix} 0 \\ 1 \\ 0 \end{pmatrix} \quad |1,-1\rangle = \begin{pmatrix} 0 \\ 0 \\ 1 \end{pmatrix} .$$

Die Spinoperatoren sind dann 3×3-Matrizen, z. B. ist

$$\widehat{\boldsymbol{S}}^2 = 2\hbar^2 \begin{pmatrix} 1\,0\,0 \\ 0\,1\,0 \\ 0\,0\,1 \end{pmatrix} .$$

Wie lauten die Matrixdarstellungen von $\widehat{S}_z$ sowie der Leiteroperatoren $\widehat{S}_+$ und $\widehat{S}_-$? Daraus kann man $\widehat{S}_x$ und $\widehat{S}_y$ berechnen. Es ist explizit nachzurechnen, dass die Drehimpuls-Vertauschungsregeln erfüllt sind.

5.3) Molekülrotationen. Zweiatomige Moleküle wie HCl können Rotationen um eine Achse durchführen, die durch den Schwerpunkt geht und senkrecht auf der Verbindungslinie der Atomkerne steht. In der klassischen Mechanik ist die Rotationsenergie

$$E_{\mathrm{rot}} = \frac{\boldsymbol{L}^2}{2I} ,$$

wobei $\boldsymbol{L}$ der Drehimpuls und I das Trägheitsmoment ist. Diese Formel kann auf den quantenmechanischen Rotator übertragen werden, wenn man $\boldsymbol{L}^2$ durch den Erwartungswert des Operators $\widehat{\boldsymbol{L}}^2$ ersetzt.
a) Wie lautet die Formel für die Energieniveaus $E_{\mathrm{rot}}(l)$ und welche Werte kann die Quantenzahl l annehmen?
b) Die Auswahlregel für Übergänge unter Emission oder Absorption von Photonen ist $\Delta l = \pm 1$. Daraus folgt, dass das Rotationsspektrum viele äquidistante Linien hat, wenn man sie gegen die Photon-Energie aufträgt (Beweis?). Bei HCl ist der Abstand benachbarter Spektrallinien $\Delta\hbar\omega = 2{,}6 \cdot 10^{-3}$ eV. Berechne daraus den Abstand r_0 der beiden Atomkerne. Hinweis: bei der Berechnung des Trägheitsmoments muss man die reduzierte Masse verwenden.

5.4) Charakteristisch für den Spin-Singulettzustand ist, dass die Anwendung eines Leiteroperators immer null ergibt. Dies soll für den Zustand $|0,\,0\rangle$ nachgerechnet werden. Was passiert bei Anwendung des Auf- oder Absteigeoperators auf den Triplettzustand $|1,\,0\rangle$?

5.5) Der Spinzustand eines Elektrons sei

$$\chi = A \begin{pmatrix} 3\mathrm{i} \\ 4 \end{pmatrix}$$

a) Bestimme den Normierungsfaktor A (siehe hierzu Anhang C.1.2).
b) Berechne die Erwartungswerte der Operatoren $\widehat{S}_x$, $\widehat{S}_y$ und $\widehat{S}_z$.
c) Zeige, dass die verallgemeinerte Unschärferelation erfüllt ist
$\Delta S_x \Delta S_y \geq (\hbar/2)\,|\langle\widehat{S}_z\rangle|$.

5.6) Angenommen das Elektron sei eine homogene Kugel mit Radius $r = 10^{-15}$ m (dies ist ungefähr der Radius des Protons). Mit welcher Winkelgeschwindigkeit müsste die Kugel rotieren, damit der Drehimpuls den Wert $\hbar/2$ hat? Wie groß wäre die Geschwindigkeit am Äquator? Es soll mit der nichtrelativistischen Mechanik gerechnet werden, obwohl sich die Geschwindigkeit nachträglich als viel zu groß herausstellt. Das zeigt nur, dass die Modellannahme unsinnig ist.

Kapitel 6
Das Wasserstoff-Atom

6.1 Die Schrödinger-Gleichung für das H-Atom

Die Schrödinger-Gleichung für das H-Atom lautet

$$-\frac{\hbar^2}{2m_e}\nabla^2\psi + V(r)\,\psi = E\,\psi \quad \text{mit} \quad V(r) = -\frac{e^2}{4\pi\varepsilon_0 r}\,. \tag{6.1}$$

Die Elektronenmasse wird hier mit m_e bezeichnet, um eine Verwechslung mit der magnetischen Quantenzahl m zu vermeiden. Das Proton wird als raumfest angesehen[1]. Wegen der sphärischen Symmetrie des Hamilton-Operators muss der Laplace-Operator in Kugelkoordinaten ausgedrückt werden (siehe Anhang A):

$$\nabla^2\psi = \frac{1}{r^2}\frac{\partial}{\partial r}\left(r^2\frac{\partial\psi}{\partial r}\right) + \frac{1}{r^2\sin\theta}\frac{\partial}{\partial\theta}\left(\sin\theta\frac{\partial\psi}{\partial\theta}\right) + \frac{1}{r^2\sin^2\theta}\frac{\partial^2\psi}{\partial\varphi^2}\,. \tag{6.2}$$

Für die Wellenfunktion machen wir den Lösungsansatz

$$\psi(r,\theta,\varphi) = R(r)\cdot Y(\theta,\varphi) \tag{6.3}$$

und setzen ihn in Gl. (6.1) ein:

$$-\frac{\hbar^2}{2m_e}\left[\frac{Y}{r^2}\frac{\partial}{\partial r}\left(r^2\frac{\partial R}{\partial r}\right) + \frac{R}{r^2\sin\theta}\frac{\partial}{\partial\theta}\left(\sin\theta\frac{\partial Y}{\partial\theta}\right) + \frac{R}{r^2\sin^2\theta}\frac{\partial^2 Y}{\partial\varphi^2}\right]$$
$$+\,V(r)\,R(r)\cdot Y(\theta,\varphi) = E\,R(r)\cdot Y(\theta,\varphi)\,.$$

Dividiert man diese Gleichung durch $-\frac{\hbar^2}{2m_e r^2}\,R(r)\cdot Y(\theta,\varphi)$, so folgt

$$\frac{1}{R}\frac{\mathrm{d}}{\mathrm{d}r}\left(r^2\frac{\mathrm{d}R}{\mathrm{d}r}\right) - \frac{2m_e r^2}{\hbar^2}(V(r)-E) = -\frac{1}{Y\,\sin\theta}\frac{\partial}{\partial\theta}\left(\sin\theta\frac{\partial Y}{\partial\theta}\right) - \frac{1}{Y\,\sin^2\theta}\frac{\partial^2 Y}{\partial\varphi^2}\,.$$

[1] Wenn man sehr genau rechnen will, ersetzt man m_e durch die reduzierte Masse des Elektron-Proton-Systems $m_{\text{red}} = (m_e m_p)/(m_e + m_p)$, die sich von m_e um 0,05 % unterscheidet.

P. Schmüser, *Theoretische Physik für Studierende des Lehramts 1*,
DOI 10.1007/978-3-642-25397-3_6, © Springer-Verlag Berlin Heidelberg 2012

Die linke Seite der Gleichung hängt nur von r ab, die rechte nur von θ und φ, und trotzdem muss die Gleichung für beliebige Werte der Variablen r, θ und φ erfüllt sein. Dies geht nur, wenn beide Seiten gleich einer reellen Konstanten sind, die wir als $l(l+1)$ schreiben[2].

6.1.1 Die Winkelgleichungen

Die Differentialgleichung für die Winkelfunktion $Y(\theta,\varphi)$ lautet

$$\sin\theta\,\frac{\partial}{\partial\theta}\left(\sin\theta\frac{\partial Y}{\partial\theta}\right)+\frac{\partial^2 Y}{\partial\varphi^2}+l(l+1)\,\sin^2\theta\,Y=0\,.$$

Jetzt wird ein weiterer Separationsansatz gemacht:

$$Y(\theta,\varphi)=f(\theta)\cdot g(\varphi)\,.$$

Nach Einsetzen und Division durch $f\cdot g$ ergibt sich

$$\frac{1}{f}\,\sin\theta\,\frac{\mathrm{d}}{\mathrm{d}\theta}\left(\sin\theta\frac{\mathrm{d}f}{\mathrm{d}\theta}\right)+l(l+1)\,\sin^2\theta=-\frac{1}{g}\,\frac{\mathrm{d}^2 g}{\mathrm{d}\varphi^2}=m^2\,. \tag{6.4}$$

Hier ist wieder benutzt worden, dass die linke und rechte Seite der Gleichung von verschiedenen Variablen abhängen und daher beide konstant sein müssen. Die Konstante wird m^2 genannt. Die sich ergebende Differentialgleichung für $g(\varphi)$ hat die Lösung

$$g(\varphi)=\exp(\mathrm{i}m\varphi)\,. \tag{6.5}$$

Aus der Bedingung $g(\varphi+2\pi)=g(\varphi)$ folgt, dass m eine ganze Zahl ist:

$$m=0,\ \pm1,\ \pm2,\ \pm3,\ldots$$

In diesem Kapitel bezeichnen wir die magnetische Quantenzahl des Bahndrehimpulses wieder mit m statt m_l.

Die Gleichung für $f(\theta)$ lautet

$$\sin\theta\,\frac{\mathrm{d}}{\mathrm{d}\theta}\left(\sin\theta\frac{\mathrm{d}f}{\mathrm{d}\theta}\right)+\left[l(l+1)\sin^2\theta-m^2\right]\,f(\theta)=0\,. \tag{6.6}$$

Diese Differentialgleichung ist analytisch lösbar, der mathematische Aufwand ist allerdings beträchtlich. Wir geben die Lösungen hier nur an, es sind die Legendre-Funktionen P_{lm}. Für $l=0,\ 1,\ 2$ lauten sie

---

[2] Jede reelle Zahl lässt sich so darstellen, wenn wir zulassen, dass l eine komplexe Zahl ist. Hier benutzen wir aber schon unsere Kenntnisse über den Bahndrehimpuls und werden zeigen, dass l nur die Werte $0, 1, 2, \ldots$ annehmen kann.

$$
\begin{aligned}
&P_{00} = 1\,, \\
&P_{11} = \sin\theta\,, \quad P_{10} = \cos\theta\,, \\
&P_{22} = 3\sin^2\theta\,, \quad P_{21} = 3\sin\theta\cos\theta\,, \quad P_{20} = \frac{1}{2}(3\cos^2\theta - 1)\,.
\end{aligned} \tag{6.7}
$$

Die Kugelfunktionen $Y_{lm}(\theta, \varphi)$ (siehe Gl. (5.14)) lassen sich als Produkt der Legendre-Funktionen und der $g(\varphi)$-Funktionen schreiben.

6.1.2 Die Radialgleichung

Die Differentialgleichung für die Radialfunktion $R(r)$ lautet

$$\frac{\mathrm{d}}{\mathrm{d}r}\left(r^2\frac{\mathrm{d}R}{\mathrm{d}r}\right) - \frac{2m_e r^2}{\hbar^2}[V(r) - E]\,R - l(l+1)R = 0\,. \tag{6.8}$$

Die allgemeine Lösung dieser Differentialgleichung wird in Anhang D konstruiert. Hier beschränken wir uns der Einfachheit halber auf den Spezialfall $l = 0$. Um dafür eine Lösung zu finden, schreiben wir die Differentialgleichung in der Form

$$R'' + \frac{2}{r}R' + \frac{c_1}{r}R + c_2 R = 0 \quad \text{mit} \quad c_1 = \frac{2m_e e^2}{\hbar^2 4\pi\varepsilon_0}\,, \quad c_2 = \frac{2m_e}{\hbar^2}E\,. \tag{6.9}$$

Als einfachste Lösung erweist sich die Exponentialfunktion

$$R(r) = e^{-r/a_0} \tag{6.10}$$

mit einer noch zu bestimmenden Konstanten a_0. Die zweite Lösung der Differentialgleichung ist die Funktion $R(r) = \exp(+r/a_0)$, aber sie ist nicht zulässig, da sie für $r \to \infty$ divergiert und eine nicht normierbare Wellenfunktion ergeben würde. Einsetzen von (6.10) in die Gl. (6.9) und Multiplikation mit $\exp(+r/a_0)$ ergibt

$$\left(\frac{1}{a_0^2} + c_2\right) + \left(c_1 - \frac{2}{a_0}\right)\frac{1}{r} = 0\,.$$

Diese Gleichung muss für alle Werte von r gelten, daher müssen die beiden Klammern verschwinden. Daraus folgen die beiden Bedingungen

$$a_0 = \frac{2}{c_1}\,, \quad c_2 = -\frac{1}{a_0^2}\,.$$

Setzen wir die Ausdrücke für c_1 und c_2 ein, so erhalten wir

$$a_0 = \frac{4\pi\varepsilon_0\hbar^2}{m_e e^2} = 0{,}529 \cdot 10^{-10}\,\mathrm{m}\,, \quad E = -\frac{1}{2}\cdot\frac{e^2}{4\pi\varepsilon_0 a_0} = -13{,}6\,\mathrm{eV}\,. \tag{6.11}$$

Die Größe a_0 nennt man den Bohr'schen Radius (s. Kap. 6.3), und E erweist sich als die Energie des Grundzustands des H-Atoms, vgl. Gl. (6.14). Bis auf eine Normierungskonstante ist die Funktion (6.10) identisch mit der Wellenfunktion des H-Atoms im Grundzustand.

In Anhang D wird bewiesen, dass die allgemeinen Lösungen der Differentialgleichung (6.8) die Radialfunktionen $R_{nl}(r)$ sind. Sie lassen sich als Produkt eines Polynoms des Grades $(n-1)$ in der Variablen $r/(n\,a_0)$ und der Exponentialfunktion $\exp(-r/(n\,a_0))$ darstellen. Für $n = 1, 2, 3$ haben die normierten Radialfunktionen die Gestalt

$$\begin{aligned}
R_{1\,0} &= \frac{2}{a_0^{3/2}} \exp(-r/a_0)\,, \\
R_{2\,0} &= \frac{1}{\sqrt{2}\,a_0^{3/2}} \left(1 - \frac{r}{2a_0}\right) \exp(-r/(2a_0))\,, \\
R_{2\,1} &= \frac{1}{\sqrt{6}\,a_0^{3/2}} \frac{r}{2a_0} \exp(-r/(2a_0))\,, \\
R_{3\,0} &= \frac{2}{\sqrt{27}\,a_0^{3/2}} \left(1 - 2\frac{r}{3a_0} + \frac{2}{3}\left(\frac{r}{3a_0}\right)^2\right) \exp(-r/(3a_0))\,, \\
R_{3\,1} &= \frac{8}{9\sqrt{6}\,a_0^{3/2}} \left(\frac{r}{3a_0} - \frac{1}{2}\left(\frac{r}{3a_0}\right)^2\right) \exp(-r/(3a_0))\,, \\
R_{3\,2} &= \frac{4}{9\sqrt{30}\,a_0^{3/2}} \left(\frac{r}{3a_0}\right)^2 \exp(-r/(3a_0))\,.
\end{aligned} \tag{6.12}$$

Die Radialfunktionen hängen nur von der Hauptquantenzahl n und der Bahndrehimpuls-Quantenzahl l ab, während die magnetische Quantenzahl m nicht eingeht. Ebenso wie die Kugelfunktionen sind sie auf 1 normiert:

$$\int_0^\infty |R_{nl}(r)|^2 r^2\,\mathrm{d}r = 1\,. \tag{6.13}$$

Die Energiewerte ergeben sich zu (s. Anhang D)

$$\boxed{E_n = -\frac{1}{2}\frac{e^2}{4\pi\varepsilon_0 a_0} \cdot \frac{1}{n^2} = -\frac{13{,}6}{n^2}\,\mathrm{eV} \quad \text{mit} \quad n = 1, 2, 3, \ldots\,.} \tag{6.14}$$

Wir erhalten das fundamentale Resultat, dass die Schrödinger-Gleichung genau die Energieniveaus des Bohr'schen Atommodells wiedergibt.

Entartung

Eine Besonderheit der nichtrelativistischen Quantenmechanik ist, dass die Energieniveaus des H-Atoms nur von der Hauptquantenzahl n abhängen und nicht von l

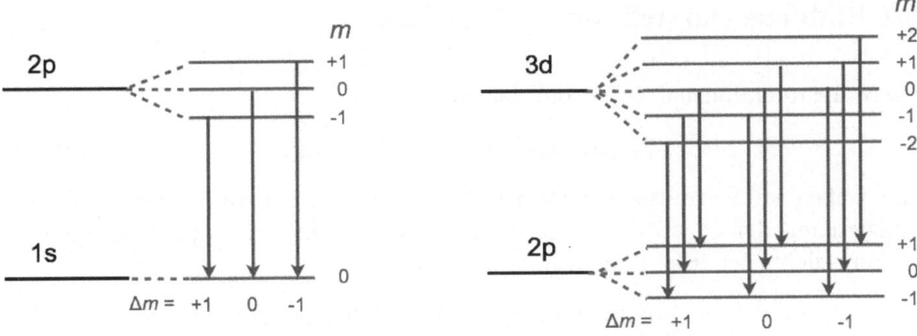

Abb. 6.1 Der normale Zeeman-Effekt für die Niveaus 1s ($n = 1,\ l = 0$), 2p ($n = 2,\ l = 1$) und 3d ($n = 3,\ l = 2$) und die erlaubten optischen Übergänge, die der Auswahlregel $\Delta m = 0,\ \pm 1$ gehorchen, s. Kap. 10. Es wird hier die spektroskopische Notation benutzt: die Buchstaben s, p, d, f... bedeuten $l = 0,\ 1,\ 2,\ 3\ldots$

und m. Für festes n kann l die Werte $l = 0,\ 1,\ (n-1)$ annehmen (dies erkennt man leicht aus Gl. (D.9)) und m die Werte $-l \leq m \leq +l$. Daher gibt es

$$\sum_{l=0}^{n-1}(2l + 1) = n^2 \tag{6.15}$$

verschiedene Eigenfunktionen zum gleichen Energiewert E_n . Bei Berücksichtigung der zwei Spineinstellungen des Elektrons sind es $2n^2$. Die Tatsache, dass mehrere Eigenzustände die gleiche Energie haben, nennt man – reichlich unpassend – *Entartung*.

In einem externen Magnetfeld wird die Drehimpuls-Entartung aufgehoben. Die Richtungsquantelung des Drehimpulses kann „sichtbar" gemacht werden, da die verschiedenen Einstellungen des mit der Bahnbewegung verknüpften magnetischen Moments zu einer Energieaufspaltung der Niveaus führen. Die potentielle Energie ist

$$E_{\text{pot}} = -\boldsymbol{\mu}_e \cdot \boldsymbol{B} = m\,\mu_{\text{B}}\,B \tag{6.16}$$

Man nennt dies den (normalen) Zeeman-Effekt. Die Energieaufspaltungen sind in Abb. 6.1 skizziert. Anzumerken ist, dass der normale Zeeman-Effekt eigentlich der Ausnahmefall ist, weil der Spin und das magnetische Eigenmoment des Elektrons die Aufspaltungen im H-Atom und den meisten anderen Atomen komplizierter machen. Der Regelfall ist der „anomale" Zeeman-Effekt, auf den wir hier nicht eingehen wollen.

Bei Berücksichtigung relativistischer Korrekturen sowie interner Magnetfelder wird die Entartung auch ohne externe Felder weitgehend aufgehoben, die Energieniveaus hängen dann auch von den anderen Quantenzahlen ab. In „wasserstoffähnlichen" Atomen wie Lithium und Natrium hängen die Energiewerte ohnehin stark von der Bahndrehimpuls-Quantenzahl l ab.

6.2 Bildliche Darstellung des H-Atoms

Die Wellenfunktionen des H-Atoms lauten

$$\psi_{nlm}(r,\theta,\varphi) = R_{nl}(r)\,Y_{lm}(\theta,\varphi)\,. \tag{6.17}$$

Die Wahrscheinlichkeitsdichte ist das Absolutquadrat der Wellenfunktion. Multipliziert mit der negativen Elementarladung ergibt sich die negative elektrische Ladungsdichte der „Elektronenwolke" des Atoms:

$$\rho_{\mathrm{el}}(r,\theta,\varphi) = -e\,|\psi_{nlm}(r,\theta,\varphi)|^2\,. \tag{6.18}$$

Diese Ladungsdichte wollen wir nun bildlich darstellen, wobei wir das negative Vorzeichen ignorieren.

6.2.1 Abhängigkeit der Ladungsdichte vom Radius

Die Radialfunktionen $R_{10}(r)$, $R_{20}(r)$ und $R_{21}(r)$ sind in den Abbildungen 6.2 und 6.3 als Funktion des normierten Radius r/a_0 aufgetragen. Das bemerkenswerte Resultat ist, dass die Funktionen $R_{10}(r)$ und $R_{20}(r)$ ihr Maximum bei $r = 0$ haben. Das Elektron hält sich also mit großer Wahrscheinlichkeit direkt am Ort des Atomkerns auf. Dies ist völlig anders als im Bohr'schen Atommodel (s. Kap. 6.3).

Oft ist es von Interesse zu wissen, mit welcher Wahrscheinlichkeit sich das Elektron zwischen zwei Kugelflächen der Radien r und $r + \mathrm{d}r$ befindet. Dazu integriert man $|\psi_{nlm}(r,\theta,\varphi)|^2$ über den Raumwinkel $\mathrm{d}\Omega$ und erhält damit die *radiale Aufenthaltswahrscheinlichkeit*

$$P_{nl}(r) = N_{nl}\,r^2\,|R_{nl}(r)|^2 \tag{6.19}$$

mit einem Normierungsfaktor N_{nl}, der für $l = 0$ den Wert 4π hat. Es ist interessant anzumerken, dass das Maximum der radialen Aufenthaltswahrscheinlichkeit in der Nähe der Bohr'schen Bahn für die jeweilige Quantenzahl n liegt (im Bohr-Modell gilt $r_n = n^2 a_0$, d. h. $r_1 = a_0$, $r_2 = 4a_0$).

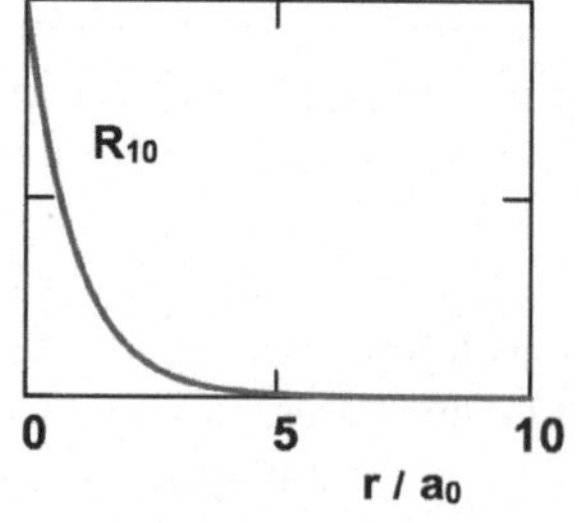

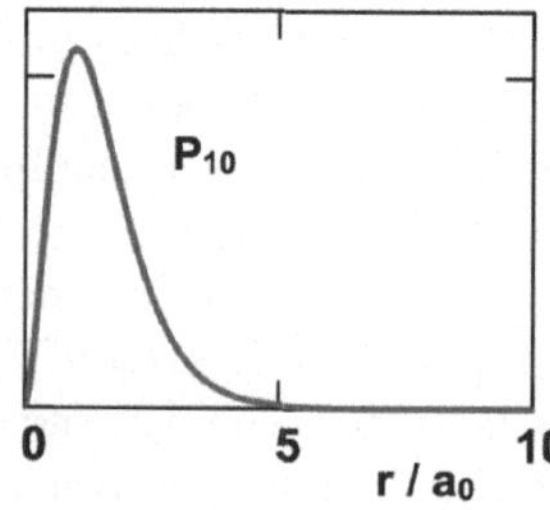

Abb. 6.2 *Links* ist die Radialfunktion $R_{10}(r)$ als Funktion von r/a_0 aufgetragen, *rechts* die radiale Aufenthaltswahrscheinlichkeit $P_{10}(r) = 4\pi r^2\,|R_{10}(r)|^2$

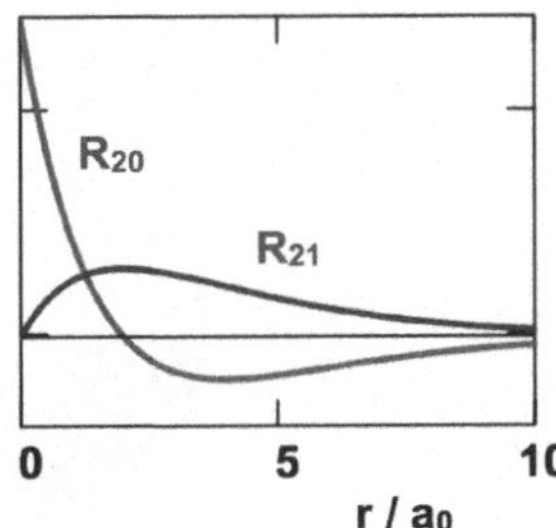

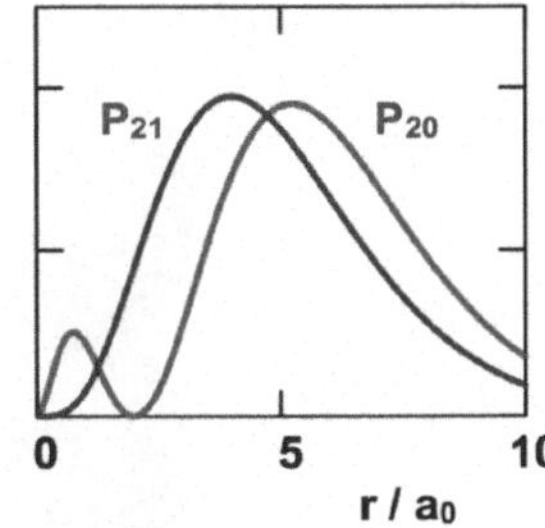

Abb. 6.3 *Links*: die Radialfunktionen $R_{20}(r)$ (*rot*) und $R_{21}(r)$ (*blau*) als Funktion von r/a_0. *Rechts*: die zugehörigen radialen Aufenthaltswahrscheinlichkeiten $P_{20}(r)$ und $P_{21}(r)$

6.2.2 Räumliche Verteilung der Ladungsdichte

Um einen Eindruck von der dreidimensionalen Verteilung der Elektronenwolke zu gewinnen, trägt man das Absolutquadrat der Kugelfunktionen Y_{lm} in einem (θ, φ)-Polardiagramm auf. Dabei bleibt allerdings die r-Abhängigkeit der Wellenfunktion unberücksichtigt. Um auch noch die radiale Dichteverteilung zu erkennen, kann man ein Schnittbild des Atoms anfertigen, indem man die Wahrscheinlichkeitsdichte $|\psi_{nlm}(x, y, z)|^2$ in der Ebene $y = 0$ als Funktion von x und z aufträgt.

Die entsprechenden Bilder werden in Abb. 6.4 für den Grundzustand 1s ($n = 1$, $l = 0$, $m = 0$) gezeigt. Die s-Zustände mit Bahndrehimpuls $l = 0$ sind kugelsymmetrisch, weil die Winkelfunktion Y_{00} eine Konstante ist und nicht von θ und φ abhängt. Aus dem rechten Bild in Abb. 6.4 kann man sehr schön erkennen, dass die Wahrscheinlichkeitsdichte ihr Maximum bei $r = 0$ annimmt, also wenn sich das Elektron genau am Ort des Atomkerns befindet.

Interessante Muster ergeben sich für größere Werte von n und l. Die Winkelverteilungen sind für $l > 0$ nicht mehr kugelsymmetrisch. Die beiden 2p-Zustände werden in Abb. 6.5 gezeigt. Es gibt drei 3d-Zustände mit den Quantenzahlen

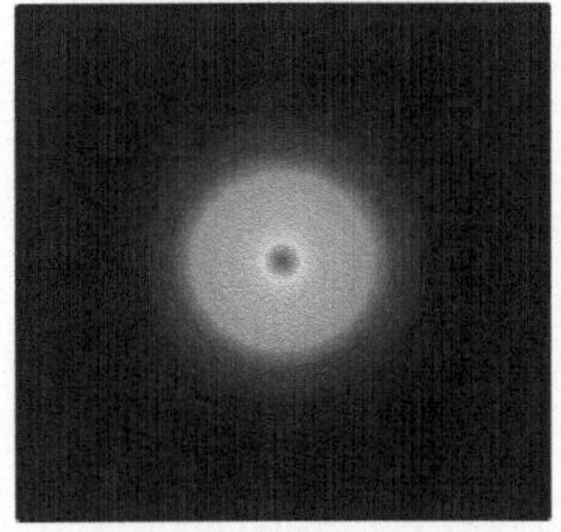

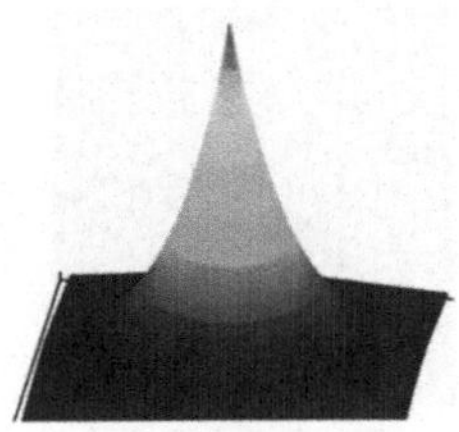

Abb. 6.4 Die räumliche Verteilung der Wahrscheinlichkeitsdichte $|\psi_{100}(x, y, z)|^2$ im Grundzustand des H-Atoms. *Links*: Winkelverteilung von $|Y_{00}|^2$. *Mitte*: $|\psi_{100}(x, 0, z)|^2$ ist in einer Farbcodierung in der xz-Ebene aufgetragen. Die Farbcodierung ist so gewählt, dass rot hohe Werte bedeutet, blau-violett niedrige Werte. *Rechts*: die Wahrscheinlichkeitsdichte $|\psi_{100}(x, 0, z)|^2$ als Funktion von x und z

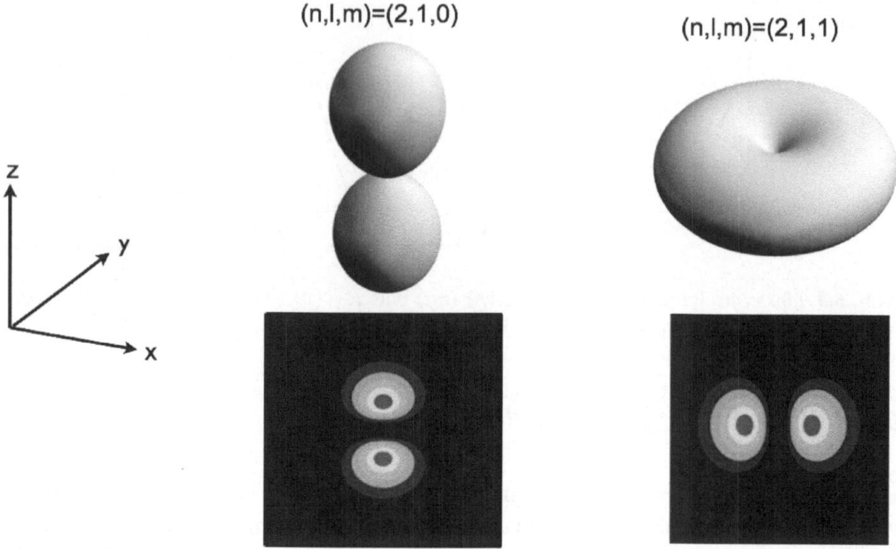

Abb. 6.5 Bilder der 2p-Zustände des Wasserstoffatoms. Die oberen Bilder zeigen die Winkelverteilungen der 2p-Zustände, links für die Quantenzahlen $(n, l, m) = (2, 1, 0)$, rechts für $(n, l, m) = (2, 1, 1)$. Darunter sind die Wahrscheinlichkeitsdichten $|\psi_{210}(x, 0, z)|^2$ und $|\psi_{211}(x, 0, z)|^2$ in einer Farbcodierung in der xz-Ebene aufgetragen

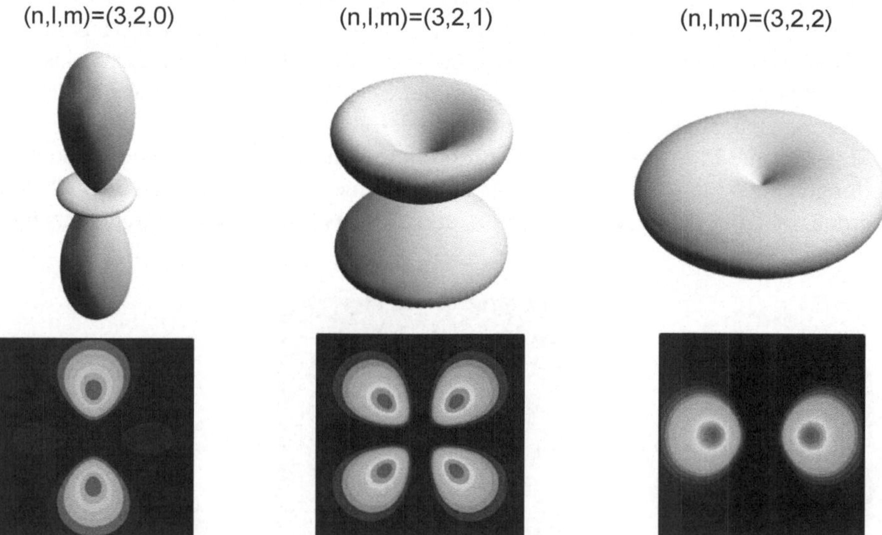

Abb. 6.6 Bilder der 3d-Zustände des Wasserstoffatoms. Die *oberen Bilder* zeigen die Winkelverteilungen der 3d-Zustände, *links* für die Quantenzahlen $(n, l, m) = (3, 2, 0)$, in der *Mitte* für $(n, l, m) = (3, 2, 1)$, *rechts* für $(n, l, m) = (3, 2, 2)$. Darunter sind die Wahrscheinlichkeitsdichten $|\psi_{320}(x, 0, z)|^2$, $|\psi_{321}(x, 0, z)|^2$ und $|\psi_{322}(x, 0, z)|^2$ in einer Farbcodierung in der xz-Ebene aufgetragen

$(n,l,m) = (3,2,0)$, $(n,l,m) = (3,2,1)$ und $(n,l,m) = (3,2,2)$. Die zugehörigen „Elektronenwolken“ werden in Abb. 6.6 gezeigt.

6.3 Historische und didaktische Anmerkungen

Die Sonne oder eine Glühlampe senden ein kontinuierliches Spektrum aus, aber einzelne Atome emittieren diskrete Spektrallinien. Die von Balmer, Rydberg und anderen gefundene Formel für die reziproken Wellenlängen im Linienspektrum des Wasserstoffatoms lautet

$$\frac{1}{\lambda} = R_H \left(\frac{1}{n^2} - \frac{1}{n'^2} \right) .$$

Für die teilweise im Sichtbaren liegende Balmer-Serie ist $n = 2$ und $n' = 3, 4, 5 \ldots$. Die Größe R_H nennt man die Rydbergkonstante. Die Linienspektren stellten die klassische Physik des 19. Jahrhunderts vor unlösbare Probleme. Wir diskutieren einige Schritte auf dem Weg zu einer Theorie, die imstande war, die Spektrallinien der Atome zu erklären.

6.3.1 Das Atommodell von Rutherford

Die von Geiger und Marsden durchgeführten Streuexperimente von α-Strahlen an dünnen Goldfolien und ihre Deutung durch Lord Rutherford führten zum *Rutherford-Modell* des Atoms: die positive Ladung und fast die gesamte Masse befinden sich in einem winzigen Kern (diese Aussage ist auch heute noch gültig), die leichten negativ geladenen Elektronen bewegen sich auf Kreisbahnen um den Kern (diese Aussage ist aus heutiger Sicht nicht mehr gültig). Das Atom ähnelt somit dem System Sonne-Erde. Auf das Elektron im H-Atom wirkt das Coulomb-Potential

$$V(r) = -\frac{e^2}{4\pi\varepsilon_0 r} . \qquad (6.20)$$

Eine zweidimensionale Repräsentation wird in Abb. 6.7 gezeigt. Aus der Gleichsetzung von Coulombkraft und Zentripetalkraft kann man die Umlauffrequenz des Elektrons in Abhängigkeit vom Bahnradius berechnen und zeigen, dass sie mit kleiner werdendem Radius rasch anwächst. Die Kreis- oder Ellipsenbahnen der Planeten um die Sonne sind stabil. Dagegen sind die Kreisbahnen der Elektronen im Atom instabil. Die Kreisbewegung kann als Überlagerung von zwei orthogonalen harmonischen Schwingungen dargestellt werden, und nach den Gesetzen der Elektrodynamik emittiert eine schwingende Ladung ständig elektromagnetische Strahlung. Wegen des damit verbundenen Energieverlustes müsste sich das Elektron immer mehr dem Atomkern annähern und nach ca. 10^{-12} s im Kern verschwinden. Das

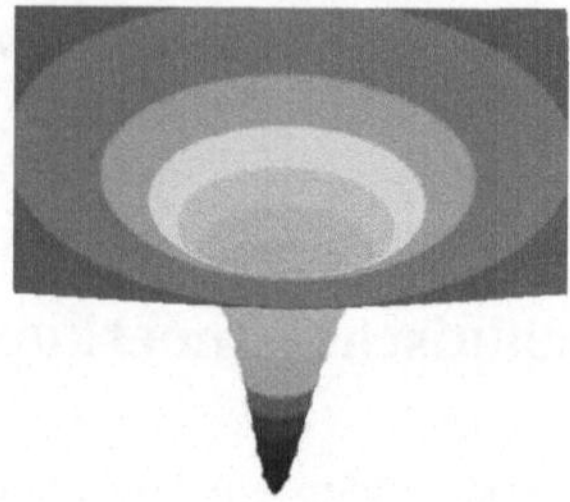

Abb. 6.7 Zweidimensionale Repräsentation des Coulombpotentials im Rutherford-Atom. Das Gravitationspotential hat auch diese Trichterform. Aus Metall oder Kunststoff hergestellte Modelle sind oft zu sehen. Lässt man eine Münze parallel zu den Kreisen loslaufen, so spiralt diese nach innen, wird dabei immer schneller und verschwindet schließlich im zentralen Loch. Entsprechend muss man sich die Bewegung des Elektrons im Rutherford-Atom vorstellen

Problem ist dann: warum gibt es überhaupt stabile Atome? Dieses Problem erwies sich als unlösbar im Rahmen der klassischen Physik.

6.3.2 Das Atommodell von Bohr

Im Jahr 1913 schlug Niels Bohr sein berühmtes Atommodell vor, das so konstruiert war, dass es die von Balmer und anderen gefundenen Formeln der Spektralserien des Wasserstoffs erklären konnte. Ausgehend von dem Befund, dass sich das Rutherford-Atom als instabil erwiesen hatte, machte Bohr die für seine Zeitgenossen befremdliche Annahme, dass die Gesetze der klassischen Physik nicht notwendigerweise auch im atomaren Bereich gelten. Er stellte drei Postulate auf, die in der klassischen Physik nicht gültig sind:

(1) Die Elektronen bewegen sich auf Kreisbahnen um den Kern, aber es gibt stationäre Bahnen, auf denen die Teilchen nicht strahlen.

(2) Strahlung wird emittiert, wenn ein Elektron von einer Bahn höherer Energie auf eine Bahn geringerer Energie überwechselt. Die (Kreis)frequenz der Strahlung ist gegeben durch die Energiedifferenz zwischen Anfangs- und Endbahn: $\hbar\omega = E_{\text{anf}} - E_{\text{end}}$.

(3) Auf einer stationären Bahn hat der Bahndrehimpuls den Wert $L = n\,\hbar$, wobei $n = 1, 2, 3 \ldots$ ist. Die natürliche Zahl n wird zur Kennzeichnung der jeweiligen Bahn benutzt.

Abgesehen von diesen Postulaten wird im Bohr-Modell die klassische Physik benutzt. Aus der Gleichsetzung von Coulombkraft und Zentripetalkraft

$$\frac{e^2}{4\pi\varepsilon_0 r^2} = \frac{m_e v^2}{r}$$

findet man für die kinetische Energie als Funktion des Bahnradius

$$\frac{1}{2} m_e v^2 = \frac{1}{2} \frac{e^2}{4\pi\varepsilon_0 r} . \tag{6.21}$$

Mit Hilfe von Postulat (3) wird die Geschwindigkeit v eliminiert

$$L = m_e r_n v_n = n\hbar \quad \Rightarrow \quad v_n = \frac{n\hbar}{m_e r_n} .$$

Mit (6.21) folgt daraus für den Radius der Bahn n

$$r_n = \frac{4\pi\varepsilon_0 \hbar^2}{m_e e^2} \cdot n^2 \equiv a_0 \cdot n^2 \tag{6.22}$$

und die Energie des Elektrons auf dieser Bahn

$$E_n = \frac{1}{2} m_e v_n^2 - \frac{e^2}{4\pi\varepsilon_0 r_n} = -\frac{1}{2} \frac{e^2}{4\pi\varepsilon_0 a_0} \frac{1}{n^2} = -\frac{13{,}6\,\text{eV}}{n^2} . \tag{6.23}$$

Die mit Hilfe der Schrödinger-Gleichung berechneten Energie-Eigenwerte (6.14) stimmen damit überein. Die charakteristische Größe a_0 nennt man den *Bohr'schen Radius*

$$a_0 = \frac{4\pi\varepsilon_0 \hbar^2}{m_e e^2} = 0{,}53 \cdot 10^{-10}\,\text{m} . \tag{6.24}$$

Das Niveauschema von Wasserstoff ist in Abb. 6.8 skizziert.

Leistungen und Grenzen des Bohr'schen Atommodells

Aus heutiger Sicht ist das Bohr'sche Atommodell falsch, denn es beruht auf der Annahme, dass das Elektron den Atomkern auf wohldefinierten Bahnen umkreist. Bei der Diskussion des Doppelspaltexperiments haben wir aber gesehen, dass es unzulässig ist, von einer Bahnkurve in atomaren Dimensionen zu sprechen. Aus der Unschärferelation ergibt sich, dass man den Ort des Elektrons nur mit einer Unsicherheit festlegen kann, die in der Größenordnung des Atomdurchmessers liegt, so dass die Angabe einer Bahn innerhalb des Atoms sinnlos wird. Trotz dieser grundsätzlichen Einwände (die 1913 unbekannt waren), hat das Bohr-Modell einen großen historischen Wert, denn es war ein entscheidender Schritt auf dem Weg zu der korrekten Atomtheorie.

Niels Bohr hat zwei wesentliche neue Aspekte in die Physik eingebracht, die – in leicht abgewandelter Form – auch heute noch Gültigkeit haben:

(1) es gibt stationäre Zustände im Atom, in denen das Elektron keine Strahlung emittiert;
(2) Strahlung wird genau dann emittiert oder absorbiert, wenn das Elektron von einem stationären Zustand in einen anderen übergeht.

Die dritte Neuerung im Vergleich zur klassischen Physik ist die Quantisierung des Bahndrehimpulses, die allerdings – wie wir aus Kap. 5 wissen – in der Quantenme-

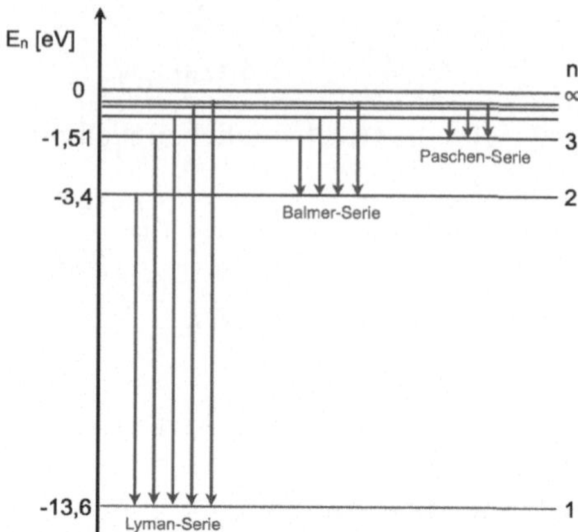

Abb. 6.8 Die Energieniveaus des H-Atoms nach dem Bohr'schen Atommodell. Eingezeichnet sind auch die Spektralserien (Lyman-Serie, Balmer-Serie, Paschen-Serie)

chanik komplizierter ist als im Bohr-Modell. Insbesondere haben der Grundzustand 1s und die angeregten Zustände 2s, 3s, 4s,... einen Bahndrehimpuls null, was im Planetenmodell des H-Atoms unmöglich ist.

Die großen Unterschiede zwischen dem Schrödinger-Bild des Atoms und dem Bohr'schen Atommodell erkennt man in Abb. 6.9. Im Schrödinger-Bild besteht für das Elektron eine große Wahrscheinlichkeit, direkt am Ort des Atomkerns gefunden zu werden, während es im Bohr'schen Atommodell immer einen relativ großen Abstand a_0 vom Kern hat. Es gibt überzeugende experimentelle Beweise, dass das Schrödinger-Bild korrekt ist.

Wie kann man die befremdliche Vorhersage der Quantentheorie prüfen, dass das Elektron mit großer Wahrscheinlichkeit direkt am Ort des Atomkerns gefunden werden kann? Dafür sind zwei Systeme geeignet, die dem Wasserstoffatom ähneln: man kann den Kern durch ein Positron ersetzen, oder man kann das Elektron durch ein Antiproton ersetzen. Diese aus Teilchen und Antiteilchen bestehenden gebundenen Systeme, Positronium und Antiprotonium, besitzen praktisch die gleichen Wellenfunktionen und Energieniveaus wie das H-Atom, man muss nur in den jeweiligen Gleichungen die Elektronenmasse m_e durch die reduzierte Masse m_{red} ersetzen. Im Fall des Positroniums e^+e^- ist $m_{\text{red}} = m_e/2$, die Energie des Grundzustands ist daher $-13{,}6\,\text{eV}/2 = -6{,}8\,\text{eV}$. Teilchen und Antiteilchen können sich gegenseitig annihilieren, wenn sie einander sehr nahe kommen. Bei der Elektron-Positron-Annihilation entstehen, je nach Spineinstellung, zwei oder drei γ-Quanten, bei der Proton-Antiproton-Annihilation entstehen mehrere π-Mesonen. Experimentell wird beobachtet, dass Positronium und Antiprotonium beide nur begrenzte Lebensdauer haben und durch Annihilation verschwinden. Die Annihilation kann nur bei extrem kleinen Abständen eintreten. Im Bohr'schen Atommodell sind die Abstände viel zu groß dafür.

Ein weiterer, unabhängiger Beweis für die Richtigkeit des Schrödingerbildes des Atoms ist der sog. K-Einfang (*electron capture*). Instabile Atomkerne mit einem

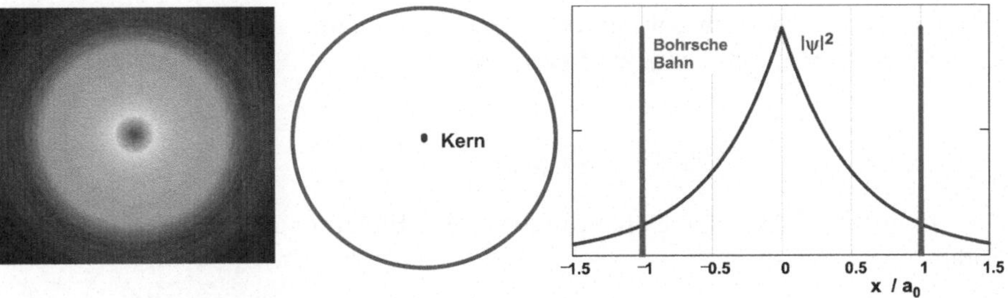

Abb. 6.9 *Links*: Bild des Wasserstoffatoms im Grundzustand in der Schrödingertheorie. Die Wahrscheinlichkeitsdichte $|\psi_{100}(x, y, z)|^2$ wird für $y = 0$ als Funktion von x und z gezeigt. Das Maximum liegt bei $x, y, z = 0$, also genau im Atomkern. *Mitte*: die ($n = 1$)-Kreisbahn im Bohr'schen Atommodell. Das Elektron hat immer einen relativ großen Abstand a_0 vom Kern. Rechts: Schnitt durch das H-Atom entlang der x-Achse. Aufgetragen ist die Wahrscheinlichkeitsdichte $|\psi_{100}(x, 0, 0)|^2$ als Funktion von x/a_0 für $y = z = 0$. Gezeigt wird auch die Lage der Kreisbahn im Bohr'schen Atommodell

überzähligen Proton können sich entweder durch den β^+-Zerfall oder durch K-Einfang in einen stabilen Kern umwandeln. Bei dem Einfangprozess reagiert ein Elektron aus der K-Schale mit einem Proton im Kern und wandelt dieses durch einen Prozess der schwachen Wechselwirkung in ein Neutron um:

$$p + e^- \to n + \nu_e \qquad (\nu_e \text{ ist das Elektron-Neutrino}).$$

Das ist nur möglich, weil sich das 1s-Elektron mit großer Wahrscheinlichkeit mitten im Kern aufhalten kann. Die Reichweite der schwachen Wechselwirkung ist sehr viel kleiner als der Protonradius.

Die Begrenzungen des Bohr'schen Atommodells zeigen sich an vielen anderen Stellen. Mit diesem Modell können Mehrelektronen-Atome überhaupt nicht beschrieben werden. Die von Werner Heisenberg, Erwin Schrödinger und vielen anderen entwickelte Quantenmechanik hat sich als die umfassende Theorie erwiesen. Niels Bohr selbst hat bei der Entwicklung dieser Theorie eine herausragende Rolle gespielt. In den Jahren um 1925 waren Göttingen und Kopenhagen die Zentren der theoretischen Physik.

Optische Übergänge und Korrespondenzprinzip

Bei dem Übergang des Elektrons von einem Energieniveau E_n auf ein Niveau E_n' ($n' < n$) wird ein Photon der (Kreis)-Frequenz

$$\omega_{n,n'} = \frac{1}{2\hbar} \frac{e^2}{4\pi\varepsilon_0 a_0} \left(\frac{1}{n'^2} - \frac{1}{n^2} \right)$$

emittiert. Nun betrachten wir den Fall, dass die Hauptquantenzahl n sehr groß ist und wählen $n' = n - 1$. Dann wird näherungsweise

$$\omega_{n,n-1} \approx \frac{e^2}{4\pi\varepsilon_0 a_0 n^3 \hbar} \quad \text{für} \quad n \gg 1\,.$$

Dies ist identisch mit der Umlauffrequenz des Elektrons auf der Kreisbahn mit Radius r_n:

$$\omega_n = \frac{v_n}{r_n} = \frac{e^2}{4\pi\varepsilon_0 a_0 n^3 \hbar}\,.$$

Die Frequenz der ausgesandten Strahlung stimmt daher mit der Umlauffrequenz des Elektrons überein, wie man aufgrund der klassischen Elektrodynamik erwarten würde. Dies ist ein wichtiges Beipiel für das Korrespondenzprinzip: im Limes großer Quantenzahlen gehen die Aussagen der Quantentheorie in die der klassischen Physik über. Bei kleinen Quantenzahlen erhält man dagegen völlig verschiedene Resultate.

Zusammenfassung

1. Die Schrödunger-Gleichung des H-Atoms kann in zwei getrennte Differentialgleichungen für die Winkelfunktion und die Radialfunktion überführt werden.
2. Im Grundzustand des Wasserstoff-Atoms ist die Wellenfunktion kugelsymmetrisch und hängt vom Radius in der Form $\exp(-r/a_0)$ ab, wobei $a_0 = 4\pi\varepsilon_0\hbar^2/(m_e e^2) = 0{,}53{\cdot}10^{-10}$ m der Bohr'sche Radius ist. Die Grundzustandsenergie ist $E_1 = -e^2/(8\pi\varepsilon_0 a_0) = -13{,}6\,\text{eV}$.
3. Die allgemeinen Lösungen der Winkelgleichung sind die Kugelfunktionen $Y_{lm}(\theta,\varphi)$. Die Bahndrehimpuls-Quantenzahl durchläuft die ganzzahligen Werte $l = 0,\ 1, \ldots (n-1)$. Die magnetische Quantenzahl m kann die Werte $-l,\ -l + 1, \ldots, +l$ annehmen.
4. Die allgemeinen Lösungen der Radialgleichung sind die Funktionen $R_{nl}(r)$, die sich als Produkt eines Polynoms des Grades $(n-1)$ in der Variablen $r/(n\,a_0)$ und der Exponentialfunktion $\exp(-r/(n\,a_0))$ darstellen lassen. In der nichtrelativistischen Quantenmechanik hängt die Energie nur von der Hauptquantenzahl n ab: $E_n = E_1/n^2 = -(13{,}6/n^2)\,\text{eV}$. In einem externen Magnetfeld bewirkt der Zeeman-Effekt eine Aufspaltung der Energieniveaus.
5. Im Bohr'schen Atommodell läuft das Elektron auf einer Kreisbahn um den Atomkern, deren Radius quadratisch mit der Hauptquantenzahl anwächst: $r_n = n^2 a_0$. Im Schrödinger-Atom hat das Elektron keine definierte Bahn, sondern bildet eine diffuse Ladungswolke. Aus der Unschärferelation folgt, dass die Orts-Ungenauigkeit ungefähr gleich dem Atomdurchmesser ist. Im Grundzustand 1s hat die Wahrscheinlichkeitsdichte ihren Maximalwert am Ort des Kerns bei $r = 0$. Ein experimenteller Beweis dafür ist die Teilchen-Antiteilchen-Annihilation im Positronium und Antiprotonium. Die radiale Aufenthaltswahr-

scheinlichkeit $P_{10}(r) = 4\pi r^2 |R_{10}(r)|^2$ hat ihr Maximum in der Nähe von $r_1 = a_0$.

6. Die räumliche Verteilung der Ladungsdichte wird durch das Absolutquadrat der Kugelfunktionen beschrieben.

Aufgaben

6.1) Berechne die Radialfunktionen $R_{nl}(r)$ des H-Atoms für $n = 2, 3$ mit Hilfe der in Anhang D angegebenen Rekursionsformel (auf die Normierung kommt es hier nicht an).

6.2) Eindimensionales Modell des H-Atoms. Die dreidimensionalen Rechnungen in diesem Kapitel sind viel zu schwierig für die Schule, daher betrachten wir als extrem vereinfachtes Modell eines Atoms den eindimensionalen Potentialtopf aus Kap. 3.2, der die Breite $a = 2b = 1\,\text{nm}$ und die Tiefe $-V_0$ mit $V_0 = 10\,\text{eV}$ hat. Berechne die Ionisationsenergie. Für die Schule ist auch der endliche Potentialtopf zu kompliziert, daher soll hier zum Vergleich ein Topf mit unendlich hohen Wänden betrachtet werden, der ebenfalls die Tiefe $-V_0$ hat. Vergleiche die Energieniveaus der beiden Töpfe für $n = 1, 2, 3, 4$.

6.3) Betrachtet wird der Grundzustand des H-Atoms, $\psi_{100} \sim \exp(-r/a_0)$.
a) Zeige, dass die Normierungskonstante gegeben ist durch $N = 1/\sqrt{\pi a_0^3}$.
b) Berechne die Unschärfen Δx und Δp_x und zeige, dass die Unschärferelation erfüllt ist. Hinweis: es gilt $\langle x^2 \rangle = \langle r^2 \rangle / 3$.

6.4) Zeige, dass ψ_{100} keine Eigenfunktion der Operatoren der kinetischen und potentiellen Energie ist. Berechne die Erwartungswerte dieser Operatoren und vergleiche diese mit der kinetischen und potentiellen Energie des Elektrons im Bohr'schen Atommodell. Ist das Ehrenfest-Theorem erfüllt?

6.5) Spektrum des antiprotonischen Neons. Langsame Antiprotonen können von Atomkernen eingefangen werden. Wegen seiner höheren Masse befindet sich das Antiproton viel näher am Kern als die Hüllenelektronen des Atoms (Beweis?), so dass man deren Abschirmwirkung weitgehend vernachlässigen kann. Antiprotonen werden in hohen Quantenzuständen n eingefangen (typisch $n > 12$) und durchlaufen dann sukzessive die Übergänge $n \to (n-1) \to (n-2) \to (n-3) \to (n-4)\ldots$. Beim antiprotonischen Neon wurden scharfe Spektrallinien mit folgenden Energien gemessen: 17,5 keV, 11,4 keV, 7,8 keV, 5,6 keVund 4,1 keV. Diese Linien sollen mit Hilfe des Bohr'schen Atommodells erklärt werden. Welche Quantenzahlen n treten dabei auf? Kann man die Messung auch mit der Schrödinger-Gleichung erklären?

6.6) Mesonisches und antiprotonisches H-Atom. a) Von Panofsky wurde die Masse der negativ geladenen π-Mesonen durch Einfang in Wasserstoff bestimmt. Bei dem Einfang wird das Elektron aus dem Atom herausgeschleudert, und es bildet sich ein π-mesonisches Atom. Im 1s-Zustand kann die Reaktion $\pi^- + p \to n + \gamma$ auftreten.

Wie groß ist die Wahrscheinlichkeit, dass der Abstand zwischen Proton und Meson kleiner als $d = 2 \cdot 10^{-15}$ m (ungefähre Reichweite der starken Wechselwirkung) ist?
b) Das antiprotonische H-Atom ist ein gebundenes $p\overline{p}$–System. Welchen Wert hat die Grundzustandsenergie und wie groß ist die Wahrscheinlichkeit, dass der Abstand zwischen Proton und Antiproton kleiner als $2 \cdot 10^{-15}$ m wird, so dass die Proton-Antiproton-Annihilation eintreten kann?

6.7) Die kombinierte Bahn-Spin-Funktion eines Elektrons im H-Atom sei gegeben durch

$$\Psi = R_{21}(r)\left(\sqrt{\frac{1}{3}}\,Y_{11}(\theta,\varphi)\,|1/2,\,-1/2\rangle + \sqrt{\frac{2}{3}}\,Y_{10}(\theta,\varphi)\,|1/2,\,+1/2\rangle\right).$$

a) Welche Messwerte und/oder Erwartungswerte erhält man für die folgenden Operatoren?

$$\widehat{H}, \widehat{\boldsymbol{L}}^2, \widehat{\boldsymbol{S}}^2, \widehat{L}_z, \widehat{S}_z\,.$$

b) Es soll sowohl die z-Komponente des Spins als auch der Abstand des Elektrons vom Proton gemessen werden. Wie berechnet man die Wahrscheinlichkeit, das Elektron mit Spin nach „oben" und mit einem Abstand $r \leq a_0$ vom Kern zu finden?

6.8) Wenn ein Arsen-Atom in einen Siliziumkristall eingebaut wird, werden vier Valenzelektronen für die kovalente Bindung im Kristallgitter gebraucht, das fünfte ist nur lose gebunden. Es kann leicht von dem Donator-Atom gelöst werden und steht als Leitungselektron zur Verfügung. Der Kristall wirkt wie ein Dielektrikum mit $\varepsilon_r = 12$. Berechne die Grundzustandsenergie E_1 des „wasserstoffähnlichen" Systems As^+-Ion plus Elektron und den Radius r_1 der innersten Bohr'schen Bahn.

Kapitel 7
Atome mit vielen Elektronen

7.1 Identische Fermionen und Ausschließungsprinzip

Um das Periodische System der Elemente und Regelmäßigkeiten in den Eigenschaften der Atome zu erklären, schlug Wolfgang Pauli 1925 das Ausschließungsprinzip vor:

Zwei Elektronen in einem Atom dürfen nicht in allen vier Quantenzahlen n, l, m_l, m_s übereinstimmen, sondern müssen sich in mindestens einer dieser Quantenzahlen unterscheiden.

Eine wichtige Konsequenz des Ausschließungsprinzips (oder Pauli-Prinzips) ist die Schalenstruktur der Atome, auf die wir später noch eingehen. Die allgemeinere Form des Ausschließungsprinzips lautet:

Die Gesamtwellenfunktion eines Mehrelektronensystems muss antisymmetrisch gegenüber der Vertauschung irgend zweier Elektronen sein.

In dieser Form ist das Ausschließungsprinzip auch auf Elektronen in Metallen und andere Vielteilchensysteme anwendbar.

In der Quantentheorie sind identische Teilchen grundsätzlich ununterscheidbar, ganz anders als in der klassischen Physik oder im täglichen Leben. Zwei exakt baugleiche Autos sind leicht unterscheidbar, wenn man einem von ihnen einen Farbfleck auf die Motorhaube malt, eineiige Zwillinge sind unterscheidbar, wenn einer von ihnen sich die Haare abschneidet. Die Elektronen in einem Eisenatom sind dagegen nicht unterscheidbar. Wir können sie nicht durch Farbflecke markieren oder mit einem Nummernschild versehen. Auch die Protonen im Eisenkern sind nicht voneinander zu unterscheiden. Diese grundsätzliche Ununterscheidbarkeit elementarer Teilchen hat weitreichende Konsequenzen für Vielteilchen-Wellenfunktionen: die Wahrscheinlichkeitsdichte muss invariant sein gegenüber der Vertauschung irgend zweier Teilchen. Mit Hilfe der Quantenfeldtheorie kann nun ganz allgemein bewiesen werden, dass Teilchen mit halbzahligem Spin (Fermionen) eine antisymmetrische Gesamtwellenfunktion (Produkt von Ortswellenfunktion und Spinfunktion) haben müssen und der Fermi-Dirac-Statistik gehorchen, während Teilchen mit ganzzahligem Spin (Bosonen) eine symmetrische Gesamtwellenfunktion besitzen und der Bose-Einstein-Statistik gehorchen.

P. Schmüser, *Theoretische Physik für Studierende des Lehramts 1*,
DOI 10.1007/978-3-642-25397-3_7,

Eine anschauliche, auf der täglichen Erfahrung oder der klassischen Physik beruhende Erklärung des Pauli-Prinzips ist nicht bekannt. Versuche, eine solche Erklärung zu finden, sind vermutlich auch zwecklos, weil andere identische Teilchen wie etwa Helium-Atome sich konträr dazu verhalten: bei diesen Bose-Teilchen ist die Gesamtwellenfunktion symmetrisch gegenüber der Vertauschung irgend zweier Teilchen, und diese Teilchen neigen dazu, sich bei hinreichend tiefen Temperaturen alle in den gleichen Quantenzustand zu begeben. Dies ist die suprafüssige Phase von Helium, die bei Temperaturen unterhalb von 2,17 Kelvin beobachtet wird. Die Bose-Einstein-Kondensation (s. Kap. 1) setzt eine total symmetrische Wellenfunktion voraus.

7.2 Das Helium-Atom

Das Helium-Atom besteht aus einem Kern der Ladung $+2e$, der zwei Protonen und zwei Neutronen enthält, sowie zwei Elektronen. Zur Vereinfachung wird der Kern als ortsfest angenommen und in den Nullpunkt des Koordinatensystems gelegt. Die potentielle Energie des Atoms enthält drei Terme: die negative potentielle Energie von Elektron 1 im Feld des Kerns, die negative potentielle Energie von Elektron 2 im Feld des Kerns und die positive potentielle Energie von Elektron 1 im Feld von Elektron 2:

$$V(\boldsymbol{r}_1,\boldsymbol{r}_2) = V_1(\boldsymbol{r}_1) + V_2(\boldsymbol{r}_2) + V_{12}(\boldsymbol{r}_1,\boldsymbol{r}_2) \tag{7.1}$$

mit

$$V_j(\boldsymbol{r}_j) = -\frac{2e^2}{4\pi\varepsilon_0\,|\boldsymbol{r}_j|} \quad (j=1,2) \quad \text{und} \quad V_{12}(\boldsymbol{r}_1,\boldsymbol{r}_2) = +\frac{e^2}{4\pi\varepsilon_0\,|\boldsymbol{r}_1-\boldsymbol{r}_2|}\,.$$

Anmerkung: im Augenblick tun wir so, als ob wir die beiden Elektronen durch eine Nummer kennzeichnen könnten. Ihre Ununterscheidbarkeit wird später berücksichtigt.

Die zeitunabhängige Schrödinger-Gleichung ist eine partielle Differentialgleichung in den sechs Variablen $(x_1, y_1, z_1, x_2, y_2, z_2)$. Sie lautet

$$-\frac{\hbar^2}{2m_e}\left(\nabla_1^2+\nabla_2^2\right)\psi(\boldsymbol{r}_1,\boldsymbol{r}_2) + V(\boldsymbol{r}_1,\boldsymbol{r}_2)\psi(\boldsymbol{r}_1,\boldsymbol{r}_2) = E\psi(\boldsymbol{r}_1,\boldsymbol{r}_2)\,. \tag{7.2}$$

Es ist eine große Enttäuschung, dass bereits beim zweiteinfachsten Atom die Schrödinger-Gleichung nicht mehr analytisch lösbar ist. Daher muss man Näherungen anwenden.

7.2.1 Modell der unabhängigen Elektronen

Die Komplikation der Gleichung (7.2) liegt in dem Term $V_{12}(\boldsymbol{r}_1,\boldsymbol{r}_2)$, der bewirkt, dass die Bewegung des einen Elektrons die des anderen beeinflusst. Wenn man dieses Wechselwirkungspotential weglässt, kann man die Zweiteilchen-Wellenfunktion als Produkt von zwei Einteilchen-Wellenfunktionen ansetzen

$$\psi(\boldsymbol{r}_1, \boldsymbol{r}_2) = \psi_1(\boldsymbol{r}_1) \cdot \psi_2(\boldsymbol{r}_2)$$

und bekommt zwei entkoppelte Einteilchen-Schrödinger-Gleichungen

$$-\frac{\hbar^2}{2m_e}\nabla_j^2\psi_j(\boldsymbol{r}_j) - \frac{2e^2}{4\pi\varepsilon_0\left|\boldsymbol{r}_j\right|}\psi_j(\boldsymbol{r}_j) = E\psi_j(\boldsymbol{r}_j) \quad (j = 1, 2)\,. \tag{7.3}$$

Eine Gleichung dieser Art gilt exakt für das Helium-Ion He^+, bei dem sich ein einzelnes Elektron im Feld eines Kerns der Ladung $+Ze = +2e$ bewegt. Wir können die Energieniveaus direkt von der Berechnung des Wasserstoff-Atoms übertragen (siehe die Gleichungen (6.14) und (6.23))

$$E_n = -\frac{Z^2 \cdot 13{,}6}{n^2}\,\text{eV} = -\frac{54{,}4}{n^2}\,\text{eV}\,. \tag{7.4}$$

Der Grundzustand des He^+-Ions hat in der Tat die Energie $E_1 = -54{,}4\,\text{eV}$, aber im neutralen Heliumatom misst man für den tiefsten Energiezustand der beiden Elektronen nicht $-2 \cdot 54{,}4 = -108{,}8$ eV, sondern nur $-79\,\text{eV}$. Die abstoßende Wechselwirkung der Elektronen hat, wie man erwarten würde, einen merklichen Einfluss auf die Energieniveaus.

Wie kann man trotz der Elektron-Elektron-Wechselwirkung weiterhin mit einem Einelektron-Modell des Atoms rechnen? Die Idee ist, sich eines der Elektronen auszuwählen und die Wirkung des anderen durch eine negative Ladungswolke zu beschreiben, die eine gewisse Abschirmung der Kernladung bewirkt. Pauschal kann man auf diese Weise die positive Wechselwirkungsenergie der Elektronen durch Einführung einer „effektiven" Kernladungszahl Z_{eff} erfassen. Damit wird die Energie des Grundzustands

$$E_1^{\text{He}} = 2(-13{,}6\,\text{eV}) \cdot Z_{\text{eff}}^2\,. \tag{7.5}$$

Empirisch findet man für den Grundzustand $Z_{\text{eff}} = 1{,}7$. In dieser Näherung erfüllt jedes der beiden Elektronen die Einteilchen-Schrödinger-Gleichung

$$-\frac{\hbar^2}{2m_e}\nabla_j{}^2\psi_j(\boldsymbol{r}) - \frac{Z_{\text{eff}}\,e^2}{4\pi\varepsilon_0\left|\boldsymbol{r}_j\right|}\psi_j(\boldsymbol{r}_j) = E\psi_j(\boldsymbol{r}_j) \quad (j = 1, 2)\,. \tag{7.6}$$

Die Lösungen sind von der Gestalt der Wasserstoff-Eigenfunktionen:

$$\psi(r, \theta, \varphi) = R_{nl}(r)Y_{lm}(\theta, \varphi)\,.$$

In dem Modell der quasi-unabhängigen Teilchen kann man die Gesamtwellenfunktion als Produkt von Einteilchen-Wellenfunktionen schreiben:

$$\psi(1, 2) = \psi_a(1)\psi_b(2)\,. \tag{7.7}$$

Hier verwenden wir eine abkürzende Schreibweise und schreiben $\psi(1,2)$ anstatt $\psi(\boldsymbol{r}_1, \boldsymbol{r}_2)$. Die Quantenzahlen werden pauschal durch $a \simeq (n,l,m)$ und $b \simeq (n',l',m')$ gekennzeichnet.

7.2.2 Anwendung des Pauli-Prinzips

Die Wellenfunktion (7.7) genügt nicht einem fundamentalen Prinzip der Quantentheorie: die beiden Elektronen im He-Atom sind identische Teilchen und nicht unterscheidbar. Ob sich Elektron 1 im Quantenzustand $a \simeq (n,l,m)$ befindet und Elektron 2 im Quantenzustand $b \simeq (n',l',m')$ oder umgekehrt, ist physikalisch dasselbe. Die Wahrscheinlichkeitsdichte muss demnach invariant gegenüber Vertauschung der beiden Teilchen sein:

$$|\psi(1,2)|^2 = |\psi(2,1)|^2 \; . \tag{7.8}$$

Diese fundamentale Bedingung wird von der Funktion (7.7) verletzt. Es gibt zwei Möglichkeiten, eine gegenüber Teilchenvertauschung invariante Wahrscheinlichkeitsdichte zu realisieren: wir können eine symmetrische und eine antisymmetrische Kombination der Produkte von Einteilchen-Wellenfunktionen bilden

$$\begin{aligned}\psi_S(1,2) &= \frac{1}{\sqrt{2}}\left(\psi_a(1)\psi_b(2) + \psi_a(2)\psi_b(1)\right) \; , \\ \psi_A(1,2) &= \frac{1}{\sqrt{2}}\left(\psi_a(1)\psi_b(2) - \psi_a(2)\psi_b(1)\right) \; .\end{aligned} \tag{7.9}$$

Für die symmetrische Kombination gilt $\psi_S(2,1) = +\psi_S(1,2)$ und für die antisymmetrische $\psi_A(2,1) = -\psi_A(1,2)$.

Nun ist zu beachten, dass die Wellenfunktionen $\psi_S(\boldsymbol{r}_1, \boldsymbol{r}_2)$ und $\psi_A(\boldsymbol{r}_1, \boldsymbol{r}_2)$ nur die räumliche Verteilung der Elektronen beschreiben. Die Spinfunktionen müssen auch noch erfasst werden. In diesem Abschnitt bezeichnen wir die Spinfunktionen mit χ, wobei folgende Konvention gilt (vgl. Kap. 5)

$$\chi_+ \equiv |1/2, 1/2\rangle = \begin{pmatrix} 1 \\ 0 \end{pmatrix} , \quad \chi_- \equiv |1/2, -1/2\rangle = \begin{pmatrix} 0 \\ 1 \end{pmatrix} . \tag{7.10}$$

In Kap. 5 haben wir die Addition zweier Spins $1/2$ zu einem Gesamtspin $s = 1$ (Triplett) oder $s = 0$ (Singulett) studiert. Die Triplett-Spinfunktion ist symmetrisch gegenüber Teilchenvertauschung:

$$\chi_{\text{trip}}(1,2) = \begin{cases} \chi_+(1)\chi_+(2) & m_s = +1 \, , \\ \dfrac{1}{\sqrt{2}}\left[\, \chi_+(1)\chi_-(2) + \chi_-(1)\chi_+(2) \,\right] & m_s = 0 \, , \\ \chi_-(1)\chi_-(2) & m_s = -1 \, . \end{cases} \tag{7.11}$$

Die Singulett-Spinfunktion ist antisymmetrisch

$$\chi_{\text{sing}}(1,2) = \frac{1}{\sqrt{2}}\left[\, \chi_+(1)\chi_-(2) - \chi_-(1)\chi_+(2) \,\right] \qquad m_s = 0\,. \tag{7.12}$$

Die Gesamtwellenfunktion des Helium-Atoms erhalten wir durch Kombination von Orts- und Spinfunktion. Aufgrund des Pauli-Prinzips sind zwei Kombinationen zugelassen: das Produkt der symmetrischen Orts-Wellenfunktion und der antisymmetrischen Spinfunktion (Spinsingulett)

$$\Psi_{\text{sing}}(1,2) = \psi_S(1,2)\,\chi_{\text{sing}}(1,2) \tag{7.13}$$

oder das Produkt der antisymmetrischen Orts-Wellenfunktion und der symmetrischen Spinfunktion (Spintriplett)

$$\Psi_{\text{trip}}(1,2) = \psi_A(1,2)\,\chi_{\text{trip}}(1,2)\,. \tag{7.14}$$

Beide sind antisymmetrisch gegenüber Teilchenvertauschung.

7.2.3 Energieniveaus und Spektren von Helium

Das Pauli-Prinzip hat bemerkenswerte Konsequenzen für die Energieniveaus und Spektrallinien von Helium: es sieht so aus, als ob es zwei Sorten von Helium-Atomen gäbe, die verschiedene Energieniveau-Schemata haben. Der absolute Grundzustand, in dem sich beide Elektronen auf dem tiefstmöglichen Energieniveau befinden, dem 1s-Niveau mit $n = 1, l = 0, m_l = 0$, ist nur mit der Singulett-Wellenfunktion (7.13) möglich. Bei der Triplett-Funktion (7.14) muss der Ortsanteil antisymmetrisch sein, d. h. wenn ein Elektron im 1s-Zustand ist, muss sich das zweite Elektronen auf einem angeregten Niveau befinden. Der energetisch tiefste Zustand des Triplett-Heliums ergibt sich, wenn ein Elektron im 1s-Zustand ist und das zweite im 2s-Zustand. Die Energie des Triplett-Grundzustands liegt um fast 20 eV über dem Singulett-Grundzustand.

Die Lage der Energieniveaus wird durch die Orts-Wellenfunktionen bestimmt, während die Spinfunktionen nur einen geringfügigen Einfluss haben (sie tragen zur sog. *Feinstruktur* bei, auf die wir in Kap. 10 eingehen). Jetzt kommt eine wesentliche Erkenntnis: die symmetrische Ortsfunktion $\psi_S(1,2)$ führt, bei gleichen Quantenzahlen n und l, zu höheren Energiewerten als die antisymmetrische Ortsfunktion $\psi_A(1,2)$. Das kann man wie folgt verstehen. Nähert man die Elektronen einander an ($\boldsymbol{r}_1 \to \boldsymbol{r}_2$), so wird $\left|\psi_A(\boldsymbol{r}_1,\boldsymbol{r}_2)\right|^2 \ll \left|\psi_S(\boldsymbol{r}_1,\boldsymbol{r}_2)\right|^2$. Im antisymmetrischen Zustand sind daher die Elektronen im Mittel weiter voneinander entfernt als im symmetrischen Zustand und erfahren dadurch weniger elektrostatische Abstoßung, d. h. die positive potentielle Energie zwischen den Elektronen wird kleiner. Daraus folgt $E_A < E_S$.

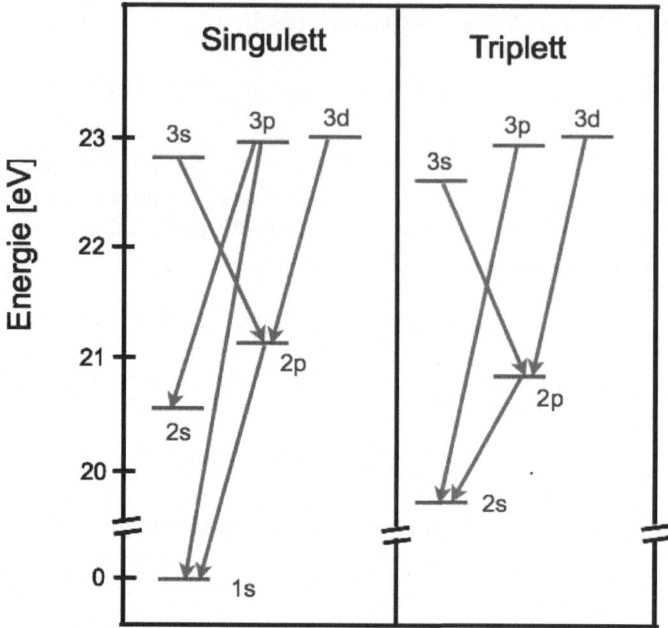

Abb. 7.1 *Links*: Energieniveauschema von Helium im Spinsingulett-Zustand mit einer symmetrischen Ortsfunktion ψ_S. *Rechts*: Energieniveauschema im Spintriplett-Zustand mit einer antisymmetrischen Ortsfunktion ψ_A. Einige der erlaubten optischen Übergänge sind eingezeichnet. (Bitte beachten: die Energieskala ist zwischen 0 und 20 eV unterbrochen)

In Abb. 7.1 sind die beiden Energieniveauschemata von Helium dargestellt. Dabei befindet sich ein Elektron im 1s-Grundzustand, das andere im Grundzustand oder auf einem angeregten Niveau. Wie erwartet liegen die 2s- und 2p-Niveaus bei der symmetrischen Ortsfunktion ψ_S deutlich höher als bei der antisymmetrischen Ortsfunktion ψ_A. Zwischen den Termschemata finden keine optischen Übergänge statt, weil diese ein Spinumklappen erfordern würden. Dies ist ein äußerst seltener Prozess.

Eine weitere Beobachtung: Im Unterschied zum Wasserstoff ist beim Helium die „Drehimpuls-Entartung" aufgehoben. Das 2s-Niveau liegt tiefer als das 2p-Niveau. Der Grund ist die stärkere Abschirmung der Kernladung bei $l = 1$ im Vergleich zu $l = 0$. Das s-Elektron ist somit stärker gebunden und hat eine tiefere potentielle Energie. Dieser Effekt wird bei allen Mehrelektronen-Atomen beobachtet.

In Anhang D wird skizziert, wie man die Energieniveaus des He-Atoms im Prinzip berechnen könnte.

7.3 Schalenstruktur der Atome

Das Pauli-Prinzip verbietet, dass alle Elektronen in den tiefsten Zustand $n = 1$ gehen. Ohne dieses Verbot wären die Atome viel kleiner und Materie sehr viel dichter. Die Elektronen in einem Atom müssen sich in mindestens einer der vier Quantenzahlen $n,\ l,\ m_l,\ m_s$ unterscheiden. Daraus resultiert die Schalenstruktur der Atome, die in Lehrbüchern der Atomphysik (z. B. [12]) ausführlich diskutiert wird. Wir bringen eine kurze Zusammenfassung.

K-Schale $n = 1 \quad \Rightarrow \quad l = 0,\ m_l = 0$. Zwei Spineinstellungen sind möglich: $m_s = \pm 1/2$. Die beiden Elemente, die Elektronen nur in der K-Schale haben, sind Wasserstoff und Helium.
H: 1s He: $1s^2$ (Spins ⇑⇓)

L-Schale $n = 2, l = 0$ (2s) oder $l = 1$ (2p) mit $m_l = 0, \pm 1$ sowie $m_s = \pm 1/2$
Es gibt acht Elemente mit vollständig besetzter K-Schale und teilweise besetzter L-Schale: Lithium, Beryllium, Bor, Kohlenstoff, Stickstoff, Sauerstoff, Fluor, Neon.

Li:	$1s^2\ 2s^1$	N:	$1s^2\ 2s^2\ 2p^3$
Be:	$1s^2\ 2s^2$	O:	$1s^2\ 2s^2\ 2p^4$
B:	$1s^2\ 2s^2\ 2p^1$	F:	$1s^2\ 2s^2\ 2p^5$
C:	$1s^2\ 2s^2\ 2p^2$	Ne:	$1s^2\ 2s^2\ 2p^6$

Beim Neon sind die K- und L-Schalen voll gefüllt. Die Elektronenverteilung ist kugelsymmetrisch. Das Element Ne ist ein Edelgas und geht keine chemischen Bindungen ein.

Die K-Schale enthält alle Elektronen mit Hauptquantenzahl $n = 1$, die L-Schale enthält alle Elektronen mit $n = 2$. Bei höheren Werten der Hauptquantenzahl gibt

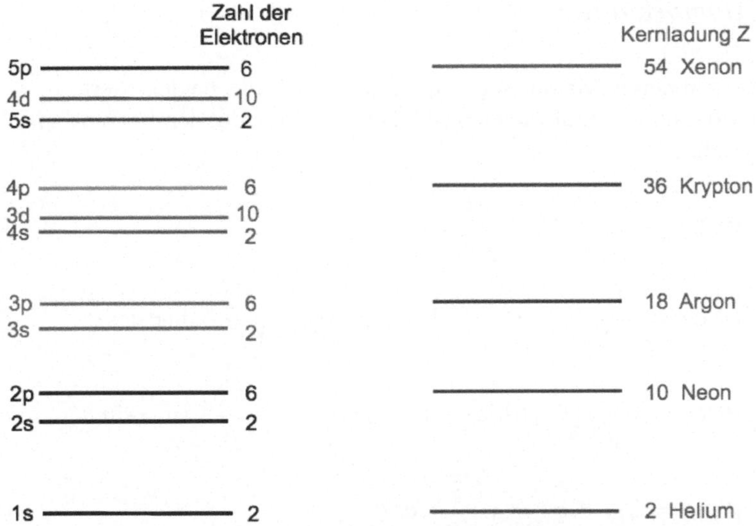

Abb. 7.2 Energetische Lage der K-, L-, M-,N- und O-Schalen im Periodensystem der Elemente

es Überkreuzungen. So liegt in schweren Atomen das 4s-Niveau energetisch unter dem 3d-Niveau und wird deswegen früher besetzt. Die M-Schale umfasst nur die 3s- und 3p-Unterschalen mit insgesamt 8 Elektronen, während die 3d-Unterschale zur N-Schale gehört. Die energetische Lage der Atomschalen wird schematisch in Abb. 7.2 gezeigt.

7.4 Atomorbitale, Hybridwellenfunktionen

Wir werden jetzt eine interessante Anwendung des Superpositionsprinzips kennenlernen: sie betrifft die Atomorbitale und Hybridwellenfunktionen, die in der organischen Chemie und der Festkörperphysik eine wichtige Rolle spielen. Wir gehen wieder von den Wellenfunktionen des Wasserstoffatoms aus, obwohl diese nur eine grobe Näherung der Wellenfunktionen eines Mehrelektronen-Atoms darstellen. Gemäß Gl. (6.17) haben sie die Gestalt

$$\psi_{nlm}(r,\theta,\varphi) = R_{nl}(r)\,Y_{lm}(\theta,\varphi) \tag{7.15}$$

mit der Radialfunktion $R_{nl}(r)$, die die Dichte der Elektronenwolke in Abhängigkeit vom Kernabstand r beschreibt, und der Kugelfunktion $Y_{lm}(\theta,\varphi)$, die die Verteilung der Elektronenwolke in Abhängigkeit vom Polarwinkel θ und Azimutwinkel φ beschreibt. Um die kovalente Bindung und die räumliche Struktur mehratomiger Moleküle zu erklären, erweist es sich als zweckmäßig, Linearkombinationen der Kugelfunktionen zu bilden.

7.4.1 Atomorbitale

Zunächst definieren wir die sog. *Atomorbitale* für die beiden Werte $l = 0$ und $l = 1$ der Bahndrehimpulsquantenzahl. Diese werden mit den Buchstaben s bzw. p gekennzeichnet.

$$s(\theta,\varphi) = Y_{00}(\theta,\varphi) = \frac{1}{\sqrt{4\pi}}\,, \tag{7.16a}$$

$$p_x(\theta,\varphi) = \frac{1}{\sqrt{2}}\left[Y_{1,1}(\theta,\varphi) + Y_{1,-1}(\theta,\varphi)\right] = \sqrt{\frac{3}{4\pi}}\,\sin\theta\cos\varphi\,, \tag{7.16b}$$

$$p_y(\theta,\varphi) = \frac{1}{\mathrm{i}\sqrt{2}}\left[Y_{1,1}(\theta,\varphi) - Y_{1,-1}(\theta,\varphi)\right] = \sqrt{\frac{3}{4\pi}}\,\sin\theta\sin\varphi\,, \tag{7.16c}$$

$$p_z(\theta,\varphi) = Y_{10}(\theta,\varphi) = \sqrt{\frac{3}{4\pi}}\,\cos\theta\,. \tag{7.16d}$$

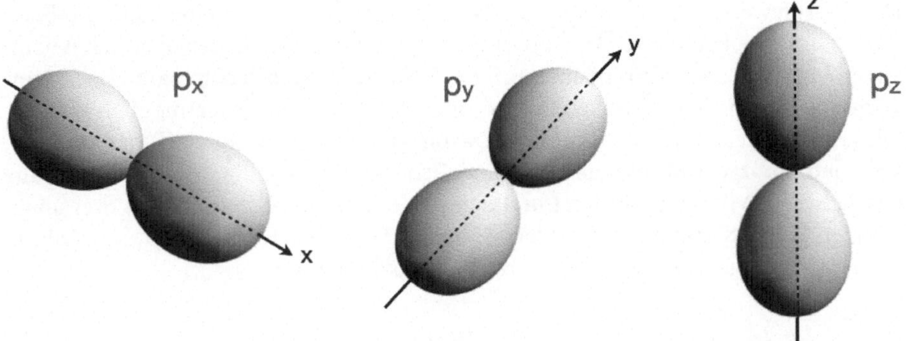

Abb. 7.3 Die Atomorbitale p_x, p_y und p_z. Aufgetragen wird das Absolutquadrat der Wellenfunktion

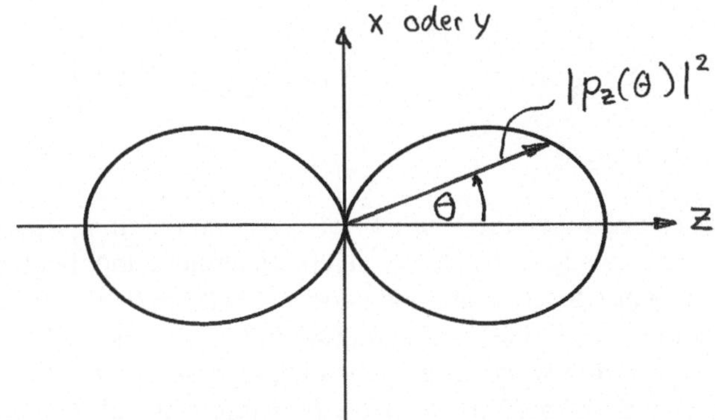

Abb. 7.4 Polardiagramm des Atomorbitals $p_z(\theta)$. Aufgetragen ist $|p_z(\theta)|^2$ als Funktion des Winkels θ. Das Diagramm ist rotationssymmetrisch um die z-Achse

Die s-Funktion ist unabhängig von den Winkeln und somit kugelsymmetrisch (siehe Abb. 6.4), während die drei p-Funktionen Elektronendichteverteilungen ergeben, die längs der Koordinatenachsen x, y, z ausgerichtet sind. Die räumliche Orientierung der p-Orbitale wird in Abb. 7.3 gezeigt. Aufgetragen wird das Absolutquadrat der Wellenfunktion in einem Polardiagramm; dies wird in Abb. 7.4 für die Funktion $p_z(\theta)$ gezeigt.

7.4.2 Hybridfunktionen

Die organische Chemie ist die Chemie der Kohlenwasserstoffe. Das C-Atom hat eine mit zwei Elektronen besetzte K-Schale ($n = 1$), die fest an den C-Kern gebunden sind und nicht an chemischen Bindungen teilhaben. In der L-Schale ($n = 2$) befinden sich vier Elektronen, bei einem freien C-Atom ist die Struktur $2s^2$ und $2p^2$.

Die Energiewerte der 2s- und der 2p-Niveaus sind zwar unterschiedlich (die beim Wasserstoff beobachtete Entartung ist hier aufgehoben), sie liegen aber nah beieinander. In chemischen Verbindungen gibt es Verschiebungen der atomaren Energieniveaus, so dass Superpositionen der 2s- und 2p-Wellenfunktionen möglich werden. Diese nennt man Hybridfunktionen. Davon gibt es drei wichtige Typen: die sp-, sp^2- und sp^3-Hybridfunktionen. Hier wollen wir uns auf die sp^2-Hybridisierung beschränken. Mit dem s-Orbital und den p_x- und p_y-Orbitalen werden drei unabhängige Hybridfunktionen gebildet, während das vierte Elektron der L-Schale in das p_z-Orbital geht. Die vier Winkelwellenfunktionen sind:

$$\psi_1(\theta,\varphi) = \frac{1}{\sqrt{3}}\left(s + \sqrt{2}\,p_x(\theta,\varphi)\right), \tag{7.17a}$$

$$\psi_2(\theta,\varphi) = \frac{1}{\sqrt{3}}\left(s - \sqrt{\frac{1}{2}}\,p_x(\theta,\varphi) + \sqrt{\frac{3}{2}}\,p_y(\theta,\varphi)\right), \tag{7.17b}$$

$$\psi_3(\theta,\varphi) = \frac{1}{\sqrt{3}}\left(s - \sqrt{\frac{1}{2}}\,p_x(\theta,\varphi) - \sqrt{\frac{3}{2}}\,p_y(\theta,\varphi)\right), \tag{7.17c}$$

$$\psi_4(\theta) = p_z(\theta)\,. \tag{7.17d}$$

In der xy-Ebene betragen die Winkel zwischen den durch ψ_1, ψ_2 und ψ_3 definierten Richtungen jeweils 120°. Die sp^2-Hybridisierung ermöglicht, dass Kohlenstoffatome flächenhafte Strukturen bilden können. Das kürzlich entdeckte Graphen ist eine Modifikation des Kohlenstoffs mit zweidimensionaler Struktur, in der jedes Kohlenstoffatom von drei weiteren umgeben ist, so dass sich ein bienenwabenförmiges Muster ausbildet (Abb. 7.5). Auch die Fulleren-Moleküle C_{60} und C_{70} sowie die Kohlenstoff-Nanoröhrchen beruhen auf der sp^2-Hybridisierung.

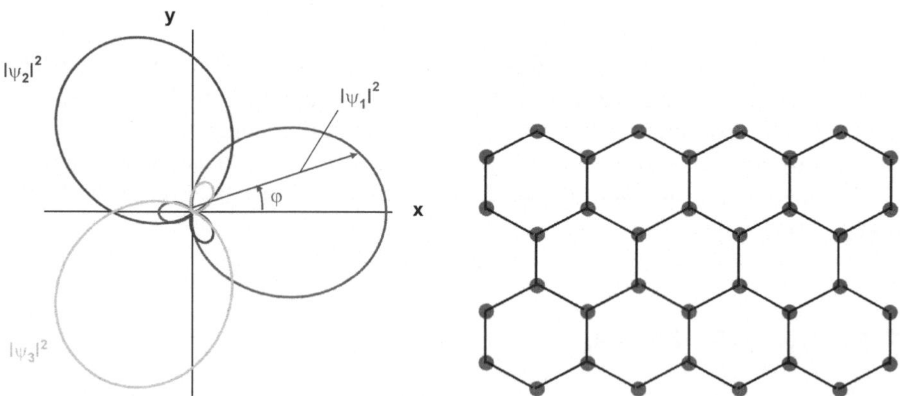

Abb. 7.5 *Links*: Polardiagramm der sp^2-Hybridfunktionen in der xy-Ebene, d. h. für $\theta = \pi/2$. Aufgetragen sind $|\psi_1|^2$, $|\psi_2|^2$ und $|\psi_3|^2$ als Funktion von φ. *Rechts*: Anordnung der C-Atome in Graphen

Die sp^3-Hybridfunktionen sind räumlich ausgerichtet und weisen von der Mitte einer aus vier gleichseitigen Dreiecken gebildeten Pyramide zu den vier Eckpunkten. Setzt man an jeden dieser Bindungsarme ein H-Atom, so bekommt man die Struktur des CH_4-Moleküls (Methan). In Germanium- und Siliziumkristallen sind die sp^3-Hybridfunktionen die Grundlage der Kristallstruktur.

7.5 Didaktische Anmerkungen: „Was die Welt im Innersten auseinanderhält"

Goethes Tragödie Faust 1 ist eine unerschöpfliche Quelle von Zitaten. In der Nachtszene wünscht sich Faust in seinem großen Eingangsmonolog *Dass ich erkenne, was die Welt im Innersten zusammenhält.* Dieses Streben ist das Motto vieler Elementarteilchenphysiker weltweit. Die Erforschung der kleinsten Bestandteile der Materie und der zwischen ihnen wirkenden Kräfte und Wechselwirkungen hat zu tiefgreifenden Erkenntnissen geführt. Wir wissen, dass Materie aus Elektronen, Protonen und Neutronen besteht. Wir kennen die elektrischen Kräfte, die Elektronen und Atomkerne zusammen halten, und die starken Wechselwirkungen, welche die Bindung der Nukleonen im Atomkern bewirken. Da ergibt sich die naheliegende Frage: wenn die elektrische Anziehung zwischen Protonen und Elektronen so groß ist, warum fallen die Elektronen nicht in den Kern, um zusammen mit den Protonen eine extrem dichte neutrale Materie zu bilden? Die klassische Physik hat keine Antwort auf diese Frage, wohl aber die Quantentheorie. Wenn wir versuchen, Elektronen auf das kleine Kernvolumen einzuschränken, müssten sie aufgrund der Heisenberg'schen Unschärferelation eine so hohe kinetische Energie haben, dass die Coulombkraft nicht ausreichte, sie an die Protonen zu binden. In Kap. 6 haben wir gesehen, dass der kleinste mittlere Abstand von Elektron und Proton im Wasserstoffatom gleich dem Bohr'schen Radius $a_0 = 0{,}53 \cdot 10^{-10}$ m ist. Dieser Abstand ist 40 000-mal größer als der Radius des Protons ($r_p = 1{,}2\,\text{fm} = 1{,}2 \cdot 10^{-15}$ m).

Jetzt kommt das Ausschließungsprinzip hinzu, das einen weiteren Hinderungsgrund darstellt, Materie auf ein winziges Raumvolumen zu konzentrieren. Es ist kaum überschaubar, wie die materielle Welt ohne das Pauli-Prinzip aussähe. Jedenfalls wäre sie ganz anders, als wir sie kennen. Jetzt machen wir unser eigenes Gedankenexperiment und nehmen an, die Elektronen seien Bosonen. Wir können uns davon überzeugen, dass dann alle Atome mehr oder weniger gleich aussehen müssten. Das Wasserstoffatom bleibt unverändert, da es nur ein Elektron enthält, und auch beim Grundzustand des Heliumatoms ändert sich kaum etwas. Wir würden beide bosonischen Elektronen in den 1s-Zustand setzen, das tun wir aber auch bei fermionischen Elektronen (dort mit antiparallelem Spin). Die Elektronenwolke hätte in beiden Fällen die gleiche räumliche Verteilung. Der wirkliche Unterschied beginnt beim Lithium. Das dritte Elektron wird in die K-Schale gehen, falls es bosonisch ist, es muss aber in die L-Schale gehen, wenn es fermionisch ist (Abb. 7.6). Als Fermion ist es weiter vom Kern entfernt und relativ locker gebunden (man braucht 25 eV, um He zu ionisieren, und nur 5 eV, um Li zu ionisieren). Lithium als fermioni-

Abb. 7.6 Schematische Darstellung der Elektronenwolke für bosonisches Lithium (*links*) und fermionisches Lithium (*rechts*)

sches System hat also völlig andere chemische Eigenschaften als ein hypothetisches Li-Atom mit bosonischen Elektronen.

Die Unterschiede werden viel krasser bei schweren Atomen. Wenn man alle 82 Elektronen eines Bleiatoms in die K-Schale stecken könnte, wäre die Ausdehnung des Atoms viel geringer als sie in Wahrheit ist. Blei hätte eine unglaublich hohe Massendichte. Das Schalenmodell der Atome, das die Grundlage des Periodischen Systems der Elemente und der Chemie darstellt, würde zusammenbrechen.

Die Auswirkungen auf Atomkerne wären sogar noch wesentlich drastischer, wenn es kein Ausschließungsprinzip gäbe. Protonen und Neutronen sind ebenfalls Spin-$1/2$-Fermionen. Bei mittelschweren Kernen ist das Proton-Neutronverhältnis etwa 1:1, bei schweren Kernen ist es etwa 2:3. Eine qualitative Erklärung liefert ein Potentialtopfmodell der Kernkräfte, unter Berücksichtigung der elektrostatischen Abstoßung der Protonen (siehe die Abb. 7.7). Auf jedes Energieniveau des Neutron-

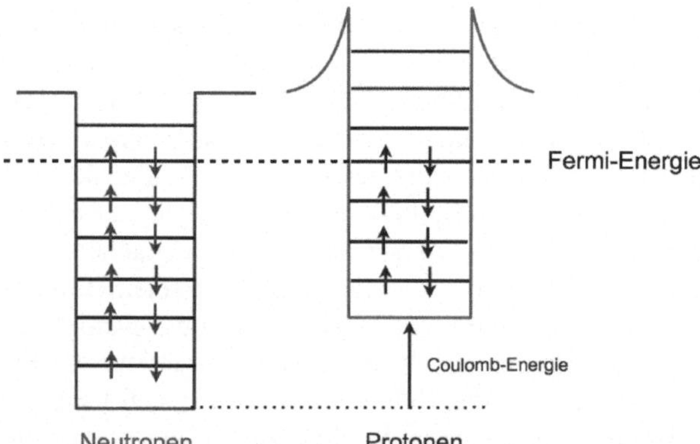

Abb. 7.7 Schematisches Bild der Potentialtöpfe für Neutronen und Protonen im Atomkern. Der Topf der Protonen ist wegen der positiven elektrostatischen Energie angehoben. Die Niveaus werden von unten her mit jeweils zwei Neutronen bzw. Protonen besetzt, bis die Fermi-Energie erreicht ist. Das Proton-Neutron-Verhältnis ergibt sich aus der Forderung, dass das Fermi-Niveau in beiden Töpfen die gleiche Höhe haben muss. Das ist wie bei zwei Wasserbehältern, die durch eine kommunizierende Röhre verbunden sind

Potentialtopfs können jeweils zwei Neutronen mit entgegengesetztem Spin gesetzt werden, entsprechendes gilt auch für die Protonen. Ein Bleikern hat 126 Neutronen und 82 Protonen. Man muss die Niveaus des Neutrontopfes bis zu einer bestimmten Höhe besetzen, um all diese Teilchen unterzubringen, und entsprechend die Niveaus des Protontopfes. Was würde passieren, wenn die Nukleonen Bosonen wären? Dann würden sich alle 126 Neutronen auf das tiefste Energieniveau des Neutron-Potentialtopfs begeben. Der Protontopf liegt wegen der Coulombenergie viel höher. Nichts in der Welt könnte die Protonen daran hindern, sich durch Betazerfall oder Einfang von Hüllenelektronen in Neutronen umzuwandeln und dann auch auf das Grundniveau des Neutrontopfes zu fallen. Die Konsequenz: schwere Atomkerne würden ihre Ladung verlieren, und es gäbe keine schweren Atome.

In etwas lockerer Sprechweise können wir sagen, dass das Pauli-Prinzip zwei Fermionen mit parallelem Spin daran hindert, sich am gleichen Ort aufzuhalten. Das sieht so aus, als ob es eine abstoßende Kraft gäbe, die bei sehr kleinen Abständen wirksam wird. Eine solche Kraft ist jedoch unbekannt, und wir müssen uns damit begnügen, dass es nur das abstrakte Ausschließungsprinzip ist, welches die Atome daran hindert, kleiner zu werden, als sie in Wirklichkeit sind. Trotzdem bleibt die Frage bestehen: *Was ist es denn nun wirklich, was die Welt im Innersten „auseinanderhält"?* Wir dürfen gespannt darauf sein, ob jemand eines Tages eine dynamische Erklärung für das Ausschließungsprinzip findet. Auch für den *modernen Faust* gibt es noch viel zu erforschen.

Zusammenfassung

1. Das Ausschließungsprinzip (oder Pauli-Prinzip) besagt in seiner einfachsten Form, dass die Elektronen in einem Atom sich in mindestens einer der vier Quantenzahlen n, l, m_l, m_s unterscheiden müssen.

2. In der Quantentheorie sind identische Teilchen grundsätzlich ununterscheidbar. In einem Vielteilchensystem muss die Wahrscheinlichkeitsdichte invariant gegenüber der Vertauschung irgend zweier Teilchen sein.

3. Teilchen mit halbzahligem Spin heißen Fermionen, sie haben eine antisymmetrische Gesamtwellenfunktion (Produkt von Ortswellenfunktion und Spinfunktion) und gehorchen der Fermi-Dirac-Statistik. Teilchen mit ganzzahligem Spin heißen Bosonen. Sie haben eine symmetrische Gesamtwellenfunktion und gehorchen der Bose-Einstein-Statistik.

4. Die allgemeine Form des Ausschließungsprinzips für Fermionen lautet: die Gesamtwellenfunktion eines Systems von mehreren identischen Fermionen muss antisymmetrisch gegenüber der Vertauschung irgend zweier Teilchen sein. Die Aussage gilt für Elektronen, Protonen, Neutronen oder andere Fermionen.

5. Die Gesamtwellenfunktion des Helium-Atoms ist entweder das Produkt der symmetrischen Orts-Wellenfunktion und der antisymmetrischen Spinfunktion (Spinsingulett) oder das Produkt der antisymmetrischen Orts-Wellenfunktion und der symmetrischen Spinfunktion (Spintriplett).

6. Singlett- und Triplett-Helium haben verschiedene Energieniveau-Schemata. Der Grundzustand mit beiden Elektronen auf dem 1s-Niveau ist nur mit der Spinsingulett-Wellenfunktion möglich.
7. Das Pauli-Prinzip ist wesentliche Grundlage der Schalenstruktur der Atome und des Periodischen Systems der Elemente.
8. Atomorbitale sind Linearkombinationen der Kugelfunktionen und ermöglichen räumlich ausgerichtete chemische Bindungen.
9. Hybridwellenfunktionen sind Superpositionen von Atomorbitalen. Sie spielen in der organischen Chemie und der Festkörperphysik eine wichtige Rolle und erklären die räumliche Struktur vieler Moleküle und Kristalle (z. B. Methan, Graphen oder Silizium).
10. Das Ausschließungsprinzip hindert Fermionen daran, sich auf ein winziges Raumvolumen zu konzentrieren. Ohne dies Prinzip gäbe es keine schweren Atome. Eine dynamische Ursache für die „Abstoßung" zwischen identischen Fermionen mit paralleler Spinausrichtung ist nicht bekannt.

Aufgaben

7.1) Abschätzung der effektiven Kernladung im He-Atom. Wir betrachten zunächst das He-Ion He^+ im Grundzustand. a) Berechne die Energie E_1 und den Radius r_1 im Bohr'schen Atommodell. b) Jetzt gehen wir zur Quantenmechanik über. Mit Hilfe der Schrödinger-Wellenfunktion ψ_{100} soll die effektive Kernladung $e\,Z_{\mathrm{eff}}$ bei einem Abstand $r = r_1$ vom Atomkern berechnet werden.

7.2) Wie lautet die Ortswellenfunktion eines Systems von drei Elektronen, die dem Pauli-Prinzip genügt und korrekt normiert ist? Die Spinfunktion wird als symmetrisch vorausgesetzt, soll aber hier nicht betrachtet werden.

7.3) Wir betrachten wieder den zweidimensionalen Potentialtopf mit unendlich hohen Wänden und quadratischer Grundfläche aus Aufgabe 3.5). Die Seitenlänge des Quadrats sei $a = 1$ nm. In diesen Potentialtopf werden 9 Elektronen gesteckt. Wie groß ist die Fermi-Energie E_{F}?
Zweidimensionale Elektronengase lassen sich in dünnen Halbleiterschichten realisieren und haben viele physikalisch und technisch interessante Eigenschaften.

7.4) Zeichne ein Polardiagramm der sp-Hybridfunktionen $s \pm p_z(\theta)$.

Kapitel 8
Emission und Absorption von Strahlung

Die Lösungen der Schrödinger-Gleichung (6.1) des H-Atoms oder anderer gebundener Systeme beschreiben *stationäre Zustände*: wenn sich das Elektron zum Zeitpunkt $t = 0$ im Zustand

$$\Psi_{n,l,m_l}(\boldsymbol{r},t) = \psi_{n,l,m_l}(r,\theta,\varphi) \cdot \mathrm{e}^{-\mathrm{i}\omega_n t}$$

befindet, wird es zu beliebigen späteren Zeiten in genau diesem Zustand sein. Der Grund ist, dass die Wahrscheinlichkeitsdichte $\rho(\boldsymbol{r}) = \left|\psi_{n,l,m_l}(r,\theta,\varphi)\right|^2$ unabhängig von der Zeit ist; ein Übergang in einen anderen Zustand kann daher nicht vorkommen[1]. Damit scheint ein wesentliches Postulat des Bohr'schen Atommodells in Frage gestellt zu sein, nämlich die Emission oder Absorption von Strahlung bei dem Übergang von einem stationären Zustand zu einem anderen. Es ist schon einigermaßen enttäuschend, dass die Quantentheorie für dieses zentrale Problem keine analytische Lösung bieten kann.

Die korrekte Behandlung der Strahlungsübergänge ist überaus kompliziert, man muss dafür auch das Strahlungsfeld quantisieren und kommt damit zur Quantenelektrodynamik (QED), der Quantentheorie des elektromagnetischen Feldes und seiner Wechselwirkungen mit geladenen Teilchen. In der nichtrelativistischen Quantenmechanik wendet man die Störungsrechnung an, um solche Übergänge zu berechnen. Auf diese wichtige Methode werden wir im Vertiefungskapitel 10 eingehen. An dieser Stelle wählen wir einen einfacheren Zugang zu den Strahlungsübergängen, mit dem man relativ leicht verstehen kann, dass die stimulierte Emission eine Konsequenz des Symmetrieprinzips der Bose-Einstein-Statistik ist. Dieser einfache Zugang, den man beispielsweise auch in dem Buch *Quantum Physics* von Eisberg und Resnick [15] findet, hat allerdings den Nachteil, dass die mathematische Genauigkeit zu wünschen übrig lässt. Eine mathematisch etwas besser begründete Vorgehensweise mit Übergangswahrscheinlichkeiten findet man in den *Feynman Lectures on Physics* [5], Vol. III, Kap. 4. Der mathematische Formalismus ist jedoch

[1] Wenn sich das Elektron anfangs in einem Superpositionszustand befindet, z. B. $\Psi(\boldsymbol{r},t) = c_a\Psi_a(\boldsymbol{r},t) + c_b\Psi_b(\boldsymbol{r},t)$, wobei a, b die Quantenzahlen der Eigenzustände kennzeichnen, so wird das Teilchen periodisch zwischen den Zuständen Ψ_a und Ψ_b hin- und herwandern.

P. Schmüser, *Theoretische Physik für Studierende des Lehramts 1*,
DOI 10.1007/978-3-642-25397-3_8,

aufwändiger und nicht so leicht nachvollziehbar, so dass ich Studierenden, denen die vereinfachte Darstellung in diesem Kapitel nicht ausreicht, die wesentlich leistungsfähigere Behandlung mit Hilfe der zeitabhängigen Störungsrechnung empfehlen würde.

8.1 Identische Bosonen und Symmetrieprinzip

In Kap. 7 haben wir die speziellen Regeln kennen gelernt, die für identische Fermionen gelten, und wir haben gesehen, welche fundamentalen Auswirkungen das Pauli-Prinzip hat. Jetzt sollen Systeme identischer Bosonen angeschaut werden, und wir werden hier lernen, dass die Symmetrieforderung des Bose-Einstein-Prinzips ähnlich drastische Auswirkungen hat. Eine praktische und für die heutige Technik enorm wichtige Konsequenz ist der Laser, eine weitere die Supraleitung.

Unter identischen Bosonen verstehen wir beispielsweise α-Teilchen, die Kerne der Helium-Atome, die aus zwei Protonen und zwei Neutronen aufgebaut sind und den Spin 0 haben. Auch Helium-Atome selbst sind Bosonen mit Spin 0 (es gibt auch das seltene Helium-Isotop ^{3}He, das 2 Protonen und ein Neutron enthält und daher ein Fermion mit Spin $1/2$ ist). Weitere sehr wichtige Bose-Teilchen sind die Photonen, deren Spin 1 ist. Photonen sind jedoch stets relativistisch und können nicht durch die Schrödinger-Gleichung beschrieben werden, da diese explizit nichtrelativistisch ist. Die für massive, nichtrelativistische Bose-Teilchen hergeleiteten Resultate können (mit einiger Vorsicht) auf Photonen übertragen werden.

8.1.1 Zwei Bosonen

Wir betrachten die symmetrische Wellenfunktion von zwei identischen Bosonen

$$\psi_S = \frac{1}{\sqrt{2}} \left(\psi_a(1)\psi_b(2) + \psi_a(2)\psi_b(1) \right) . \tag{8.1}$$

Hier bedeutet der erste Term $\psi_a(1)\psi_b(2)$, dass sich Teilchen 1 im Quantenzustand $|a\rangle$ befindet und Teilchen 2 im Quantenzustand $|b\rangle$, beim zweiten Term $\psi_a(2)\psi_b(1)$ ist es umgekehrt. Die Wellenfunktion ψ_S ist aufgrund des Faktors $1/\sqrt{2}$ korrekt normiert, sofern die Einteilchen-Wellenfunktionen ψ_a und ψ_b normiert sind, was wir voraussetzen. Nun bringen wir beide Bosonen in den gleichen Zustand, d. h. wir setzen $|a\rangle = |b\rangle$. Dann wird die Zweiteilchen-Wellenfunktion

$$\psi_S = \frac{1}{\sqrt{2}} \left(\psi_a(1)\psi_a(2) + \psi_a(2)\psi_a(1) \right) = \sqrt{2}\, \psi_a(1)\psi_a(2) \tag{8.2}$$

und die Wahrscheinlichkeitsdichte

$$|\psi_S|^2 = 2\, |\psi_a(1)|^2 |\psi_a(2)|^2 . \tag{8.3}$$

Für zwei unterscheidbare Teilchen ergibt sich ein anderes Resultat. Die Zweiteilchenwellenfunktion hat dann die Gestalt

$$\psi_u = \psi_a(1)\psi_b(2) \quad \text{oder} \quad \psi_u = \psi_a(2)\psi_b(1)\,;$$

denn bei unterscheidbaren Teilchen kann man natürlich genau sagen, welches von ihnen sich im Quantenzustand $|a\rangle$ befindet und welches im Quantenzustand $|b\rangle$. Setzt man nun $|a\rangle = |b\rangle$, so folgt für die Wahrscheinlichkeitsdichte

$$|\psi_u|^2 = |\psi_a(1)|^2 |\psi_a(2)|^2\,. \tag{8.4}$$

Aus dem Vergleich von (8.3) und (8.4) lernen wir: die Wahrscheinlichkeit, zwei identische Bosonen im gleichen Quantenzustand zu finden, ist doppelt so groß wie die Wahrscheinlichkeit, zwei unterscheidbare Teilchen im gleichen Quantenzustand zu finden.

8.1.2 Drei und mehr Bosonen

Gegeben seien nun drei Bosonen, die die Quantenzustände $|a\rangle$, $|b\rangle$ und $|c\rangle$ einnehmen. Die korrekt symmetrisierte Dreiteilchen-Wellenfunktion lautet

$$\begin{aligned}\psi_S = \frac{1}{\sqrt{3!}}\,[\,&\psi_a(1)\psi_b(2)\psi_c(3) + \psi_a(2)\psi_b(3)\psi_c(1) + \psi_a(3)\psi_b(1)\psi_c(2)\\ &+ \psi_a(2)\psi_b(1)\psi_c(3) + \psi_a(1)\psi_b(3)\psi_c(2) + \psi_a(3)\psi_b(2)\psi_c(1)\,]\,.\end{aligned} \tag{8.5}$$

Es gibt $3! = 3 \cdot 2 \cdot 1 = 6$ verschiedene Terme, und die Wellenfunktion ψ_S ist symmetrisch gegenüber der Vertauschung irgend zweier Teilchen. Die Dreiteilchen-Wellenfunktion von unterscheidbaren Teilchen hat dagegen die einfache Form

$$\psi_u = \psi_a(1)\psi_b(2)\psi_c(3)\,.$$

Für gleiche Quantenzustände $|a\rangle = |b\rangle = |c\rangle$ folgt

$$|\psi_S|^2 = \frac{1}{(\sqrt{3!}\,)^2}\,(3!)^2 |\psi_a(1)|^2 |\psi_a(2)|^2 |\psi_a(3)|^2 = 3!\,|\psi_u|^2\,. \tag{8.6}$$

Die Wahrscheinlichkeit, drei identische Bosonen im gleichen Quantenzustand zu finden, ist $3! = 6$ mal so groß wie bei unterscheidbaren Teilchen.

Die Verallgemeinerung auf n Bosonen ist naheliegend:

> *Die Wahrscheinlichkeit, n identische Bosonen im gleichen Quantenzustand zu finden, ist $n!$ mal so groß wie die Wahrscheinlichkeit, n unterscheidbare Teilchen im gleichen Quantenzustand zu finden.*

Für Bosonen gibt es also einen enormen Verstärkungseffekt.

Diese Überlegungen können noch etwas anders interpretiert werden, und dabei werden wir zu einem Ergebnis kommen, das von zentraler Bedeutung für Laser ist. Wir betrachten ein Vielteilchensystem, in dem Bosonen Übergänge in verschiedene Endzustände machen können. Es seien bereits n Bosonen in einem bestimmten Endzustand $|a\rangle$ vorhanden. Eine interessante Frage lautet: mit welcher Wahrscheinlichkeit macht ein weiteres Boson einen Übergang in diesen speziellen Endzustand $|a\rangle$, verglichen mit der Wahrscheinlichkeit für den Übergang in einen anderen, noch unbesetzten Endzustand $|b\rangle$?

Sei P_1 die Übergangswahrscheinlichkeit in einen unbesetzten Zustand. Die Wahrscheinlichkeit, dass sich n unterscheidbare Teilchen in den ausgewählten Endzustand begeben, ist

$$P_n = (P_1)^n \,.$$

Der Bose-Verstärkungseffekt erhöht die Übergangswahrscheinlichkeit um den Faktor $n!$

$$P_n^{\text{Bose}} = n!\,(P_1)^n \,.$$

Für $n + 1$ Bosonen gilt entsprechend

$$P_{(n+1)}^{\text{Bose}} = (n+1)!\,(P_1)^{n+1} = (n+1)P_1\, n!\,(P_1)^n = (n+1)P_1\, P_n^{\text{Bose}} \,. \tag{8.7}$$

Wenn bereits n Bosonen in einem Quantenzustand vorhanden sind, so ist die Wahrscheinlichkeit dafür, dass ein weiteres Boson in genau diesen Quantenzustand übergeht, $(n+1)$*-mal größer als die Wahrscheinlichkeit für den Übergang in einen unbesetzten Zustand.*

8.2 Spontane und stimulierte Emission, Absorption

8.2.1 Spontane Emission

Als einfaches Beispiel betrachten wir Atome, die nur zwei Energieniveaus E_1 und E_2 haben. Wenn sich bei einem Atom das Elektron im angeregten Zustand E_2 befindet, so gibt es eine gewisse Wahrscheinlichkeit pro Zeiteinheit w_{spon} dafür, dass es von selbst (spontan) nach E_1 übergeht und dabei ein Photon der Energie $\hbar\omega = E_2 - E_1$ emittiert wird. Diesen Vorgang nennt man *spontane Emission*. Die Zahl der angeregten Atome erniedrigt sich in der Zeit $\mathrm{d}t$ durch spontane Emission um

$$\mathrm{d}N_2 = -N_2\, w_{\text{spon}}\, \mathrm{d}t \,.$$

Daraus folgt das auch für die radioaktiven Kernzerfälle typische exponentielle Zerfallsgesetz

$$N_2(t) = N_2(0)\, \mathrm{e}^{-t/\tau} \,. \tag{8.8}$$

Die charakteristische Zeitkonstante $\tau = 1/w_{\text{spon}}$ nennt man die mittlere Lebensdauer; es ist die Zeit, in der die Zahl der angeregten Atome durch spontane Übergänge auf $1/e = 37\,\%$ der Anfangszahl abgesunken ist. Für „erlaubte optische Übergänge" (siehe Kap. 10) ist typischerweise $\tau \approx 10^{-8}$ s.

Bei den Gamma-Zerfällen der Atomkerne spielen nur die spontanen Übergänge eine Rolle. Im optischen und erst recht im Infrarot- und Mikrowellen-Bereich werden die stimulierten Emissionsprozesse zunehmend wichtig.

8.2.2 Stimulierte Emission und Absorption

Wenn bereits Strahlung der Frequenz ω vorhanden ist, kann ein Elektron auch unter dem Einfluss des Strahlungsfeldes von E_2 nach E_1 übergehen. Dies ist die *stimulierte Emission* (oder *induzierte Emission*). Befindet sich das Elektron im Grundzustand, so kann es durch die Strahlung in den angeregten Zustand gehoben werden, wobei ein Photon absorbiert wird (*Absorption*). In Abb. 8.1 sind die drei mit Photon-Emission oder -Absorption verknüpften Prozesse schematisch dargestellt. Wir werden im Folgenden sehen, dass die elementaren Wahrscheinlichkeiten für Absorption und stimulierte Emission gleich sind. Es ist aber nicht so einfach, einen generell gültigen Zusammenhang zwischen der spontanen und der stimulierten Emission herzustellen.

Zur Vereinfachung nehmen wir zunächst an, dass es nur einen Quantenzustand $|a\rangle$ für die Photonen gibt. Ein solcher Zustand ist durch Energie $\hbar\omega = E_2 - E_1$, Richtung und Polarisation des Photons gekennzeichnet. Wenn dieser Zustand unbesetzt ist, kann ein angeregtes Atom durch spontane Emission ein Photon in den Quantenzustand $|a\rangle$ emittieren. Die Wahrscheinlichkeit pro Zeiteinheit für spontane Emission nennen wir wieder w_{spon}. Nun betrachten wir den Fall, dass sich bereits n Photonen im Zustand $|a\rangle$ befinden. Nach Gl. (8.7) ist die Wahrscheinlichkeit, dass ein angeregtes Atom ein Photon in den Zustand $|a\rangle$ emittiert, dann $(n + 1)$-mal größer.

$$w_{\text{em}} = (n + 1)w_{\text{spon}} \equiv w_{\text{stim}} + w_{\text{spon}} \,.$$

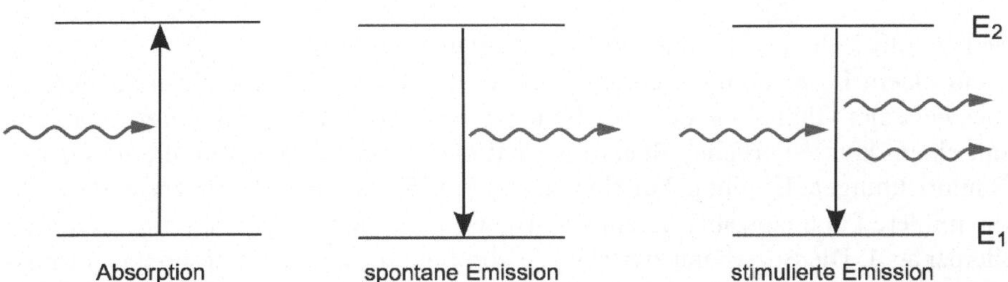

Abb. 8.1 Absorption, spontane Emission und stimulierte Emission von Photonen. In allen drei Fällen ist $\hbar\omega = E_2 - E_1$

Die bereits vorhandenen Photonen stimulieren (induzieren) also Übergänge. Für den hier diskutierten Spezialfall eines einzigen Photonzustands mit n Photonen gilt

$$w_{\text{stim}} = n\, w_{\text{spon}} \,.$$

Neben der Emission gibt es die Absorption: durch Absorption eines Photons kann ein Atom vom Grundzustand in den angeregten Zustand übergehen. Die Wahrscheinlichkeit für Absorption ist offensichtlich proportional zur Zahl der vorhandenen Photonen. Es ist einleuchtend, und man kann allgemein beweisen (siehe Kap. 10.3), dass die Wahrscheinlichkeiten pro Zeiteinheit für Absorption und stimulierte Emission genau gleich sind:

$$w_{\text{abs}} = w_{\text{stim}} \,. \tag{8.9}$$

Für den Spezialfall eines einzigen Photonzustands mit n Photonen gilt

$$w_{\text{abs}} = w_{\text{stim}} = n\, w_{\text{spon}} \,. \tag{8.10}$$

Der Bose-Verstärkungseffekt ist in diesem Fall sehr ausgeprägt. Die Gleichung (8.10) ist auf Laser anwendbar, aber mit gewissen Einschränkungen, auf die wir in Kap. 8.4.1 näher eingehen.

Man kann im Rahmen der Quantenmechanik und Elektrodynamik verstehen, dass die Wahrscheinlichkeit für stimulierte Emission proportional zur Zahl der bereits vorhandenen Photonen ist. Die übliche Methode, optische Übergänge in der Quantenmechanik zu berechnen, ist die Anwendung der zeitabhängigen Störungsrechnung. Eine externe Lichtwelle kann einen Übergang des Elektrons von einem angeregten Zustand E_2 in den Grundzustand E_1 induzieren, sofern ihre Frequenz die Resonanzbedingung $\omega = (E_2 - E_1)/\hbar$ erfüllt. Die potentielle Energie des Elektrons im elektrischen Feld dieser Welle stellt einen „Stör-Hamilton-Operator" dar, s. Kap. 10. Die störungstheoretisch berechnete Übergangswahrscheinlichkeit ist proportional zum Quadrat der elektrischen Feldstärke der Lichtwelle: $w_{\text{stim}} \sim \boldsymbol{E}^2$. Die Feldenergie in einem Volumen V ist

$$\frac{\varepsilon_0}{2}\, \boldsymbol{E}^2\, V \equiv n\, \hbar\omega \,,$$

wobei n die Zahl der Photonen in V ist. Daraus folgt $w_{\text{stim}} \sim n$.

In einem Laser dominieren ein oder wenige Photonzustände. Ganz anders ist dies bei einer Glühlampe oder der Sonne. Diese Lichtquellen emittieren Strahlung mit einem kontinuierlichen Spektrum, und die Emission erfolgt in alle möglichen Raumrichtungen. Es gibt daher eine ungeheure Vielzahl von Photonzuständen, und die mittlere Photonenzahl $\overline{n}$ in einem ausgewählten Zustand ist fast immer sehr viel kleiner als 1. Die Beziehung zwischen Absorption, stimulierter und spontaner Emission sieht zwar ganz ähnlich wie in Gl. (8.10) aus, aber man muss n durch $\overline{n}$ ersetzen

$$w_{\text{abs}} = w_{\text{stim}} = \overline{n}\, w_{\text{spon}} \,. \tag{8.11}$$

Für Strahlung im thermischen Gleichgewicht mit erhitzter Materie findet man $\overline{n} \ll 1$, siehe Gl. (8.21). Dies trifft auf die Sonne oder eine Glühlampe zu. Die stimulierte Emission ist vernachlässigbar gegenüber der spontanen Emission.

8.3 Strahlung im thermischen Gleichgewicht mit Materie

8.3.1 Die Planck'sche Strahlungsformel

Hoch erhitzte Körper wie die Sonne oder das Innere eines Hochofens senden intensive elektromagnetische Strahlung aus. Es erwies sich als unmöglich, das beobachtete Spektrum im Rahmen der klassischen Physik zu erklären. Der 14. Dezember 1900 war gewissermaßen der Geburtstag der Quantentheorie: Max Planck stellte auf der Tagung der Deutschen Physikalischen Gesellschaft seine Theorie der Strahlung des „schwarzen Körpers" vor, mit der ihm eine quantitative Beschreibung gelang[2]. Der Preis dafür war hoch. Planck musste den Boden der klassischen Physik verlassen und die Annahme machen, dass die Schwingungsenergie der beteiligten Atome oder Moleküle quantisiert und proportional zur Frequenz ist: $E = h\,\nu$ mit einer neuen Naturkonstanten h, dem Planck'schen Wirkungsquantum.

Die von Planck hergeleitete Strahlungsformel lautet

$$\rho_{\text{th}}(\omega)\mathrm{d}\omega = \frac{\hbar\omega^3}{\pi^2 c^3} \cdot \frac{1}{\mathrm{e}^{\hbar\omega/(k_B T)} - 1}\,\mathrm{d}\omega\,. \tag{8.12}$$

Dabei ist $\rho_{\text{th}}(\omega)d\omega$ die thermische Strahlungsenergie pro Volumeneinheit im (Kreis)-Frequenzintervall $[\omega, \omega + \mathrm{d}\omega]$. Oft trägt man die Strahlungsenergiedichte als Funktion der Wellenlänge auf (siehe Abb. 8.2). Wegen $\omega = 2\pi c/\lambda$, $\mathrm{d}\omega = -2\pi c/\lambda^2\, d\lambda$ lautet die Planck-Formel dann

$$\rho_{\text{th}}(\lambda)\mathrm{d}\lambda = \frac{16\pi^2\hbar\, c}{\lambda^5} \cdot \frac{1}{\mathrm{e}^{2\pi\hbar\, c/(\lambda k_B T)} - 1}\,\mathrm{d}\lambda\,. \tag{8.13}$$

Die traditionelle Herleitung der Planck'schen Strahlungsformel findet man in vielen Lehrbüchern der Quantenphysik, wir verzichten darauf. Man kann die Formel (8.12) wie folgt verstehen: die spektrale Energiedichte (8.12) ist das Produkt der Zustandsdichte $g(\omega)$ nach Gl. (B.19), der Photonen-Energie $\hbar\omega$ und der Bose-Einstein-Verteilungsfunktion (D.24) für Photonen:

$$\rho_{\text{th}}(\omega) = g(\omega) \cdot \hbar\omega \cdot f_{\text{Photon}}(\hbar\omega) = \frac{\omega^2}{\pi^2 c^3} \cdot \hbar\omega \cdot \frac{1}{\mathrm{e}^{\hbar\omega/(k_B T)} - 1}\,.$$

[2] Unter einem schwarzen Körper versteht man einen Körper, der alle einfallende Strahlung zu 100 % absorbiert. Eine mattschwarz gefärbte Metall- oder Kunststoff-Oberfläche erfüllt dies Kriterium nur unvollkommen. Die beste Approximation ist ein Hohlraum mit dunklen Wänden, in den die Strahlung durch ein kleines Loch eintritt. Durch vielfache Absorption und Reflexion im Innern wird die Strahlung immer weiter abgeschwächt, und es besteht nur eine sehr geringe Wahrscheinlichkeit, dass Strahlung durch das Loch wieder entweicht. Diese Öffnung sieht also sehr „schwarz" aus.

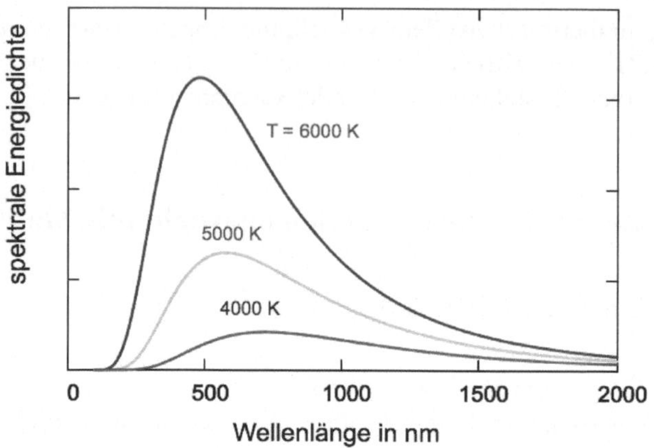

Abb. 8.2 Die thermische Strahlungsenergiedichte als Funktion der Wellenlänge für Temperaturen von 6000, 5000 und 4000 Kelvin

8.3.2 Die Einstein-Koeffizienten

Von Albert Einstein wurde schon im Jahr 1917, lange vor Entstehung der Quantenmechanik, ein Zusammenhang zwischen Emissions- und Absorptionsvorgängen im thermodynamischen Gleichgewicht gefunden. Um konsistente Resultate zu erhalten, musste Einstein dabei den Prozess der stimulierten (induzierten) Emission „erfinden", der zu dieser Zeit unbekannt war. Wir betrachten elektromagnetische Strahlung im thermodynamischen Gleichgewicht mit erhitzter Materie der absoluten Temperatur T (Beisp. Sonne, das Innere eines Hochofens, näherungsweise eine Glühlampe). Es wird dann ein kontinuierliches Frequenzspektrum emittiert, dessen spektrale Energiedichte durch die Planck'sche Strahlungsformel (8.12) gegeben ist. Die Photonen können beliebige Frequenzen, Richtungen und Polarisation haben. Es gibt daher außerordentlich viele verschiedene Zustände für die Photonen. Nehmen wir an, wir hätten Atome mit zwei Niveaus E_1 und E_2, die sich zusammen mit der Strahlung in einem Kasten befinden. Die Wahrscheinlichkeit pro Zeiteinheit für Absorption $E_1 \to E_2$ ist proportional zur Energiedichte $\rho_{\text{th}}(\omega)$ der Strahlung bei der Frequenz $\omega = (E_2 - E_1)/\hbar$

$$w_{\text{abs}} = B_{12}\,\rho_{\text{th}}(\omega)\,. \tag{8.14}$$

Die Emission hat zwei Anteile: die stimulierte Emission ist proportional zu $\rho_{\text{th}}(\omega)$, die spontane Emission ist unabhängig von der vorhandenen Strahlungsdichte

$$w_{\text{em}} = w_{\text{stim}} + w_{\text{spon}} = B_{21}\,\rho_{\text{th}}(\omega) + A_{21}\,. \tag{8.15}$$

Die Zahl N_2 der Atome im oberen Niveau erhöht sich durch Absorption und vermindert sich durch Emission von Photonen:

$$\frac{\mathrm{d}N_2}{\mathrm{d}t} = w_{\text{abs}}N_1 - w_{\text{em}}N_2 = B_{12}\,\rho_{\text{th}}(\omega)\,N_1 - (B_{21}\,\rho_{\text{th}}(\omega) + A_{21})\,N_2\,. \tag{8.16}$$

Im thermodynamischen Gleichgewicht ist $\mathrm{d}N_2/\mathrm{d}t = 0$, und gemäß der Boltzmannverteilung gilt

$$\frac{N_1}{N_2} = \exp\left(\frac{E_2 - E_1}{k_\mathrm{B} T}\right) = \exp\left(\frac{\hbar\omega}{k_\mathrm{B} T}\right). \tag{8.17}$$

Setzen wir dies in (8.16) ein, so folgt $B_{12}\,\rho_\mathrm{th}(\omega)\exp[\hbar\omega/(k_\mathrm{B}T)] = A_{21} + B_{21}\,\rho_\mathrm{th}(\omega)$ und daher

$$\rho_\mathrm{th}(\omega) = \frac{A_{21}/B_{12}}{\exp[\hbar\omega/(k_\mathrm{B}T)] - B_{21}/B_{12}}. \tag{8.18}$$

Durch Vergleich mit der Planck-Strahlungsformel (8.12) finden wir:

$$B_{21} = B_{12} \quad \text{und} \quad A_{21} = \frac{\hbar\omega^3}{\pi^2 c^3}\,B_{21}. \tag{8.19}$$

Die erste Gleichung besagt, dass die Wahrscheinlichkeiten für Absorption und stimulierte Emission gleich sind. Dies folgt auch aus der störungstheoretischen Behandlung. Die zweite Gleichung stellt einen Zusammenhang zwischen der stimulierten und spontanen Emission im thermodynamischen Gleichgewicht her:

$$\frac{w_\mathrm{stim}}{w_\mathrm{spon}} = \frac{B_{21}\,\rho_\mathrm{th}(\omega)}{A_{21}} = \frac{1}{\exp[\hbar\omega/(k_\mathrm{B}T)] - 1}. \tag{8.20}$$

Die Lichtwellen im Kasten werden durch optische Eigenschwingungen dargestellt. Jede Eigenschwingung verhält sich wie ein harmonischer Oszillator, dessen Energie den Wert $(n + 1/2)\hbar\omega$ hat, wobei n die Zahl der Photonen in dieser Eigenschwingung ist. Im thermodynamischen Gleichgewicht ist die mittlere Zahl dieser Photonen

$$\overline{n} = \frac{1}{\exp[\hbar\omega/(k_\mathrm{B}T)] - 1}, \tag{8.21}$$

und die mittlere Energie eines harmonischen Oszillators (abzüglich der Nullpunktsenergie $\hbar\omega/2$) ist

$$\overline{E} = \frac{\hbar\omega}{\exp[\hbar\omega/(k_\mathrm{B}T)] - 1} \equiv \overline{n}\,\hbar\omega. \tag{8.22}$$

Damit können wir schreiben

$$w_\mathrm{stim} = \overline{n}\,w_\mathrm{spon}. \tag{8.23}$$

Zwei Fälle sollen betrachtet werden.

(a) Hohe Frequenzen: $\hbar\omega \gg k_\mathrm{B}T$ bei Raumtemperatur, $T = 293\,\mathrm{K}$. Dies gilt für sichtbares Licht und Röntgen/γ-Strahlung. Die mittlere Zahl der Photonen in einem definierten Quantenzustand ist im thermodynamischen Gleichgewicht sehr klein, $\overline{n} \ll 1$. Die spontane Emission ist viel wahrscheinlicher als die stimulierte Emission, was auch sofort aus Gl. (8.20) folgt.

Der Laser ist ein Gegenbeispiel, dort ist die Besetzungszahl eines bestimmten Photonzustands sehr groß gegen 1. Man muss sich aber klarmachen, dass der Laser ein System darstellt, welches extrem weit vom thermodynamischen Gleichgewicht entfernt ist, da eine Besetzungsinversion vorliegt. Die Gleichungen (8.21) und (8.23) dürfen daher nicht auf Laser angewandt werden.

(b) Niedrige Frequenzen, $\hbar\omega \ll k_{\mathrm{B}}T$. Das gilt im Hochfrequenz- und Mikrowellenbereich. Dann ist $\overline{n} \gg 1$, und die stimulierte Emission dominiert völlig. Ein wichtiges Beispiel mit praktischer Bedeutung ist die magnetische Kernresonanz, die genaueste Methode zur Messung von Magnetfeldern und die Grundlage der Kernspin-Tomografie. Ein Proton hat in einem Magnetfeld B zwei Energieniveaus $E_1 = -\mu B$ und $E_2 = +\mu B$. Durch Einstrahlen von Hochfrequenz mit $\hbar\omega = 2\mu B$ kann man Umklappen der Spins erreichen. Für $B = 1$ Tesla erhält man eine Frequenz $f = \omega/(2\pi) = 42{,}6\,\mathrm{MHz}$. Bei Raumtemperatur ist $\hbar\omega/(k_{\mathrm{B}}T) \approx 10^{-5}$, d. h. die spontane Emission ist im Vergleich zur stimulierten Emission völlig vernachlässigbar.

8.4 Anwendungsbeispiele und didaktische Anmerkungen

8.4.1 Der Laser

Das Wort LASER ist eine Abkürzung für „Light Amplification by Stimulated Emission of Radiation“. Das Prinzip eines Lasers wird in Abb. 8.3 erklärt. Es gibt drei wesentliche Komponenten: das aktive Lasermedium mit mindestens drei Energieniveaus, eine Energiepumpe und einen optischen Resonator. Der Laserübergang finde zwischen den Niveaus E_2 und E_1 statt. Stimulierte Emission und Absorption sind konkurrierende Prozesse. Damit die Emission dominiert, muss die Zahl N_2 der angeregten Atome viel größer als die Zahl N_1 der Atome im Grundzustand sein. Man nennt dies eine *Besetzungsinversion*, denn im thermischen Gleichgewicht ist $N_2 < N_1$, siehe Gl. (8.17). Diese Besetzungsinversion kann man beispielsweise durch optisches Pumpen erreichen, wofür ein drittes Niveau $E_3 > E_2$ gebraucht wird. Mit nur zwei Energieniveaus lässt sich ein Laser nicht realisieren.

Die Achse des optischen Resonators definiert die Richtung der Photonen auf besser als 1 mrad. In einem Mono-Moden-Laser wird genau eine Eigenschwingung („Mode“) des Resonators angeregt. Die Photonen dieser Eigenschwingung haben alle die gleiche Frequenz, dieselbe Richtung (beschrieben durch den Wellenvektor $\boldsymbol{k} = (k_1, k_2, k_3)$), die gleiche Polarisation und die gleiche Phase. Diese Quantenzahlen charakterisieren einen wohldefinierten Quantenzustand, den wir durch den Dirac ket-Vektor $|a\rangle$ kennzeichnen.

Im Resonator befinden sich viele Atome, die durch Pumpen über ein Hilfsniveau E_3 in den Zustand E_2 gelangen. Beim Übergang in den Grundzustand emittieren sie Strahlung der Frequenz $\omega = (E_2 - E_1)/\hbar$. Am Anfang des Lasersprozesses ist die Zahl der Photonen im Quantenzustand $|a\rangle$ gleich null. Wenn ein Atom spontan ein Photon in den Quantenzustand $|a\rangle$ emittiert (die Wahrscheinlichkeit pro Zeiteinheit ist w_{spon}), so fliegt dies Photon periodisch hin und her zwischen den Resonatorspiegeln und verbleibt im optischen Resonator. Jedes andere Photon, das mit derselben Wahrscheinlichkeit w_{spon} in einen Quantenzustand $|b\rangle$ emittiert wird, dessen Rich-

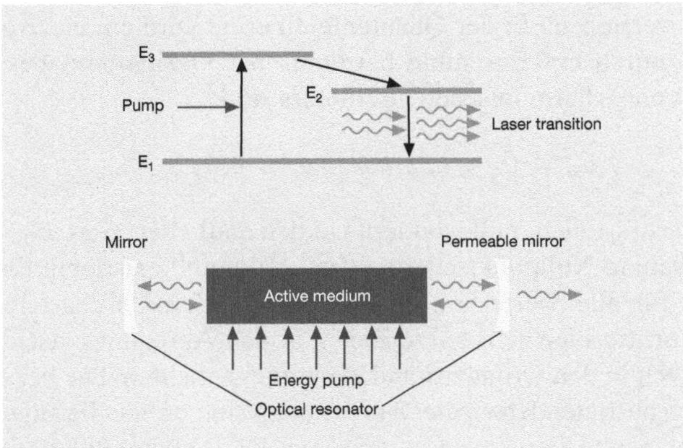

Abb. 8.3 Schema eines Lasers

tung von der optischen Achse abweicht, wird den Resonator sofort verlassen. Daher wächst die Zahl der Photonen im Quantenzustand $|a\rangle$ im Laufe der Zeit an, während andere Quantenzustände im wesentlichen unbesetzt bleiben. Wenn bereits n Photonen in $|a\rangle$ sind, so wird die Wahrscheinlichkeit w_n, dass Photon $(n+1)$ ebenfalls in den Zustand $|a\rangle$ gelangt, $(n+1)$-mal größer, als die Wahrscheinlichkeit w_{spon} für die Emission in irgendeinen anderen Zustand $|b\rangle$:

$$w_n = (n+1)w_{\text{spon}} = \underbrace{n\, w_{\text{spon}}}_{w_{\text{stim}}} + w_{\text{spon}}$$

Die Zahl der Photonen in $|a\rangle$ wächst exponentiell an, bis „Lasersättigung" erreicht wird, z. B. wenn die begrenzte Pumpleistung keine weitere Erhöhung der Lichtintensität mehr zulässt.

In vielen Lasertypen gibt es nicht nur eine, sondern viele Eigenschwingungen des optischen Resonators, die an der Lichtverstärkung teilhaben. Der Bose-Verstärkungseffekt gemäß Gl. (8.10) bezieht sich dann auf die Zahl n der Photonen in der jeweiligen Eigenschwingung.

8.4.2 Spontane Emission: stimuliert durch Vakuumfluktuationen

Ein Atom, das sich auf einem angeregten Niveau E_{a} befindet, kann auf zwei Weisen in den Grundzustand E_{g} übergehen, durch stimulierte oder spontane Emission eines Photons. Die stimulierte Emission ist die Grundlage des Lasers und wird durch ein bereits vorhandenes Strahlungsfeld induziert. Die spontane Emission läuft von selbst ab, und eine weit verbreitete Meinung ist, dass sie nicht von außen beeinflusst werden kann. Dies ist nicht richtig:

In Wahrheit ist die spontane Emission eine durch Vakuumfluktuationen stimulierte Emission.

Wie ist das zu verstehen? In der Quantenfeldtheorie wird ein elektromagnetisches Strahlungsfeld durch ein Ensemble harmonischer Oszillatoren beschrieben. Die Energieniveaus eines harmonischen Oszillators sind

$$E_n = (n + 1/2)\hbar\omega\,, \quad n = 0, 1, 2, 3\ldots.$$

Das tiefste Niveau ist nicht null, sondern hat den endlichen Wert $E_0 = \hbar\omega/2$. Dies ist die uns bekannte Nullpunktsenergie. Im „Vakuum" existieren die Nullpunktsschwingungen für alle Werte von ω. Die Energie-Zeit-Unschärferelation erlaubt einem Oszillator, für eine sehr kurze Zeit τ in den Anregungszustand E_1 überzugehen und danach in den Grundzustand E_0 zurückzukehren. Die bei diesen kurzlebigen Prozessen auftretenden *virtuellen Photonen* sind es, die die angeregten Atome zu ihren „spontanen" Übergängen veranlassen. Die Vakuumfluktuationen sind statistischer Natur, und mit der hier aufgeführten Deutung wird die statistische Natur der quantenmechanischen Übergänge auf die statistischen Fluktuationen des „leeren Raums" zurückgeführt.

Wie kann man diese Ergebnisse der Quantenfeldtheorie experimentell beweisen? Die Idee ist, angeregte Atome in eine Art „Faraday-Käfig" zu sperren, der die Vakuumfluktuationen abschirmt, und dann zu überprüfen, ob sie länger als normal im Anregungszustand bleiben. Ein Experiment dieser Art ist von S. Haroche und Mitarbeitern mit einem Cäsium-Atomstrahl durchgeführt worden. Als Abschirmung dienten zwei sehr ebene parallele Metallplatten oberhalb und unterhalb des Atomstrahls (Abb. 8.4), deren Abstand $d = 1{,}1\,\mu\text{m}$ kleiner als die halbe Wellenlänge der beim Übergang 5d → 6s emittierten Strahlung war ($\lambda = 3{,}5\,\mu\text{m}$). Eine elektromagnetische Welle der Wellenlänge $\lambda = 3{,}5\,\mu\text{m}$ kann sich im Raum zwischen den Platten ungehindert ausbreiten, sofern ihr elektrischer Vektor senkrecht auf den Platten steht. Ist aber der $\boldsymbol{E}$-Vektor parallel zu den Platten, so wird die Welle exponentiell abgeschwächt und dringt weniger als eine Wellenlänge in den Zwischenraum ein. Mit einem Detektor wurde die Zahl der angeregten Cs-Atome als Funktion des Winkels zwischen dem $\boldsymbol{E}$-Vektor und den Platten gemessen. Bei paralleler Ausrichtung (0°, 180°) wurde eine hohe Zählrate gemessen, bei senkrechter Ausrichtung (90°) erreichte kein einziges angeregtes Atom den Detektor. Die Auswertung des Experiments ergab, dass bei der parallelen Ausrichtung eine 13-fache Verlängerung der natürlichen Lebensdauer gemessen wurde.

Es sind auch Experimente mit angeregten Atomen in metallischen Hohlräumen (*cavities*) durchgeführt worden, die Vakuumfluktuationen jeglicher Polarisation abschirmten (siehe Ref. [1]). Der spontane Zerfall konnte komplett zum Erliegen gebracht werden.

Schulversuch. Die exponentielle Abschwächung einer elektromagnetischen Welle im Raum zwischen zwei eng benachbarten Metallplatten kann man sehr schön mit Mikrowellen demonstrieren. Dazu beklebt man zwei 20 cm lange Hartschaumplatten mit Aluminiumfolie und montiert sie parallel zueinander mit einem Spalt von $d = 1$ cm. Links von der Doppelplatte baut man den Mikrowellensender auf, rechts

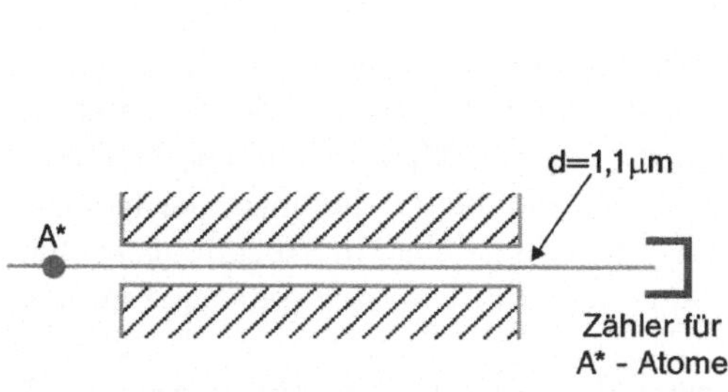

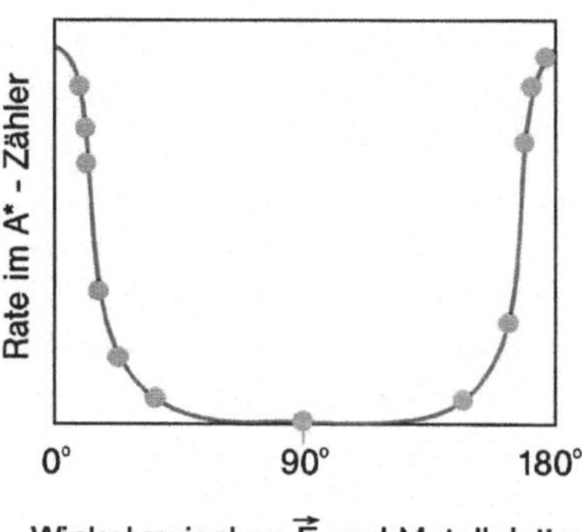

Abb. 8.4 Unterdrückung der spontanen Emission durch „Abschirmung" der Vakuumfluktuationen. *Links* wird ein Schema des Experiments gezeigt, *rechts* ist die Zählrate der angeregten Cs-Atome A^* als Funktion des Winkels zwischen dem $\boldsymbol{E}$-Vektor und den Platten aufgetragen. Gezeichnet nach einer Skizze von S. Haroche mit freundlicher Genehmigung des Urhebers

den Empfänger. Wenn der $\boldsymbol{E}$-Vektor der Mikrowelle senkrecht zu den Platten steht, kommt die Welle gut durch. Ist aber der $\boldsymbol{E}$-Vektor parallel zu den Platten, so kommt auf der anderen Seite überhaupt keine Mikrowellenleistung an.

Zusammenfassung

1. Identische Bosonen wie α-Teilchen oder Helium-Atome haben eine symmetrische Wellenfunktion.
2. Die Wahrscheinlichkeit, n Bosonen im gleichen Quantenzustand zu finden, ist $n!$ mal so groß wie die Wahrscheinlichkeit, n unterscheidbare Teilchen im gleichen Quantenzustand zu finden.
3. Wenn bereits n Bosonen in einem bestimmten Quantenzustand $|a\rangle$ vorhanden sind, so ist die Wahrscheinlichkeit dafür, dass ein weiteres Boson in genau diesen Quantenzustand übergeht, $(n + 1)$-mal größer als die Wahrscheinlichkeit für den Übergang in einen unbesetzten Zustand $|b\rangle$.
4. Ein angeregtes Atom (Energie E_2) kann durch spontane Emission in den Grundzustand E_1 übergehen. Es gilt das auch für radioaktive Kernzerfälle typische exponentielle Zerfallsgesetz.
5. Bei Anwesenheit von Strahlung kann ein Elektron unter dem Einfluss des elektromagnetischen Feldes von E_2 nach E_1 übergehen (stimulierte Emission) oder von E_1 nach E_2 (Absorption). Die elementaren Wahrscheinlichkeiten für stimulierte Emission und Absorption sind gleich.
6. Wenn es nur einen Quantenzustand $|a\rangle$ für die Photonen gibt und bereits n Photonen vorhanden sind, gilt $w_{\text{abs}} = w_{\text{stim}} = n\, w_{\text{spon}}$. Dieser Bose-Einstein-Verstärkungseffekt ist Grundlage des Lasers.

7. Die spektrale Intensität der Strahlung eines hoch erhitzten Körpers wird durch die Planck'sche Strahlungsformel beschrieben, die historisch gesehen den Beginn des Quantenzeitalters markiert.
8. Die Einstein-Koeffizienten beschreiben die Beziehungen zwischen spontaner Emission, stimulierter Emission und Absorption für den Fall des thermodynamischen Gleichgewichts zwischen Strahlung und Materie. Für sehr hohe Frequenzen (sichtbares Licht, Röntgen- oder γ-Strahlung) dominiert die spontane Emission, die stimulierte Emission ist vernachlässigbar. Im Hochfrequenz- und Mikrowellenbereich dominiert die stimulierte Emission, die spontane Emission ist vernachlässigbar.
9. Der Laser kann nicht durch die Einstein-Koeffizienten beschrieben werden, da kein thermodynamisches Gleichgewicht vorliegt, sondern eine Besetzungsinversion durch Pumpen erzeugt wird. Ein Laser hat drei wesentliche Komponenten: aktives Lasermedium mit mindestens drei Energieniveaus, Energiepumpe und optischen Resonator. Zwei-Niveau-Laser gibt es nicht, da Absorption und stimulierte Emission konkurrierende Prozesse sind.
10. Die spontane Emission ist eine durch Vakuumfluktuationen stimulierte Emission.

Aufgaben

8.1) In einem 1D-Potentialtopf mit unendlich hohen Wänden lauten die Wellenfunktionen und Energien

$$\psi_n(x) = \sqrt{\frac{2}{a}} \sin\left(\frac{n\pi x}{a}\right), \quad E_n = n^2 G \quad \text{mit} \quad G = \frac{\pi^2 \hbar^2}{2ma}.$$

In den Topf werden zwei Teilchen gesteckt, die nicht wechselwirken. Wenn sie unterscheidbar sind, ist die Zweiteilchen-Wellenfunktion das Produkt der Einteilchen-Wellenfunktionen

$$\psi_{n_1 n_2}(x_1, x_2) = \psi_{n_1}(x) \cdot \psi_{n_2}(x_2), \quad E_{n_1 n_2} = (n_1^2 + n_2^2) G.$$

Der Grundzustand ist ψ_{11} und hat die Energie $E_{11} = 2G$. Der erste Anregungszustand ist zweifach entartet und hat die Energie $5G$:

$$\psi_{12} = \frac{2}{a} \sin\left(\frac{\pi x_1}{a}\right) \cdot \sin\left(\frac{2\pi x_2}{a}\right), \quad E_{12} = 5G,$$
$$\psi_{21} = \frac{2}{a} \sin\left(\frac{2\pi x_1}{a}\right) \cdot \sin\left(\frac{\pi x_2}{a}\right), \quad E_{21} = 5G.$$

Was ändert sich, wenn die Teilchen identische Bosonen oder identische Fermionen mit parallelem Spin sind?

8.2) Die kosmische Mikrowellen-Hintergrundstrahlung kann mit der Planck'schen Strahlungsformel für eine Temperatur $T = 2{,}72\,\mathrm{K}$ berechnet werden. Die theoretische Kurve soll gezeichnet und mit Daten des COBE-Satelliten verglichen werden.

8.3) Stimulierte Emission beobachtet man nicht nur bei Lasern; auch die thermische Strahlung kann Übergänge stimulieren. Im thermischen Gleichgewicht besteht ein Zusammenhang zwischen der stimulierten und der spontanen Emission. Unter Benutzung der Einstein-Gleichungen kann man qualitativ verstehen, dass die spontane Emission bei niedrigen Frequenzen (Mikrowellen) stark unterdrückt ist und mit wachsender Frequenz (Licht, Röntgenstrahlung) immer wahrscheinlicher wird.

Kapitel 9
Vertiefung 1: die nichtlokale Natur der Quantenmechanik

Aus den Betrachtungen zum Doppelspaltexperiment und zum Wasserstoffatom haben wir gelernt, dass es sinnlos ist, von der Bahn eines Elektrons in mikroskopischen Dimensionen zu sprechen. Andererseits wissen wir von Beschleunigern, dass dort die Bahn eines Elektrons sehr wohl einen Sinn macht. Man kann sie mit den Gesetzen der relativistischen Mechanik und der Elektrodynamik genau berechnen. In einer Fernsehbildröhre ist dies überhaupt die Grundlage der Bildentstehung: der Elektronenstrahl wird zeilenweise über den Bildschirm bewegt und baut so das gewünschte Bild auf. Diese Bewegung unter dem Einfluss einer Sägezahnspannung und einer magnetischen Ablenkung kann präzise berechnet werden, wenn man die zeitabhängigen Coulomb- und Lorentzkräfte auf „punktförmige" geladene Teilchen einwirken lässt, die aus einer Kathode emittiert werden und eine Beschleunigungsspannung von ca. 20 000 V durchlaufen. Die Welleneigenschaften der Elektronen treten nicht in Erscheinung. Da erhebt sich die durchaus legitime Frage: ist die Quantenmechanik in makroskopischen Dimensionen überhaupt gültig?

Die Mechanik ist im Prinzip eine deterministische Theorie: wenn die Anfangsbedingungen exakt bekannt sind, kann man mit Hilfe der Differentialgleichungen die Bewegungsabläufe präzise vorhersagen. Nun sind die Anfangsbedingungen grundsätzlich mit Messfehlern behaftet. In komplexen Systemen kann es dadurch zu chaotischem Verhalten kommen, wo eine minimale, unmessbar kleine Änderung der Anfangsbedingungen zu radikal geänderten Endresultaten führt. Bei der Bewegung der Planeten und des Mondes sind die chaotischen Einflüsse sehr gering, und man kann die Bahnen mit hoher Genauigkeit vorhersagen. Niemand würde auf die Idee kommen zu sagen, dass eine Sonnenfinsternis an einem bestimmten Tag mit 70% Wahrscheinlichkeit eintritt. Sie tritt entweder ein, und dann mit 100% Wahrscheinlichkeit (also mit Sicherheit), oder sie tritt nicht ein. Die Unsicherheiten der Quantenmechanik in der Vorhersage eines Ereignisses gibt es hier nicht. Liegt das daran, dass bei großen Teilchenzahlen und bei großen Dimensionen die statistischen Schwankungen unmessbar klein werden und und Wahrscheinlichkeitsaussagen deshalb zu sicheren Vorhersagen werden? Dies war der Standpunkt von Niels Bohr, der ein überzeugter Anhänger der Quantentheorie war. Albert Einstein hingegen konnte

P. Schmüser, *Theoretische Physik für Studierende des Lehramts 1*,
DOI 10.1007/978-3-642-25397-3_9,

sich mit der statistischen Natur der Quantentheorie nicht anfreunden und vertrat die Ansicht, dass es eine tiefer liegende deterministische Theorie geben müsse.

Für lange Zeit waren diese unterschiedlichen Auffassungen letztlich philosophische Fragen. Erst in den letzten Jahrzehnten sind Experimente durchgeführt worden, die eindeutig zugunsten der Quantenmechanik entschieden haben. Die Experimente betrafen Korrelationen zwischen entfernten Systemen, für die die Quantenmechanik Vorhersagen macht, die unseren anschaulichen Vorstellungen eklatant widersprechen. Dies ist die – zugegeben schwierige, aber hochaktuelle – Thematik dieses Kapitels.

9.1 Verschränkung und Einstein-Podolsky-Rosen-Paradoxon

9.1.1 Verschränkung

Die unanschaulichen Aspekte der Quantenphysik lassen sich zum großen Teil auf den Teilchen-Welle-Dualismus zurückführen. In diesem Kapitel werden wir auf eine weitere Absonderlichkeit eingehen, die *Verschränkung* (engl. *entanglement*), die zur Folge hat, dass die Quantenmechanik eine nichtlokale Theorie ist. Dieser Begriff wurde 1935 von Erwin Schrödinger geprägt und von ihm als ein wesentliches Charakteristikum der Quantentheorie angesehen. Verschränkung tritt auf, wenn man das Superpositionsprinzip auf zusammengesetzte Systeme anwendet.

Ein wichtiges Beispiel, das wir in den Kapiteln 5 und 7 kennengelernt haben und das in der folgenden Diskussion auch eine Rolle spielt, ist der Spinsingulettzustand zweier Spin-1/2-Teilchen, z. B. der beiden Elektronen im Grundzustand des Heliumatoms. Das Pauli-Prinzip verlangt, dass die beiden Elektronen antiparallele Spineinstellung haben. Denkbare Spinfunktionen wären $|\Uparrow\rangle_1\,|\Downarrow\rangle_2$ (der Spin von Elektron 1 zeigt nach oben, der von Elektron 2 zeigt nach unten) oder $|\Downarrow\rangle_1\,|\Uparrow\rangle_2$. Bei diesen Produktzuständen wird jedoch die Nichtunterscheidbarkeit der Teilchen ignoriert. Die korrekte Spinfunktion ist die antisymmetrische Kombination der beiden Produktzustände

$$|0,0\rangle = \frac{1}{\sqrt{2}}\,\{\,|\Uparrow\rangle_1\,|\Downarrow\rangle_2 - |\Downarrow\rangle_1\,|\Uparrow\rangle_2\,\}\,. \tag{9.1}$$

Dies ist der uns schon bekannte Spinsingulettzustand (5.34). Die Gleichung (9.1) beschreibt einen verschränkten Zweiteilchenzustand. Wir wissen nicht, welche Spinkomponente Elektron 1 in z-Richtung hat, sie kann $+\hbar/2$ sein oder $-\hbar/2$. Wir wissen aber mit Sicherheit, dass die Spinkomponente von Elektron 2 den entgegengesetzten Wert haben wird. Die Eigenschaften der beiden Teilchen sind offensichtlich *verschränkt*.

9.1.2 Das EPR-Paradoxon

Nahezu zeitgleich mit Schrödingers Überlegungen wurde von Albert Einstein, Boris Podolsky und Nathan Rosen (EPR) eine berühmt gewordene Arbeit publiziert mit dem Titel *Can Quantum-Mechanical Description of Physical Reality Be Considered Complete?* [16]. Die Autoren zeigten anhand eines Gedankenexperiments, dass die Quantenmechanik bei anfänglich gekoppelten Systemen eine starke Korrelation zwischen Messungen an zwei getrennten Orten vorhersagt. Diese Orte könnten im Prinzip so weit voneinander entfernt sein, dass eine Kommunikation zwischen den beiden Messapparaturen Überlichtgeschwindigkeit erfordern würde. Einstein hielt dies für paradox und kam zu der Überzeugung, dass die Quantenmechanik nicht die letztgültige Theorie sein könne und dass es eine fundamentalere Theorie geben müsse. Es ist zu vermuten, dass Einstein dabei an eine deterministische Theorie dachte, da in der EPR-Arbeit viel von „lokaler physikalischer Realität" die Rede ist.

Niels Bohr hat der EPR-Argumentation widersprochen [17], das Paradoxon wurde jedoch von Bohr nicht in befriedigender Weise aufgeklärt. Später ist das EPR-Paradoxon von David Bohm näher untersucht worden, wir besprechen seine Variante des EPR-Gedankenexperiments im nächsten Abschnitt. John Bell hat analysiert, ob es „verborgene Variable" (*hidden variables*) geben könnte, die zusätzliche Informationen enthalten, die nicht bereits in der Wellenfunktion stecken [18]. In diesem Fall müsste die *Bell'sche Ungleichung* erfüllt sein (Anhang E). Wir werden neuere experimentelle Resultate präsentieren, die zeigen, dass die Bell'sche Ungleichung verletzt ist und dass es keine verborgenen Variablen in der Quantentheorie geben kann. Damit kann man auch die Existenz einer tiefer liegenden deterministischen Theorie ausschließen.

Die Bohm'sche Variante des EPR-Gedankenexperiments

Wir diskutieren ein Gedankenexperiment zum EPR-Paradoxon, das auf D. Bohm und Y. Aharonov [19] zurückgeht. Betrachtet wird ein neutrales Molekül mit Gesamtdrehimpuls 0, das aus zwei Spin-1/2-Atomen aufgebaut ist[1]. Ein Beispiel ist das Wasserstoffmolekül H_2, in dem die beiden bindenden Elektronen den Bahndrehimpuls 0 haben und ihre Spins antiparallel ausgerichtet sind. Die Atome werden dann durch eine Methode getrennt, die den Spin nicht beeinflusst. Nachdem sie sich so weit voneinander entfernt haben, dass sie nicht mehr wechselwirken, wird die z-Komponente des Spins von Atom 1 gemessen, der Messwert sei beispielsweise $+\hbar/2$. Da der totale Spin 0 ist, kann man unmittelbar schließen, dass die z-Komponente des Spins von Atom 2 den entgegengesetzten Wert $-\hbar/2$ haben muss.

Wir nehmen zunächst einmal an, dies sei ein klassisches System. In der klassischen Physik sind alle drei Komponenten eines Drehimpulsvektors wohldefi-

---

[1] Es wird hier nur der Elektronen-Spin betrachtet. Die Spinausrichtung der beiden Atomkerne spielt für die molekulare Bindung praktisch keine Rolle, und zur Vereinfachung ignorieren wir die Kern-Spins.

nierte Größen. Aus der Drehimpulserhaltung bei der Aufspaltung des Moleküls in getrennte Atome folgt dann $\boldsymbol{S}_1 = -\boldsymbol{S}_2$, und diese Relation bleibt erhalten, wenn sich die Atome voneinander entfernen. Auch bei beliebig großen Abständen kann daher jede Komponente des Spinvektors von Atom 2 indirekt durch Messung der gleichen Komponente des Spinvektors von Atom 1 bestimmt werden, ohne dass Atom 2 eine Messapparatur durchlaufen muss und ohne dass eine Wechselwirkung zwischen den beiden Atomen vorhanden ist. (Allerdings würde man bei einer Messung von S_{1x} nicht etwa nur die beiden diskreten Werte $\pm\hbar/2$ finden, sondern kontinuierlich verteilte Werte, z. B. $S_{1x} = 0{,}17\hbar$, woraus man dann schließen könnte, dass $S_{2x} = -0{,}17\hbar$ sein müsste). Die strikte Korrelation der Messwerte in diesem klassischen System ist kein Hinweis auf eine geheimnisvolle Fernwirkung, sie ist vielmehr schlicht eine Konsequenz der Anfangsbedingungen ($\boldsymbol{S}_1 = -\boldsymbol{S}_2$ zum Zeitpunkt $t = 0$) und des Drehimpuls-Erhaltungssatzes.

In der Quantentheorie wird das viel komplizierter, weil nur eine Komponente des Spinvektors einen definierten Wert haben kann und die beiden anderen Komponenten unbestimmt sind. Wir betrachten zunächst den Fall, dass die beiden Atome noch so nahe beieinander sind, dass sich ihre Ortswellenfunktionen überlappen, was nach dem üblichen quantenmechanischen Verständnis eine Wechselwirkung zwischen den Atomen impliziert. Nach der Dissoziation des Moleküls befinden sich die Atome im Spinsingulett-Zustand

$$|0,\,0\rangle^{(z)} = \frac{1}{\sqrt{2}}\,\{\,|\Uparrow\rangle_1\,|\Downarrow\rangle_2 - |\Downarrow\rangle_1\,|\Uparrow\rangle_2\,\}\,. \tag{9.2}$$

Hierbei bedeutet der erste Term $|\Uparrow\rangle_1\,|\Downarrow\rangle_2$, dass Atom 1 die Spinkomponente $+\hbar/2$ in z-Richtung hat und Atom 2 die Spinkomponente $-\hbar/2$. Im zweiten Term $|\Downarrow\rangle_1\,|\Uparrow\rangle_2$ ist es umgekehrt. Der hochgestellte Index (z) soll andeuten, dass wir uns hier auf die Spinkomponente in z-Richtung beziehen. Könnten wir die Spinausrichtung von Atom 1 messen und würden finden, dass sein Spin nach „oben" zeigt (Zustand $|\Uparrow\rangle_1$), so wäre aufgrund der Spinfunktion (9.2) klar, dass der Spin von Atom 2 nach „unten" zeigen muss (Zustand $|\Downarrow\rangle_2$).

Nun kommt eine sehr wichtige Beobachtung, die in Anhang E.1 bewiesen wird: der Spinsingulett-Zustand bezüglich der z-Achse ist gleichzeitig ein Spinsingulett-Zustand bezüglich der x- und y-Achsen. Die drei Spinsingulett-Zustände unterscheiden sich nur um konstante Faktoren:

$$|0,\,0\rangle^{(x)} = -|0,\,0\rangle^{(z)}\,, \quad |0,\,0\rangle^{(y)} = -\mathrm{i}\,|0,\,0\rangle^{(z)}\,. \tag{9.3}$$

Mit anderen Worten: ein Spinsingulett bezüglich der z-Achse ist gleichzeitig auch ein Spinsingulett bezüglich einer beliebig im Raum orientierten Achse. Wenn wir also die Komponente des Spins von Atom 1 entlang einer beliebig gewählten Raumrichtung messen und beispielsweise den Wert $+\hbar/2$ erhalten (die Wahrscheinlichkeit dafür ist 50 %), so hat automatisch dieselbe Spinkomponente von Atom 2 den Wert $-\hbar/2$. Die Spinsingulettzustände haben somit die bemerkenswerte Eigenschaft, dass der Drehimpuls-Erhaltungssatz in allen drei Komponenten erfüllt ist.

Explizit ausgeschrieben lautet $|0,\,0\rangle^{(x)}$:

$$|0,\,0\rangle^{(x)} = \frac{1}{\sqrt{2}} \{\, |\Rightarrow\rangle_1 \,|\Leftarrow\rangle_2 - |\Leftarrow\rangle_1 \,|\Rightarrow\rangle_2 \,\} \,. \tag{9.4}$$

Eigenschaften verschränkter Spin-Zustände

Die Spinsinguletts sind verschränkte Zustände. Das hat dramatische Konsequenzen. Die Spinausrichtung jedes einzelnen der beiden Atome ist nicht festgelegt, sie ist aber mit der des anderen Atoms korreliert. Wenn man eine Stern-Gerlach-Anordung in vertikaler Richtung orientiert, so kann Atom 1 eine Spinkomponente $S_{1z} = +\hbar/2$ oder $S_{1z} = -\hbar/2$ haben; im ersten Fall wird Atom 2 automatisch $S_{2z} = -\hbar/2$ haben, im zweiten Fall $S_{2z} = +\hbar/2$. Jetzt kommt der entscheidende Punkt. Rotiert man die Stern-Gerlach-Anordung um 90° und misst z. B. $S_{1x} = -\hbar/2$, so wird automatisch $S_{2x} = +\hbar/2$ sein. Man kann sogar beide Detektoren während des Fluges der Atome um denselben beliebigen Winkel verdrehen, Atom 2 „merkt“, welche Richtung der Spindetektor von Atom 1 hat und nimmt instantan den zu Atom 1 antiparalellen Zustand ein. Die Gesetze der Relativitätstheorie scheinen außer Kraft gesetzt zu sein.

Albert Einstein war sich bewusst, dass das Superpositionsprinzip der Quantenmechanik diese *spukhafte Fernwirkung*[2] impliziert, wie er sie nannte. Er hielt dies für absurd und war mit seiner Meinung sicherlich in Einklang mit den meisten Physikern seiner Zeit, mit Ausnahme von Niels Bohr.

Gibt es verborgene Parameter?

Wie könnte man die Spin-Korrelation der Atome auf andere Weise erklären? Die zweite Möglichkeit ist anzunehmen, dass alle Komponenten der Spinvektoren $\boldsymbol{S}_1$ und $\boldsymbol{S}_2$ zum Zeitpunkt der Dissoziation des Moleküls wohldefinierte Werte annehmen. Da pro Atom nur eine Komponente messbar ist, müssten die beiden anderen Komponenten als „verborgene Parameter“ angesehen werden, die von den Atomen mitgeführt werden auf ihrem Flug zu den jeweiligen Messapparaturen. Diese Sichtweise kommt der Auffassung von Albert Einstein nahe, der den Atomen eine lokale physikalische Realität zuschreibt.

Durch theoretische Argumente allein kann man nicht entscheiden, welche der beiden Möglichkeiten die richtige ist. Die großen Gelehrten Einstein und Bohr haben ihr Leben lang über Wesen und Interpretation der Quantentheorie gestritten und sind zu keiner Einigung gelangt. Es ist das große Verdienst von John Bell, dass er die Diskussion über die physikalische Realität von Quantensystemen aus dem Bereich der Philosophie in den Bereich der Experimentalphysik verlagert hat. Die

[2] Aus heutiger Sicht ist der Begriff „Fernwirkung“ etwas unglücklich gewählt und sollte vermieden werden. Man darf darunter keinesfalls die Übertragung von Signalen mit Überlichtgeschwindigkeit verstehen.

1964 von Bell bewiesene Ungleichung, die wir in Anhang E herleiten, ist eine der herausragenden wissenschaftlichen Entdeckungen des 20. Jahrhunderts.

9.2 EPR-Experimente mit verschränkten Photonen

9.2.1 Das Experiment von Alain Aspect

Alain Aspect hat in seiner Dissertation bahnbrechende EPR-Experimente mit den verschränkten Photonen aus dem Ca-Kaskadenzerfall durchgeführt, die in [20, 21] beschrieben werden.

Die Strahlungskaskade des Calcium-Atoms

Ein Ausschnitt aus dem Niveauschema des Ca-Atoms wird in Abb. 9.1 gezeigt. Im Grundzustand E_0 und im 2. Anregungszustand E_2 hat das Atom den Gesamtdrehimpuls $J = 0$, im mittleren Anregungszustand E_1 hat es $J = 1$. Der direkte optische Übergang $E_2 \to E_0$ wäre ein $(0 \to 0)$-Übergang und würde den Drehimpulssatz verletzen, da Photonen den Spin 1 haben; er ist daher strikt verboten. Möglich ist der Kaskadenübergang $E_2 \to E_1 \to E_0$ unter Emission zweier Photonen. Die Drehimpulserhaltung bedingt, dass diese Photonen zirkular polarisiert sind. Wenn man das Experiment so aufbaut, dass die in diametral entgegengesetzte Richtungen emittierten Photonen nachgewiesen werden, so haben die beiden Photonen die gleiche Zirkularpolarisation: beide sind rechtszirkular oder beide linkszirkular.

Den Polarisations-Zustand des Photons 1 schreiben wir als Dirac-ket: $|R_1\rangle$ oder $|L_1\rangle$, und analog für Photon 2. Für den Quantenzustand der beiden Photonen bildet man die Produkte dieser kets: $|R_1\rangle|R_2\rangle$ oder $|L_1\rangle|L_2\rangle$. Da die Photonen Bose-Teilchen sind, müssen wir die beiden Terme addieren. Der Zweiphoton-Zustand ist daher

$$|\psi(1,2)\rangle = \frac{1}{\sqrt{2}} \left(|R_1\rangle|R_2\rangle + |L_1\rangle|L_2\rangle\right) . \tag{9.5}$$

Eine zirkular polarisierte Welle kann man als Superposition von orthogonalen linear polarisierten Wellen mit 90° relativer Phasenverschiebung darstellen:

$$R = \frac{1}{\sqrt{2}} (X + \mathrm{i}Y) , \quad L = \frac{1}{\sqrt{2}} (X - \mathrm{i}Y) .$$

Die Phasenverschiebung wird durch den Faktor $\mathrm{i} = \exp(\mathrm{i}\pi/2)$ bewirkt. Ausgedrückt durch die lineare Polarisation in x- und y-Richtung lautet der Zweiphoton-Zustand

$$|\psi(1,2)\rangle = \frac{1}{\sqrt{2}} \left(|X_1\rangle|X_2\rangle - |Y_1\rangle|Y_2\rangle\right) . \tag{9.6}$$

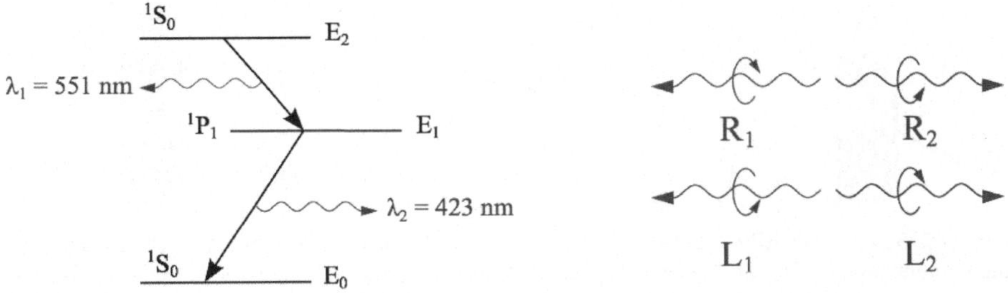

Abb. 9.1 Der Kaskadenzerfall des Calcium-Atoms (*links*) und die Zirkularpolarisation der beiden Photonen (*rechts*)

Dies ist ein verschränkter Zustand in völliger Analogie zum Spinsingulett-Zustand (9.1). Es gibt noch eine weitere, für die EPR-Experimente wichtige Beobachtung. Wenn man eine Drehung in der xy-Ebene um den Winkel φ durchführt

$$x' = x\cos\varphi + y\sin\varphi\,, \quad y' = -x\,\sin\varphi + y\,\cos\varphi\,,$$

so hat der verschränkte Zustand bezüglich der neuen Koordinaten dieselbe Form:

$$|\psi(1,2)\rangle = \frac{1}{\sqrt{2}}\left(|X_1'\rangle|X_2'\rangle - |Y_1'\rangle|Y_2'\rangle\right)\,. \tag{9.7}$$

Der verschränkte Zustand (9.6) hat bemerkenswerte Eigenschaften. Da man ihn nicht einfach als Produkt der Zustände der beiden Photonen darstellen kann, ist es unmöglich, den Photonen eine wohldefinierte Polarisation zuzuordnen. Vielmehr sind die Messwerte zufällig verteilt (*random*), und mit einer Wahrscheinlichkeit von 50 % misst man bei Photon 1 horizontale Polarisation (wegen des 1. Terms in Gl. (9.6)), mit 50 % misst man vertikale Polarisation (wegen des 2. Terms in Gl. (9.6)). Im Prinzip gilt dasselbe für Photon 2, wenn man es für sich allein betrachtet. Sobald aber die Polarisation von Photon 1 durch eine Messung ermittelt worden ist, weiß man mit Sicherheit, dass Photon 2 exakt die gleiche Polarisation hat. Die beiden Photonen befinden sich in einer Art von Schwebezustand. Die Entscheidung, ob ihre Polarisation horizontal oder vertikal ist, bleibt offen, solange keine Messung durchgeführt wird. Diese Entscheidung wird erst im Augenblick der Messung getroffen.

Schema des Experiments von A. Aspect

Das Schema des experimentellen Aufbaus wird in Abb. 9.2 gezeigt. Das Experiment erlaubt es, die lineare Polarisation der Photonen relativ zu einem Einheitsvektor $\boldsymbol{a}$ bzw. $\boldsymbol{b}$ zu messen, der in der xy-Ebene liegt und der gegen die x-Achse um einen beliebigen Winkel φ gedreht sein darf. Die Einzelwahrscheinlichkeiten, bei Photon 1 das Resultat $+1$ (Polarisation parallel zu $\boldsymbol{a}$) oder -1 (Polarisation senkrecht

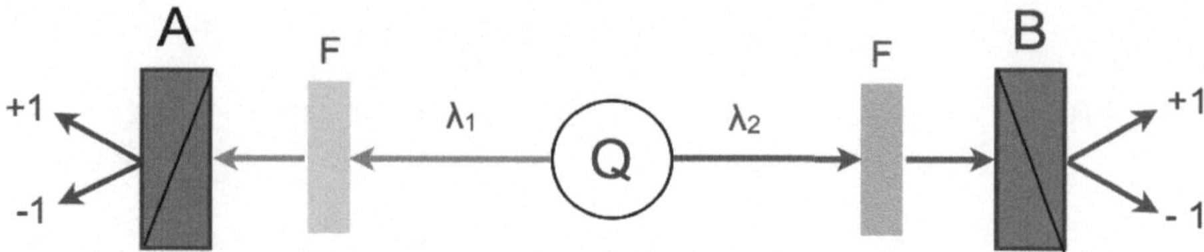

Abb. 9.2 Schema des EPR-Experiments von Aspect et al. mit zwei verschränkten Photonen. Q ist die Photonenquelle. Photon 1 fliegt in der negativen z-Richtung zum Detektor A, Photon 2 fliegt in der positiven z-Richtung zum Detektor B. Das erste Element des Detektors A ist ein Interferenzfilter F, das nur die richtige Wellenlänge $\lambda_1 = 551{,}3$ nm durchlässt. Dahinter befindet sich ein polarisierender Strahlteiler, der die Photonen mit Linear-Polarisation parallel zu einem in der xy-Ebene liegenden Einheitsvektor $\boldsymbol{a}$ anders ablenkt als die orthogonal dazu polarisierten Photonen. Die Photonen werden in getrennten Detektoren registriert. Dem Messresultat wird der Wert $+1$ zugewiesen, wenn Photon 1 parallel zum Vektor $\boldsymbol{a}$ polarisiert ist, und der Wert -1, wenn Photon 1 senkrecht zu $\boldsymbol{a}$ polarisiert ist. Detektor B ist ähnlich aufgebaut, nur ist das Interferenzfilter F auf die Wellenlänge $\lambda_2 = 422{,}7$ nm abgestimmt. Die beiden Detektoren sind um die z-Achse drehbar

zu $\boldsymbol{a}$) zu erhalten, sind jeweils $1/2$. Für Photon 2 ergibt sich dasselbe relativ zum Vektor $\boldsymbol{b}$.

$$P_+(\boldsymbol{a}) = P_-(\boldsymbol{a}) = 1/2\,, \quad P_+(\boldsymbol{b}) = P_-(\boldsymbol{b}) = 1/2\,. \tag{9.8}$$

Interessant sind die *gemeinsamen Wahrscheinlichkeiten* (*joint probabilities*), bei Photon 1 den Wert $+1$ bzw. -1 zu messen und *gleichzeitig* bei Photon 2 den Wert $+1$ bzw. -1. Dafür ergeben sich aus der verschränkten Wellenfunktion (9.6) der Quantenmechanik folgende Gleichungen

$$\begin{aligned} P_{++}(\boldsymbol{a},\boldsymbol{b}) &= P_{--}(\boldsymbol{a},\boldsymbol{b}) = (1/2)\cos^2\varphi\,, \\ P_{+-}(\boldsymbol{a},\boldsymbol{b}) &= P_{-+}(\boldsymbol{a},\boldsymbol{b}) = (1/2)\sin^2\varphi\,, \end{aligned} \tag{9.9}$$

wobei φ der Winkel zwischen den Vektoren $\boldsymbol{a}$ und $\boldsymbol{b}$ ist. Diese Gleichungen sind leicht zu verstehen. Nehmen wir $P_{++}(\boldsymbol{a},\boldsymbol{b}) = (1/2)\cdot\cos^2\varphi$. Die Einzelwahrscheinlichkeit, Photon 1 mit Linearpolarisation parallel zu $\boldsymbol{a}$ zu finden, hat den Wert $1/2$. Photon 2 ist dann automatisch parallel zu $\boldsymbol{a}$ polarisiert. Die Wahrscheinlichkeit, dass es einen in $\boldsymbol{b}$-Richtung orientierten Polarisator durchläuft, ist $\cos^2\varphi$. (Dieser Faktor ist im Wellenbild leicht zu erklären. Die Projektion des elektrischen Feldvektors auf die Richtung $\boldsymbol{b}$ ergibt einen Faktor $\cos\varphi$. Die durchgelassene Intensität ist quadratisch in der Feldstärke und daher proportional zu $\cos^2\varphi$).

Korrelation der Messwerte

Ein geeignetes Maß zur Charakterisierung von Korrelationen zwischen stochastisch schwankenden Größen ist der Korrelationskoeffizient. Man berechnet ihn, indem man die gemeinsamen Wahrscheinlichkeiten (9.9) mit den Produkten der jeweiligen

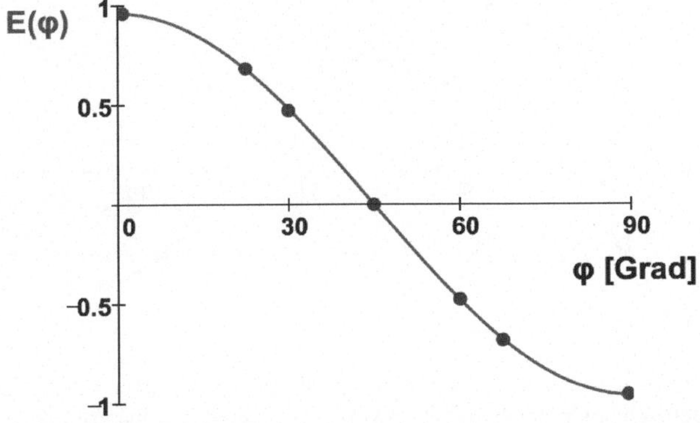

Abb. 9.3 Die gemessenen Werte für $E(\varphi)$ und der Vergleich mit der auf apparative Effekte korrigierten theoretischen Kurve $E(\varphi) = 0{,}96 \cos 2\varphi$. (Gezeichnet mit freundlicher Genehmigung nach einer Abbildung von Prof. Alain Aspect [20])

Messwerte multipliziert und dann über alle Kombinationen summiert:

$$\begin{aligned} E(\boldsymbol{a}, \boldsymbol{b}) &= P_{++}(\boldsymbol{a}, \boldsymbol{b})(+1)(+1) + P_{--}(\boldsymbol{a}, \boldsymbol{b})(-1)(-1) \\ &\quad + P_{+-}(\boldsymbol{a}, \boldsymbol{b})(+1)(-1) + P_{-+}(\boldsymbol{a}, \boldsymbol{b})(-1)(+1) \\ &= P_{++}(\boldsymbol{a}, \boldsymbol{b}) + P_{--}(\boldsymbol{a}, \boldsymbol{b}) - P_{+-}(\boldsymbol{a}, \boldsymbol{b}) - P_{-+}(\boldsymbol{a}, \boldsymbol{b}) . \end{aligned} \tag{9.10}$$

Aus den Gln. (9.9) folgt, dass $E(\boldsymbol{a}, \boldsymbol{b})$ als Funktion des Winkels φ zwischen $\boldsymbol{a}$ und $\boldsymbol{b}$ geschrieben werden kann:

$$E(\boldsymbol{a}, \boldsymbol{b}) \equiv E(\varphi) = \cos^2 \varphi - \sin^2 \varphi = \cos 2\varphi . \tag{9.11}$$

Diese Relation wurde in den Experimenten von Aspect et al. mit großer Genauigkeit bestätigt, siehe Abb. 9.3. Wählen wir nun speziell $\varphi = 0$, d. h. $\boldsymbol{a}$ und $\boldsymbol{b}$ sind parallel, so wird $E(\varphi) = E(0) = 1$: bei Parallelstellung der Polarisatoren sind die beiden Photonen zu 100 % korreliert, und aus der bei Photon 1 gemessenen Polarisation kann man mit absoluter Sicherheit das Ergebnis der Polarisationsmessung an Photon 2 vorhersagen (das wussten wir natürlich schon).

Die Daten in Abb. 9.3 sind ein Beweis für die langreichweitige Korrelation der Polarisationen der beiden Photonen. Man kann damit aber noch keine Entscheidung zwischen den beiden möglichen Ursachen dieser Korrelation treffen: der verschränkten Wellenfunktion der Quantenmechanik oder einer lokalen deterministischen Theorie.

Experimentelle Entscheidung: die Quantenmechanik ist korrekt, die Bell'sche Ungleichung ist verletzt

Ziel des Experiments ist es, eine klare Entscheidung für eine der beiden Modellvorstellungen zur Polarisationskorrelation zu treffen: (1) die verschränkten Zustände

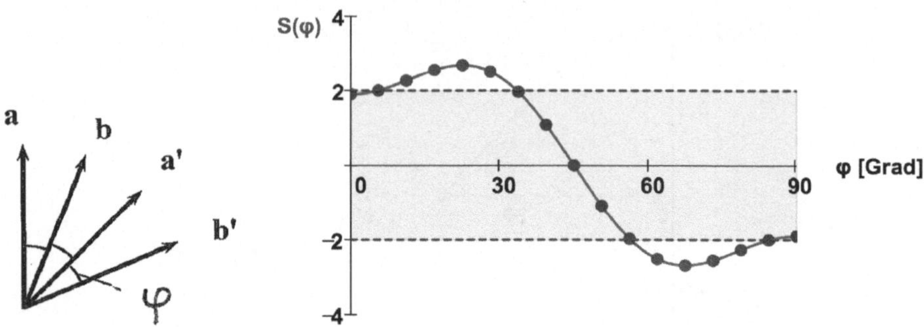

Abb. 9.4 *Links*: Orientierung der 4 Vektoren $\boldsymbol{a}$, $\boldsymbol{b}$, $\boldsymbol{a}'$, $\boldsymbol{b}'$. *Rechts*: experimenteller Nachweis der Verletzung der Bell'schen Ungleichung. *Rote Kurve*: die quantenmechanisch berechnete Funktion $S_{\text{qm}}(\varphi)$ im Winkelbereich $0 \leq \varphi \leq 90°$. *Blaue Punkte*: Lage der Messpunkte im Experiment von Aspect et al. [20], die Messwerte inklusive ihrer Fehlergrenzen liegen innerhalb der blauen Punkte. In dem *rosa schattierten* Wertebereich ist die Bell'sche Ungleichung erfüllt. (Gezeichnet mit freundlicher Genehmigung nach einer Abbildung von Prof. Alain Aspect)

der Quantenmechanik oder (2) die Existenz verborgener Parameter. Dafür muss man sich sehr spezielle Messungen überlegen, bei denen Diskrepanzen zwischen der Quantenmechanik und der Bell'schen Ungleichung auftreten könnten (in vielen Fällen gibt es nämlich keinen Widerspruch zwischen diesen beiden Möglichkeiten). Im vorliegenden Fall erweist es sich als zweckmäßig, vier Richtungen zu betrachten, $\boldsymbol{a}$, $\boldsymbol{a}'$ für Teilchen 1 und $\boldsymbol{b}$, $\boldsymbol{b}'$ für Teilchen 2, und die folgende Linearkombination der Korrelationskoeffizienten zu analysieren

$$S(\boldsymbol{a}, \boldsymbol{a}', \boldsymbol{b}, \boldsymbol{b}') = E(\boldsymbol{a}, \boldsymbol{b}) - E(\boldsymbol{a}, \boldsymbol{b}') + E(\boldsymbol{a}', \boldsymbol{b}) + E(\boldsymbol{a}', \boldsymbol{b}') . \tag{9.12}$$

Die gewählte Orientierung der Vektoren wird in Abb. 9.4 gezeigt. Die Winkel zwischen $\boldsymbol{a}$ und $\boldsymbol{b}$, zwischen $\boldsymbol{b}$ und $\boldsymbol{a}'$ sowie zwischen $\boldsymbol{a}'$ und $\boldsymbol{b}'$ sind alle gleich und werden mit φ bezeichnet. Durch Einsetzen der Gl. (9.11) findet man die quantenmechanische Form der Funktion (9.12)

$$S_{\text{qm}}(\varphi) = \cos 2\varphi - \cos 6\varphi + \cos 2\varphi + \cos 2\varphi = 3\, \cos 2\varphi - \cos 6\varphi . \tag{9.13}$$

Andererseits besagt das Bell-Theorem, dass in einer Theorie mit verborgenen Variablen die durch Gl. (9.12) definierte Größe maximal den Betrag 2 haben darf, siehe Anhang E:

$$-2 \leq S_{\text{Bell}} \leq +2 . \tag{9.14}$$

Sind Quantenmechanik und Bell-Theorem vereinbar? In Abb. 9.4 ist die quantenmechanisch berechnete Funktion $S_{\text{qm}}(\varphi)$ als Funktion des Winkels φ aufgetragen. Die Messwerte liegen innerhalb ihrer kleinen Fehlergrenzen exakt auf dieser Kurve. In den Winkelbereichen $10° \leq \varphi \leq 35°$ und $55° \leq \varphi \leq 80°$ ist die Bell'sche Ungleichung in eklatanter Weise verletzt.

Die maximale Verletzung ergibt sich für $\varphi = 22{,}5°$, der quantenmechanisch berechnete Wert ist $S_{\text{qm}}(22{,}5°) = 2{,}83$. Korrigiert man auf apparative Effekte, insbesondere den endlichen Akzeptanzwinkel der Detektoren, so wird

$$S_{\mathrm{qm}}^{\mathrm{corr}}(22{,}5°) = 2{,}70\,.$$

Der experimentell bestimmte Wert stimmt hervorragend damit überein.

$$S_{\mathrm{exp}}(22{,}5°) = 2{,}697 \pm 0{,}015\,.$$

Der Messwert übersteigt die Grenze des Bell-Theorems (9.14) um mehr als 40 Standardabweichungen. Damit ist experimentell bewiesen, dass eine Theorie mit verborgenen Variablen (oder zusätzlichen Parametern) nicht existiert. Die Quantenmechanik hingegen stimmt hervorragend mit den Messungen überein.

9.2.2 Experimente mit verschränkten Laser-Photonen

Die Experimente von Aspect et al. haben gezeigt, dass die Bell'sche Ungleichung verletzt ist und die Hypothese der verborgenen Variablen damit widerlegt werden kann. Ein Schlupfloch bleibt allerdings noch für die Verfechter dieser Idee. Wenn die Ausrichtung der Polarisatoren A und B statisch (zeitlich konstant) ist, könnte auf geheimnisvolle Weise Information über ihre jeweilige Ausrichtung zwischen den Detektoren ausgetauscht worden sein. Das klingt an den Haaren herbeigezogen, und man weiß auch nicht, wie es vor sich gehen sollte, aber der Kausalität widerspricht es nicht. Um diese letzte Möglichkeit auszuschließen, müssen die Polarisatoren A und B einen großen Abstand voneinander haben, und man muss während der Flugzeit der Photonen die Ausrichtung beider Polarisatoren unabhängig voneinander so schnell ändern, dass die Information über die Ausrichtung von Polarisator B erst dann am Polarisator A ankommen könnte, wenn das Photon 1 dort schon längst eingetroffen ist. Die Polarisatoren müssen „raumartig" zueinander liegen im Sinn der Relativitätstheorie, man spricht hier auch von *strikter Einstein-Lokalität.* Experimente dieser Art sind in Genf und Innsbruck mit verschränkten Laser-Photonen gemacht worden, und bei einem dieser Experimente wäre die 10^4-fache Lichtgeschwindigkeit nötig gewesen, um dem Detektor A rechtzeitig vor dem Eintreffen des Photons 1 die Orientierung von Detektor B zu übermitteln.

Nun zu den Experimenten mit verschränkten Laser-Photonen. Wenn ein ultraviolettes Photon einen nichtlinearen Kristall durchläuft, kann es sich in zwei rote Photonen umwandeln, wobei Energie-Erhaltung gilt: $\hbar\omega_0 = \hbar\omega_1 + \hbar\omega_2$. Die Photonen werden auf zwei Kegelmänteln emittiert (s. Abb. 9.5) und sind orthogonal zueinander polarisiert. Die auf den Schnittlinien der Kegel emittierten Photonen haben die gleiche Energie und sind in ihrer Polarisation verschränkt. Im Experiment von Weihs et al. [22] in Innsbruck betrug der Abstand der Detektoren 400 m, und durch Verwendung elektro-optischer Modulatoren konnten die Polarisationsebenen unabhängig voneinander sehr schnell eingestellt werden, und zwar innerhalb der Flugzeit der Photonen von ihrer Quelle bis zu den Detektoren. Zum Zeitpunkt der Erzeugung

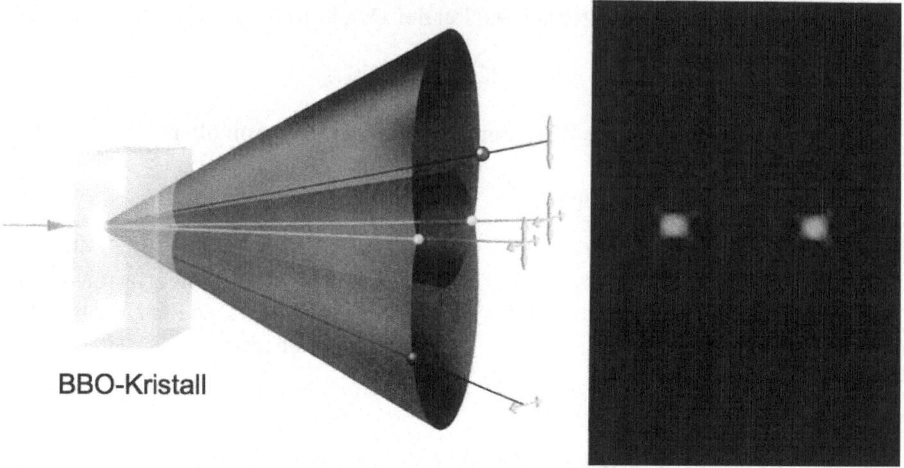

Abb. 9.5 Die Erzeugung verschränkter Photonen. Im Bild entsteht ein vertikal polarisiertes Photon auf dem *oberen* Kegel und ein horizontal polarisiertes Photon auf dem *unteren* Kegel. Die auf den *hellblau* gezeichneten Schnittlinien emittierten Photonen haben die gleiche Energie und sind in ihrer Polarisation verschränkt. Nach Anton Zeilinger, Spektrum der Wissenschaft, Dossier 2/10 (2010). Wiedergabe mit freundlicher Genehmigung von Prof. A. Zeilinger

der Photonen hatten die Polarisatoren eine andere Orientierung als zum Zeitpunkt des Nachweises.

Wenn an beiden Polarisatoren lange Messreihen aufgenommen werden, die mit Hilfe von Atomuhren zeitmarkiert sind, kann man nachträglich die zwei Messreihen vergleichen. Dies ist genau das, was im Innsbruck-Experiment getan wurde. Indem die Experimentatoren nach Abschluss der Messungen die durch die Zeittakte der Atomuhren synchronisierten Daten verglichen, konnten sie feststellen, dass die Korrelation sich instantan änderte, sobald an einem der Polarisatoren gedreht wurde, und zwar ohne irgendeine Verzögerung durch Signallaufzeiten. Die perfekte Korrelation der Photonen-Polarisationen wurde auch dann beobachtet, wenn die Verdrehwinkel rein zufällig eingestellt wurden.

Die Verschränkung der Photonen ist in neueren Experimenten über eine Strecke von 140 km experimentell nachgewiesen worden (zwischen La Palma und Teneriffa).

9.2.3 Die Quantenmechanik ist richtig, und sie ist nichtlokal

Die experimentell festgestellte Verletzung der Bell'schen Ungleichung bestätigt die eigenartige Vorstellung, dass ein Paar verschränkter Photonen, die viele Kilometer getrennt sind, als ein nicht separierbares Objekt angesehen werden muss. Es ist unmöglich, einem einzelnen Photon eine lokale physikalische Realität zuzuordnen. In gewisser Weise bleiben die Photonen in Kontakt in Raum und Zeit.

Die Quantenmechanik ist eine nichtlokale Theorie, und die Nichtlokalität ist experimentell bewiesen.

Es ist unmöglich, das sehr vernünftig erscheinende Bild Einsteins aufrecht zu erhalten, in dem die Korrelationen zwischen entfernten Teilchen (oder Quanten) dadurch erklärt werden, dass ihre Eigenschaften an der gemeinsamen Quelle festgelegt werden und dann als verborgene Parameter von den wegfliegenden Teilchen mitgeführt werden.

Kann man die Relativitätstheorie überlisten?

Wie wir gesehen haben, führen die EPR-Experimente zu verblüffenden Resultaten. Wir betrachten die Experimente mit den verschränkten Photonen der Calcium-Kaskade. Wenn Beobachter A die Polarisation von Photon 1 misst, weiß er mit Sicherheit, dass Beobachter B in exakt demselben Moment die gleiche Polarisation bei Photon 2 messen würde. Die Gesetze der Relativitätstheorie scheinen außer Kraft gesetzt, denn wenn A und B viele Kilometer voneinander entfernt sind, würde ein Licht- oder Radiosignal von A nach B eine „lange" Zeit von vielen Mikrosekunden brauchen.

Es ist nicht verwunderlich, dass gleich nach der experimentellen Verifikation der langreichweitigen Zustandsverschränkung Spekulationen aufkamen, ob man nicht doch die Relativitätstheorie austricksen könnte, um Signale mit Überlichtgeschwindigkeit zu übermitteln. Die generelle Meinung ist, dass dies nicht funktionieren kann. Wenn Beobachter A horizontale Polarisation beim Photon 1 misst, so weiß er zwar, dass Beobachter B im exakt gleichen Moment horizontale Polarisation beim Photon 2 messen würde. Damit hat A aber noch keine Nachricht an B übermittelt, denn B kennt ja nicht das Ergebnis der Messung von A. Um ihm dies mitzuteilen, braucht Beobachter A ein Standard-Signal mit der endlichen Ausbreitungsgeschwindigkeit $c = 3 \cdot 10^8$ m/s, z. B. einen Laserpuls. Es ist allerdings zu vermuten, dass ausgeklügelte Anordnungen erfunden werden mit dem Ziel, diese Begrenzung zu umgehen. Wir wagen die Prognose, dass diese Ansätze ebenso im Sande verlaufen werden wie die Suche nach einem Perpetuum Mobile im 19. Jahrhundert. All diese Versuche scheiterten, weil sie fundamentalen Gesetzen der Physik widersprachen. Ein Perpetuum Mobile 1. Art ist eine Maschine, die mehr Energie erzeugt, als man hineinsteckt: dies widerspricht dem Energie-Erhaltungssatz. Ein Perpetuum Mobile 2. Art wäre beispielsweise ein Schiff mit einer schlauen Maschinerie, die dem Meerwasser thermische Energie entzieht, diese in elektrische Energie umwandelt und über Elektromotoren das Schiff ohne jede Treibstoffkosten antreibt. Diese Maschinerie ist zwar in Einklang mit dem Energie-Erhaltungssatz, sie widerspricht aber dem 2. Hauptsatz der Thermodynamik. In ganz ähnlicher Weise kann man im vorliegenden Fall argumentieren: jede Informationsübertragung ist untrennbar mit einer Energieübertragung gekoppelt, und dafür gibt es eine Maximalgeschwindigkeit, die Lichtgeschwindigkeit c (ich danke Prof. Erich Lohrmann für diesen Hinweis).

9.3 Der Übergang Quantenphysik – klassische Physik

9.3.1 Schrödingers Katze

Angeregt durch den EPR-Artikel hat Erwin Schrödinger im Jahr 1935 ein Gedankenexperiment vorgeschlagen, das zeigen sollte, wie im Prinzip eine mikroskopische quantenmechanische Superposition auf ein makroskopisches Objekt übertragen werden könnte. Schrödinger wollte an diesem absurd wirkenden Beispiel die Unvollständigkeit und Unglaubwürdigkeit der Quantenmechanik demonstrieren.
Das Gedankenexperiment lautet:
In einem geschlossenen Kasten befinden sich eine Katze und ein instabiler Atomkern, der mit einer gewissen Wahrscheinlichkeit pro Zeiteinheit zerfällt. Der Zerfall des Atomkerns werde von einem Geigerzähler detektiert. Im Falle einer Detektierung werde Giftgas freigesetzt, welches die Katze tötet. Gemäß der Quantenmechanik befindet sich der Atomkern in einer Superposition des Anregungs- und des Grundzustands. Demnach sollte sich auch die Katze in einem Superpositionszustand befinden, lebendig und tot. Dies erscheint absurd. Niemand wird ernsthaft behaupten wollen, eine Katze könne einen Schwebezustand zwischen lebendig und tot einnehmen, wobei die Entscheidung, ob die Katze lebendig oder tot ist, solange offen gehalten wird, bis ein Beobachter den Deckel des Kastens öffnet.

Andererseits muss man bedenken, dass makroskopische Objekte wie Katzen aus Atomen aufgebaut sind, die jedes für sich der Quantenmechanik gehorchen und auch der Verschränkung unterworfen sein können. Es bleibt demnach die wichtige Frage: warum und auf welche Weise verschwinden die Skurrilitäten der Quantenmechanik in großen Systemen?

9.3.2 Dekohärenz

In den letzten 25 Jahren sind große Fortschritte im theoretischen Verständnis großer Systeme gemacht worden. Dort tritt eine Dekohärenz auf, die die quantenmechanischen Superpositionseffekte sehr rasch zum Verschwinden bringt. Die „Umgebung" hat einen signifikanten Einfluss auf die Dekohärenzzeit (d. h. die Zeitspanne, innerhalb derer die quantenmechanische Kohärenz verschwindet). Man kann eine Katze nicht völlig von ihrer Umgebung isolieren und beispielsweise in einen Vakuumbehälter stecken, denn dann würde sie auch ohne die Giftkapsel sterben. Daher treffen die Moleküle der Luft auf die Katze und reduzieren die Interferenzeffekte. Man kann die Katze auch nicht in einen Flüssig-Helium-Kryostaten sperren, um die thermische 300-Kelvin-Strahlung zu unterdrücken, und so treffen die zahlreichen Photonen dieser Strahlung auf das Tier. Durch die unvermeidliche Wechselwirkung mit der Umgebung sickert unweigerlich Information über das Quantensystem in die Umgebung mit der Konsequenz, dass die Quantenkohärenz beeinträchtigt wird. Genauere Analysen zeigen, dass die Dekohärenzzeit ganz rapide mit wachsender

Systemgröße abnimmt. In makroskopischen Systemen sind die störenden Prozesse so effektiv, dass die Quantenkohärenz in unmessbar kurzer Zeit verschwindet. Was ist die Konsequenz?

Eine Katze kann nicht in einem verschränkten Zustand existieren, vielmehr ist sie – genau wie in der klassischen Physik – entweder lebendig oder tot, aber nicht beides gleichzeitig.

Wir können feststellen, dass die Quantenmechanik nach heutigen Erkenntnissen das Schrödinger'sche Gedankenexperiment unbeschadet „überstanden“ hat.

Messung einer Dekohärenzzeit

In einem hervorragenden Artikel [23] beschreibt Serge Haroche ein Experiment zur Dekohärenz in einem *mesoskopischen System.* Mesoskopische Systeme liegen in ihrer Größe zwischen mikroskopischen Systemen (Atomen) und makroskopischen Systemen (Katzen). Es wird ein „Schrödinger-Kätzchen“ (*Schrödinger kitten*) realisiert, das aus wenigen verschränkten Mikrowellenphotonen in einem supraleitenden Mikrowellenresonator besteht. Das Experiment ist sehr anspruchsvoll, sowohl im theoretischen Hintergrund als auch in der praktischen Realisierung, so dass wir nur sehr pauschal darauf eingehen können. Eine detaillierte Darstellung würde weit über den Rahmen dieses Buches hinausgehen. Die benutzte Apparatur haben wir bereits schematisch in Abb. 1.8 gezeigt, siehe auch die Diskussion in Kap. 1.2.4. Ein erstes Rubidium-Atom erzeugt einen verschränkten „Schrödinger-Katzen-Zustand“ in dem supraleitenden Resonator, ein zweites, mit zeitlicher Verzögerung folgendes Atom tastet ab, ob die Verschränkung noch vorhanden ist oder ob inzwischen ein Übergang in ein inkohärentes Gemisch von Zuständen eingetreten ist. Durch Variation der Verzögerung kann die Dekohärenzzeit gemessen werden, sie genügt der Formel

$$t_{\mathrm{decoh}} = T_{\mathrm{cav}}/\bar{n} \,,$$

wobei $T_{\mathrm{cav}} = 160\,\mu\mathrm{s}$ die Dämpfungszeitkonstante der Resonatorschwingung ist und $\bar{n}$ die mittlere Zahl der Mikrowellenphotonen. Eine Messung wird in Abb. 9.6 gezeigt. Für $\bar{n} = 3$ ergibt sich eine Dekohärenzzeit von etwa 50 μs. Im makroskopischen Fall $\bar{n} \gg 1$ wird die Dekohärenzzeit unmessbar klein: die Dekohärenz einer realen Katze erfolgt instantan.

9.3.3 Der Messprozess aus neuerer Sicht

In diesem Abschnitt möchte ich noch etwas mehr auf die moderne Sicht der Quantentheorie eingehen und erneut die Rolle des Messprozesses aufgreifen. Ich folge dabei einem sehr gut geschriebenen Buch von Maximilian Schlosshauer, *Decoherence and the Quantum-to-Classical Transition* [24].

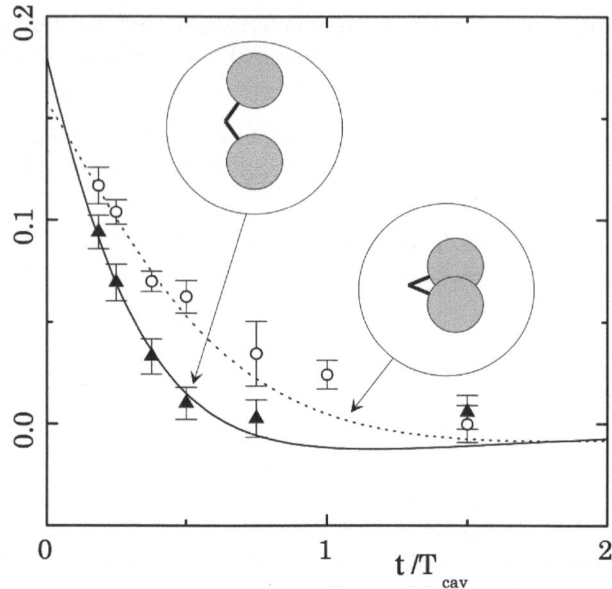

Abb. 9.6 Gemessene zeitliche Abnahme der Kohärenz in dem „Schrödinger-Kätzchen-Experiment" von Brune et al. [8]. Die Dekohärenzzeit beträgt etwa 50 µs. Die Abbildung wird in dem oben genannten Physics-Today-Artikel von S. Haroche [23] diskutiert. Nachdruck mit freundlicher Genehmigung von Prof. J.-M. Raimond und Prof. S. Haroche. Figure adapted with permission from [8]. Copyright 1996 by the American Physical Society

Das zerfließende Wellenpaket

Als Schrödinger, angeregt durch die Hypothese von de Broglie, seine berühmte Wellengleichung formulierte, beschäftigte er sich mit der Frage, ob und wie man freie Teilchen durch Wellen beschreiben könnte. Er erkannte sehr schnell, dass Wellenpakete dies nur für sehr kurze Zeitskalen leisten können. Wenn man für die Wahrscheinlichkeitsdichte die Gaußfunktion (3.30) ansetzt, so wächst deren Breite im Laufe der Zeit an gemäß

$$\sigma(t) = \sqrt{\sigma_0^2 + \frac{\hbar^2}{4m_e^2\sigma_0^2} \cdot t^2} \approx \sigma_0 \, \frac{t}{t_{\mathrm{ch}}} \quad \text{für} \quad t \gg t_{\mathrm{ch}} = \frac{2m_e\sigma_0^2}{\hbar} . \tag{9.15}$$

Dabei ist t_{ch} eine charakteristische Zeit, die für mikroskopische Teilchen sehr klein ist: wenn wir ein Elektron mit einer Anfangsunschärfe von $\sigma_0 = 1$ Å lokalisieren, so wird $t_{\mathrm{ch}} = 10^{-14}$ s. Aus Gl. (9.15) folgt dann, dass sich das Wellenpaket innerhalb einer Mikrosekunde auf $\sigma \approx 1$ m verbreitert und innerhalb von einer Sekunde sogar auf 1000 km. Das erscheint natürlich völlig absurd und ist mit der experimentellen Beobachtung scharf lokalisierter Elektronen in Bildröhren völlig unvereinbar.

Schrödinger war sich dieser Problematik bewusst. Aber weder ihm noch den anderen Quantentheoretikern seiner Zeit gelang es, eine Lösung für das Problem zu finden, wie man Objekte, die offensichtlich wohlbegrenzt im Raum sind und dies auch bleiben, mit quantenmechanischen Wellenpaketen identifizieren könnte, die sich rapide über riesige Distanzen ausschmieren.

Die Erklärung fand man erst in den 1980er Jahren. Die durch Streuung an Teilchen der Umwelt induzierte Lokalisierung ist der Ursprung der Dekohärenz und des Übergangs vom Quanten- zum klassischen Verhalten. Luftmoleküle, Licht, Hintergrundradioaktivität, kosmische Myonen, ja sogar solare Neutrinos und die kosmische 3 Kelvin-Mikrowellenstrahlung überwachen ständig das Quantensystem. Daraus ergibt sich eine Verschränkung zwischen dem Quantensystem und der Umwelt, die die Phasenbeziehungen zwischen räumlich getrennten Komponenten der Wellenfunktion zerstört und eine Lokalisierung zur Folge hat.

Die theoretische Erklärung der Lokalisierung geht weit über den Rahmen dieses einführenden Buches hinaus. Wir können uns aber folgende Modellvorstellung machen. Wir installieren entlang der Flugstrecke in regelmäßigen Abständen Instrumente, die die jeweilige Position des vorbeifliegenden Teilchens mit hoher Genauigkeit messen. Durch eine solche Messung wird das verschmierte Wellenpaket in ein neues, scharfes Wellenpaket überführt, da wir ja nach der Messung die Teilchenposition sehr genau kennen. Wenn diese Neudefinition des Wellenpakets immer wieder geschieht, so bleibt das Teilchen auch nach einer langen Flugstrecke immer noch gut lokalisiert. Die entscheidende Erkenntnis der theoretischen Analysen ist nun, dass diese „Messinstrumente" keineswegs die von Physikern oder Ingenieuren gebauten Geräte sein müssen, sondern dass die unvermeidliche Wechselwirkung des Teilchens mit den Photonen und Teilchen der Umgebung auch zu einer solchen ständigen Neudefinition des Wellenpakets führt, und zwar ohne dass irgendeinem „Beobachter" die jeweilige Teilchenposition mitgeteilt werden müsste. Die Breite des Wellenpakets reduziert sich rasch auf die Skala der thermischen *de Broglie*-Wellenlänge $\lambda_{\rm Brog} = 2\pi\hbar/\sqrt{3m_e k_{\rm B}T}$ [24]. Für ein makroskopisches Objekt der Masse $m = 100\,$g wird $\lambda_{\rm Brog}$ winzig ($\approx 10^{-23}\,$m), und die Dekohärenzzeit wird um 40 Zehnerpotenzen kleiner als thermische Relaxationszeiten. Daher beobachtet man, dass makroskopische Objekte perfekt den Bahnen der Newton'schen Mechanik folgen und keinerlei Quantenverhalten zeigen.

Die Umwelt reduziert den Kontrast im Interferenzmuster

Die Interferenzexperimente mit Makromolekülen wie C_{70} werden im Vakuum durchgeführt, um Stöße mit den Restgasmolekülen zu vermeiden, die eine Dekohärenz bewirken. Von der Zeilinger-Gruppe wurde experimentell nachgewiesen, dass der Kontrast der Interferenzen exponentiell vom Druck des Restgases in der Apparatur abhängt [25]. Die sog. „Sichtbarkeit" des Interferenzmusters betrug 30 % bei einem Druck von 10^{-7} mbar und reduzierte sich auf 5 % bei $1{,}5 \cdot 10^{-6}$ mbar. Die Messdaten sind in guter Übereinstimmung mit theoretischen Vorhersagen.

Die Rolle des Beobachters wird relativiert

In der traditionellen Interpretation der Quantenmechanik wird dem Beobachter eine überragende Bedeutung zugeschrieben, die in drastischer Form am Schrödingerschen Katzen-Paradoxon illustriert werden kann. Die unglückliche Katze befindet sich in einem Schwebezustand zwischen lebendig und tot, solange der Kasten geschlossen ist; mathematisch wird dies durch die verschränkte Wellenfunktion beschrieben. Sobald der Beobachter den Deckel öffnet, „kollabiert" die Wellenfunktion in eine ihrer zwei Komponenten, und damit ist sichergestellt, dass der Beobachter nur eine der beiden Möglichkeiten wahrnimmt – lebendig oder tot – aber nicht beide gleichzeitig. Die Frage bleibt unbeantwortet, wie der Zustand der Katze vor dem Öffnen des Deckels war. Hat diese Frage überhaupt einen Sinn in der Quantentheorie? Einstein soll in diesem Zusammenhang sarkastisch angemerkt haben, ob denn der Mond überhaupt da sei, wenn niemand hinschaut.

Die neuen theoretischen und experimentellen Untersuchungen zur Dekohärenz haben diese Frage entschieden: die Katze ist auch ohne Hinschauen eines Beobachters entweder lebendig oder tot, aber nicht beides, und der Mond kümmert sich nicht darum, ob ein Mensch oder eine Fledermaus hinsieht. Die Rolle des Beobachters wird also auf ein vernünftiges Maß zurechtgestutzt.

Als Schrödinger sein Gedankenexperiment präsentierte, waren Quanten-Interferenzeffekte nur im mikroskopischen Bereich beobachtet worden. Man argumentierte daher, dass die Quantenmechanik unnötig sei für die Beschreibung der makroskopischen Welt unserer täglichen Erfahrung. In der Kopenhagener Deutung gibt es eine klare Abgrenzung zwischen der mikroskopischen Quantendomäne und der makroskopischen klassischen Domäne. Der Quanten-Klassik-Übergang wurde als abrupt (unstetig) angesehen. Die heutige Sicht ist differenzierter. Der Quanten-Klassik-Übergang ist gleitend (stetig), siehe Abb. 1.8. In ausgeklügelten Experimenten, von denen wir einige diskutiert haben, kann man Quantenphänomene auf makroskopischen Skalen beobachten. Andererseits bewirkt die Offenheit der meisten großen Quantensysteme, d. h. die Wechselwirkung mit den Teilchen und Photonen der Umgebung und die daraus resultierende Dekohärenz, dass Quanteneffekte in den allermeisten makroskopischen Systemen keine Rolle spielen. Eine weitere wichtige Konsequenz ist, dass die traditionelle Sicht des Messprozesses (siehe Kap. 4.7) in den meisten Fällen gerechtfertigt ist.

9.4 Didaktische Anmerkungen

Konsequenzen einer begrenzten Reichweite der Verschränkung

EPR machten die Annahme, dass es nur einen begrenzten Wechselwirkungsbereich gibt und dass außerhalb dieses Bereichs die beiden Atome nichts mehr miteinander zu tun haben. Diese Sichtweise erschien sehr vernünftig und wurde über viele Jahrzehnte von den meisten Physikern geteilt. Jetzt wollen wir diese Sichtweise in sehr naiver Weise anwenden (Einstein war nicht so naiv) und fordern, dass die Atome sich spätestens am Rande dieses Wechselwirkungsbereichs entscheiden müssten, welche Spineinstellung sie einnehmen wollen. Entscheidet sich Atom 1 für den Zustand $|\Uparrow\rangle$, so nimmt automatisch Atom 2 den Zustand $|\Downarrow\rangle$ ein. Jetzt fliegen die Atome zu ihren weit entfernten Detektoren. Die Spinfunktion des Gesamtsystems ist

$$|\Uparrow\rangle_1 \, |\Downarrow\rangle_2 \, . \tag{9.16}$$

Diese Produktfunktion ist keine verschränkte Zustandsfunktion mehr, die Spinausrichtungen der beiden Atome sind wohldefiniert. Wenn die Stern-Gerlach-Anordungen in vertikaler Richtung orientiert sind, wird man – wie erwartet – Atom 1 mit Spin nach oben und Atom 2 mit Spin nach unten messen. Nun tut der Experimentator etwas Schreckliches: er dreht die Stern-Gerlach-Anordungen um 90°, so dass sie die Spinausrichtung in x-Richtung messen. Was kommt dabei heraus? Wir können die Produkt-Spinfunktion (9.16) wie folgt umschreiben

$$\begin{aligned} |\Uparrow\rangle_1 \, |\Downarrow\rangle_2 &= \frac{1}{2} \{|\Rightarrow\rangle_1 + |\Leftarrow\rangle_1\} \{|\Rightarrow\rangle_2 - |\Leftarrow\rangle_2\} \\ &= \frac{1}{2} \{|\Rightarrow\rangle_1 |\Rightarrow\rangle_2 - |\Rightarrow\rangle_1 |\Leftarrow\rangle_2 + |\Leftarrow\rangle_1 |\Rightarrow\rangle_2 - |\Leftarrow\rangle_1 |\Leftarrow\rangle_2\} \, . \end{aligned}$$

Aus dieser Wellenfunktion ergibt sich, dass alle vier Spinkombinationen: *rechts-rechts, rechts-links, links-rechts und links-links* mit einer Wahrscheinlichkeit von jeweils 25 % auftreten sollten. Das sieht nach einer Verletzung des Drehimpuls-Erhaltungssatzes aus. Unsere naive Interpretation der EPR-Argumente führt also zu unphysikalischen Resultaten und ist daher nicht haltbar.

Die Gleichung (9.3) zeigt, dass der Drehimpuls-Erhaltungssatz in der Quantenmechanik auf höchst raffinierte Weise „gerettet" wird. Der dort betrachtete Spinsingulettzustand ist ein Singulett bezüglich sämtlicher Bezugsrichtungen, x, y oder z. Bei jeder beliebigen Messung wird man daher finden, dass die Spins der beiden Teilchen antiparallel sind, egal welche Bezugsachse gewählt wird. Mit anderen Worten: der Drehimpuls-Erhaltungssatz ist immer erfüllt, genau wie in der klassischen Physik.

Zusammenfassung

1. Verschränkung (entanglement) tritt auf, wenn man das Superpositionsprinzip auf zusammengesetzte Systeme anwendet.
2. Einstein, Podolsky und Rosen zeigten anhand eines Gedankenexperiments, dass die Quantenmechanik bei anfänglich gekoppelten Systemen eine starke Korrelation zwischen Messungen an zwei getrennten Orten vorhersagt. In der Bohm'schen Variante des EPR-Gedankenexperiments dissoziiert ein Spin-0-Molekül in zwei Spin-1/2-Atome, die einen Spinsingulettzustand einnehmen und verschränkt sind. Die Spinausrichtung jedes einzelnen Atoms ist unbestimmt, sie ist

aber mit der des anderen korreliert und wird erst im Augenblick der Messung an einem der Atome festgelegt. Damit ist automatisch die Spinausrichtung des anderen Atoms im exakt gleichen Moment bekannt.

3. Der Spinsingulett-Zustand bezüglich der z-Achse ist auch ein Singulett-Zustand bezüglich der x- und y-Achsen.

4. Experimente mit zwei verschränkten Photonen beweisen die langreichweitige Korrelation der Polarisation der beiden Photonen. Die Daten sind in Einklang mit der Quantenmechanik, verletzen jedoch die Bell'sche Ungleichung. Damit kann eine deterministische Theorie mit verborgenen Variablen ausgeschlossen werden. Die wichtige Konsequenz ist: die Quantenmechanik ist korrekt, aber sie ist nichtlokal. Die Ausdehnung einer verschränkten Wellenfunktion wurde über eine Strecke von 140 km nachgewiesen.

5. Eine verschränkte Wellenfunktion ist nicht dafür geeignet, Information mit Überlichtgeschwindigkeit zu übermitteln.

6. In großen Systemen tritt eine Dekohärenz auf, die quantenmechanische Superpositionseffekte in extrem kurzer Zeit zum Verschwinden bringt. Die „Schrödinger-Katze" kann nur für unmessbar kurze Zeiten in einem Schwebezustand zwischen lebendig und tot existieren. Vielmehr ist sie – genau wie in der klassischen Physik – entweder lebendig oder tot, aber nicht beides gleichzeitig.

7. Die Beschreibung freier Teilchen durch Wellenpakete (kohärente Superpositionen ebener Wellen) ist wegen des starken Zerfließens nur für extrem kurze Zeitskalen sinnvoll. Durch Streuung an Teilchen und Photonen der Umwelt wird eine Lokalisierung induziert, die immer wieder ein neues schmales Wellenpaket definiert.

8. Die Umwelt hat einen Einfluss auf den Kontrast von quantenmechanischen Interferenzmustern.

Aufgaben

9.1) Kann man nicht doch zwei Spinkomponenten simultan messen? Wie im Stern-Gerlach-Experiment benutzen wir ein inhomogenes Magnetfeld zur Bestimmung der Spinausrichtung von Silberatomen. Der Atomstrahl durchläuft erst einen vertikal ausgerichteten Stern-Gerlach-Magneten, und wir wählen den nach oben abgelenkten Teilstrahl aus. Damit kennen wir die z-Komponente der Teilchenspins. Nun durchläuft der Strahl auch noch einen horizontal ausgerichteten Stern-Gerlach-Magneten, der uns erlaubt, die x-Komponente zu bestimmen. Kann man daraus folgern, dass danach sowohl die z-Komponente als auch die x-Komponente der Spins bekannt sind? Oder wo liegt der Trugschluss?

9.2) Wie lauten die Eigenzustände des Operators $\widehat{S}_y$ in Spaltenvektor-Schreibweise? In Analogie zur Rechnung in Anhang E.1 soll die Beziehung $|0,\, 0\rangle^{(y)} = -i\ |0,\, 0\rangle^{(z)}$ bewiesen werden.

9.3) Ein Elektron der kinetischen Energie $E_{\rm kin} = 4\,\rm eV$ werde durch das Wellenpaket (3.29) beschrieben. a) Zeige, dass $\Psi(x,t)$ die Schrödinger-Gleichung für freie Teilchen löst. b) Die Anfangsunschärfe sei $\sigma_0 = 1\,\rm nm$. Durch numerische Integration der Gl. (B.25) mit Programmen wie Mathcad oder Mathematica soll $\rho(x,t)$ für die Zeiten $t = 0,\ 20,\ 40,\ 60\,\rm fs$ berechnet und als Funktion von x aufgetragen werden. Der Vergleich mit Abb. 3.6 ist interessant. Hinweis: die Integrationsgrenzen dürfen bei der numerischen Rechnung natürlich nicht $\pm\infty$ sein, eine gute Genauigkeit erhält man mit $\pm 5\sigma_k$. c) Benutze Formel (3.31) um zu berechnen, welche Breite das Wellenpaket nach einer Sekunde hat.

Kapitel 10
Vertiefung 2: Störungsrechnung

Nur für sehr wenige Fälle von praktischer Bedeutung ist die Schrödinger-Gleichung analytisch lösbar. Aus diesem Grund ist es wichtig, dass ausgefeilte Näherungsmethoden existieren. Die *Störungsrechnung* beruht auf der Annahme, dass der Hamilton-Operator des gegebenen Systems sich von dem Operator eines analytisch lösbaren Systems nur um eine *kleine Störung* unterscheidet:

$$\widehat{H} = \widehat{H}^{(0)} + \widehat{H}^{(1)} . \tag{10.1}$$

Bei der zeitunabhängigen Störungsrechnung ist der Zusatzterm $\widehat{H}^{(1)}$ zeitlich konstant. Diese Methode wird angewandt, um die Änderung der Energieniveaus und Wellenfunktionen von stationären Zuständen zu berechnen. Wir werden die zeitunabhängige Störungsrechnung zur Berechnung der Feinstruktur im Wasserstoff-Atom benutzen. Die zeitabhängige Störungsrechnung ist geeignet für Probleme, bei denen das System von einem stationären Zustand in einen anderen übergeht. Insbesondere sind dies optische Übergänge in Atomen. Auch die Streuung von α-Teilchen oder Elektronen an Atomkernen lässt sich damit berechnen.

10.1 Zeitunabhängige Störungsrechnung

Wir diskutieren hier nur die erste Ordnung der Störungsrechnung. In der ersten Ordnung bleiben die Eigenfunktionen gleich, aber die Eigenwerte ändern sich. In der zweiten Ordnung ändern sich auch die Eigenfunktionen, doch das soll hier nicht behandelt werden; wir verweisen auf Standard-Lehrbücher der theoretischen Physik, z. B. [2, 3, 27].

10.1.1 Näherungslösung der Schrödinger-Gleichung

Die Eigenfunktionen des ungestörten Hamilton-Operators seien bekannt

$$\widehat{H}^{(0)}\psi_n^{(0)} = E_n^{(0)}\psi_n^{(0)} . \tag{10.2}$$

P. Schmüser, *Theoretische Physik für Studierende des Lehramts 1*,
DOI 10.1007/978-3-642-25397-3_10,

In den folgenden Rechnungen wird vorausgesetzt, dass die Energiewerte nicht entartet sind, d. h. dass verschiedene Eigenfunktionen auch verschiedene Eigenwerte haben. Um die Gleichung

$$\widehat{H}\psi_n = E_n\psi_n \tag{10.3}$$

näherungsweise zu lösen, machen wir den Ansatz

$$\begin{aligned}\widehat{H} &= \widehat{H}^{(0)} + \widehat{H}^{(1)} \\ \psi_n &= \psi_n^{(0)} + \delta\psi_n^{(1)} + \delta\psi_n^{(2)} + \ldots \\ E_n &= E_n^{(0)} + \delta E_n^{(1)} + \delta E_n^{(2)} + \ldots ,\end{aligned} \tag{10.4}$$

wobei angenommen wird, dass die Terme der Ordnung $j \geq 1$, also $\widehat{H}^{(j)}$, $\delta\psi_n^{(j)}$ und $\delta E_n^{(j)}$, proportional zu ε^j sind, wobei $0 < \varepsilon \ll 1$ eine kleine Zahl ist. Dies bedeutet, dass die Terme mit $j \geq 1$ nur kleine Korrekturen der Grundterme $j = 0$ darstellen. Die Kleinheit wird auch durch den Buchstaben δ angedeutet. Einsetzen in Gl. (10.3) und Sortieren nach Potenzen von ε ergibt:
Nullte Ordnung:

$$\widehat{H}^{(0)}\psi_n^{(0)} = E_n^{(0)}\psi_n^{(0)} . \tag{10.5}$$

Dies ist die Eigenwertgleichung des ungestörten Hamilton-Operators.
Erste Ordnung:

$$\widehat{H}^{(0)}\,\delta\psi_n^{(1)} + \widehat{H}^{(1)}\psi_n^{(0)} = E_n^{(0)}\,\delta\psi_n^{(1)} + \delta E_n^{(1)}\psi_n^{(0)} . \tag{10.6}$$

Die zweite Ordnung wird hier nicht betrachtet.

10.1.2 Energieverschiebung in der 1. Ordnung

Wir schreiben die Gl. (10.6) in Dirac-Notation

$$\widehat{H}^{(0)}|\,\delta\psi_n^{(1)}\rangle + \widehat{H}^{(1)}|\psi_n^{(0)}\rangle = E_n^{(0)}|\delta\psi_n^{(1)}\rangle + \delta E_n^{(1)}|\psi_n^{(0)}\rangle$$

und bilden das Skalarprodukt mit dem „bra"-Vektor $\langle\psi_n^{(0)}|$:

$$\langle\psi_n^{(0)}|\widehat{H}^{(0)}|\delta\psi_n^{(1)}\rangle + \langle\psi_n^{(0)}|\widehat{H}^{(1)}|\psi_n^{(0)}\rangle = E_n^{(0)}\langle\psi_n^{(0)}|\delta\psi_n^{(1)}\rangle + \delta E_n^{(1)}\langle\psi_n^{(0)}|\psi_n^{(0)}\rangle . \tag{10.7}$$

Da $\widehat{H}^{(0)}$ hermitesch ist (siehe Anhang C), gilt

$$\langle\psi_n^{(0)}|\widehat{H}^{(0)}|\delta\psi_n^{(1)}\rangle = \langle\widehat{H}^{(0)}\psi_n^{(0)}|\delta\psi_n^{(1)}\rangle = E_n^{(0)}\langle\psi_n^{(0)}|\delta\psi_n^{(1)}\rangle .$$

Wenn man dies in (10.7) einsetzt und $\langle\psi_n^{(0)}|\psi_n^{(0)}\rangle = 1$ benutzt, folgt für die Energieverschiebung in der 1. Ordnung

$$\boxed{\delta E_n^{(1)} = \langle\psi_n^{(0)}|\widehat{H}^{(1)}|\psi_n^{(0)}\rangle .} \tag{10.8}$$

Dies ist eine der wichtigsten Gleichungen der quantenmechanischen Störungsrechnung: in der 1. Ordnung ist die Energieverschiebung der Niveaus gleich dem Erwartungswert des Störoperators, gebildet mit der Wellenfunktion der nullten Ordnung, also der ungestörten Wellenfunktion $\psi_n^{(0)}$.

10.2 Feinstruktur im H-Atom

In Kap. 6 haben wir gezeigt, dass im Rahmen der nichtrelativistischen Quantenmechanik die Energieniveaus im H-Atom nur von der Hauptquantenzahl n abhängen. Um die mit hochauflösender Spektroskopie beobachtete *Feinstruktur* zu erklären, muss man relativistische Korrekturen und die sog. Spin-Bahn-Kopplung berücksichtigen. Beide Effekte lassen sich mit der Störungstheorie behandeln.

10.2.1 Die relativistische kinetische Energie

Die kinetische Energie eines relativistischen Elektrons mit Impuls $\boldsymbol{p}$ ist

$$E_{\text{kin}} = \sqrt{\boldsymbol{p}^2c^2 + m_e^2c^4} - m_ec^2\,. \tag{10.9}$$

Im H-Atom ist die kinetische Energie maximal 13,6 eV und damit sehr klein im Vergleich zur Ruheenergie $m_ec^2 = 0{,}511 \cdot 10^6$ eV. Man kann die Wurzel hier in eine Taylorreihe 2. Ordnung entwickeln:

$$\sqrt{\boldsymbol{p}^2c^2 + m_e^2c^4} = m_ec^2\sqrt{1+x} \approx m_ec^2\left(1 + \frac{x}{2} - \frac{x^2}{8}\right) \quad \text{mit } x = \frac{\boldsymbol{p}^2c^2}{m_e^2c^4} \ll 1\,.$$

Die relativistische kinetische Energie ist daher

$$E_{\text{kin}} \approx \frac{\boldsymbol{p}^2}{2m_e} - \frac{\boldsymbol{p}^4}{8m_e^3c^2}\,, \tag{10.10}$$

wobei der erste Term die nichtrelativistische kinetische Energie ist und der zweite Term als kleine Störung angesehen werden kann. Der Hamilton-Operator wird

$$\widehat{H} = \widehat{H}^{(0)} + \widehat{H}^{(1)} \quad \text{mit} \quad \widehat{H}^{(0)} = \frac{\widehat{\boldsymbol{p}}^2}{2m_e} - \frac{e^2}{4\pi\varepsilon_0 r}\,, \quad \widehat{H}^{(1)} = -\frac{\widehat{\boldsymbol{p}}^4}{8m_e^3c^2}\,. \tag{10.11}$$

Gemäß Gl. (10.8) ist die Verschiebung der Energieniveaus in 1. Ordnung der Störungsrechnung

$$\delta E_n^{(1)} = \langle\psi_n^{(0)}|\widehat{H}^{(1)}|\psi_n^{(0)}\rangle\,.$$

Wie in Anhang E gezeigt wird, ist die Energieverschiebung aufgrund der relativistischen kinetischen Energie

$$\delta E_n^{\text{rel}} = -\alpha^2 \frac{|E_n^{(0)}|}{n^2} \left(\frac{n}{l + 1/2} - \frac{3}{4} \right) . \tag{10.12}$$

Dabei ist

$$\alpha = \frac{e^2}{4\pi \varepsilon_0 \hbar c} \approx \frac{1}{137} \tag{10.13}$$

die dimensionslose *Feinstrukturkonstante* und $E_n^{(0)} = -13{,}6\,\text{eV}/n^2$. Aus der Gleichung (10.12) geht hervor, dass die Feinstruktureffekte proportional zu α^2 sind und eine Korrektur der Energieniveaus im 10^{-5}-Bereich bewirken.

10.2.2 Spin-Bahn-Kopplung

Für Bahndrehimpulse $l > 0$ ruft die Bahnbewegung ein Magnetfeld hervor, in dem das magnetische Eigenmoment des Elektrons zwei Einstellungen hat, die sich energetisch unterscheiden. Die daraus resultierende Energie-Aufspaltung der Niveaus im H-Atom soll nun berechnet werden.

Klassische Berechnung des Magnetfeldes der Bahnbewegung

Wir benutzen das Bohr'sche Atommodel und betrachten ein Koordinatensystem, in dem das Elektron ruht und vom Proton umkreist wird. Nach dem Biot-Savart-Gesetz (s. Band 2) ist das vom Proton erzeugte Magnetfeld

$$\boldsymbol{B} = \frac{\mu_0 e}{4\pi} \frac{\boldsymbol{r} \times \boldsymbol{v}}{r^3} .$$

Dabei ist $\boldsymbol{r}$ der Radiusvektor vom Elektron zum Proton und $\boldsymbol{v}$ die Geschwindigkeit des Protons. Die Rücktransformation in das Laborsystem ist kompliziert und ergibt einen Faktor $1/2$ (es tritt dabei sie sog. Thomas-Präzession auf, die im Buch *Quantum Physics* von Eisberg und Resnick [15] erklärt wird). Das Magnetfeld der Bahnbewegung am Ort des Elektrons wird damit

$$\boldsymbol{B} = \frac{\mu_0 e}{8\pi} \frac{\boldsymbol{r} \times \boldsymbol{v}}{r^3} = \frac{\mu_0 e}{8\pi m_e r^3} \boldsymbol{L} . \tag{10.14}$$

Berechnung der Energieaufspaltung

Die potentielle Energie des magnetischen Moments $\boldsymbol{\mu}_e$ des Elektrons in diesem Feld ist

$$E_{\text{pot}} = -\boldsymbol{\mu}_e \cdot \boldsymbol{B} = \frac{\mu_0 e^2}{8\pi m_e^2 r^3} \boldsymbol{L} \cdot \boldsymbol{S} . \tag{10.15}$$

Dieser Energieterm wird als Störung in den Hamilton-Operator aufgenommen. Wir schreiben also

$$\widehat{H} = \widehat{H}^{(0)} + \widehat{H}^{(1)} \quad \text{mit } \widehat{H}^{(0)} = \frac{\widehat{\boldsymbol{p}}^2}{2m_e} - \frac{e^2}{4\pi\varepsilon_0 r}, \quad \widehat{H}^{(1)} = \frac{\mu_0 e^2}{8\pi m_e^2 r^3} \widehat{\boldsymbol{L}} \cdot \widehat{\boldsymbol{S}} \,. \tag{10.16}$$

Die Berechnung des Erwartungswerts von $\widehat{H}^{(1)}$ gemäß Gl. (10.8) ist aufwändig und wird in Anhang E durchgeführt. Die Energieverschiebung aufgrund der Spin-Bahn-Kopplung ergibt sich zu

$$\delta E_n^{\mathrm{SB}} = +\alpha^2 \frac{|E_n^{(0)}|}{2n} \cdot \frac{j(j+1) - l(l+1) - 3/4}{l(l+1/2)(l+1)} \quad \text{für } l > 0 \,. \tag{10.17}$$

Auch diese Energieverschiebung ist ein relativistischer Effekt, da Magnetfelder und magnetische Momente relativistische Effekte sind. Die Spin-Bahn-Kopplung entfällt für die s-Zustände mit $l = 0$. Für diese gibt es eine andere Korrektur, deren Ursprung die hohe Aufenthaltswahrscheinlichkeit des s-Elektrons in der Nähe des Atomkerns ist. Dadurch werden die s-Niveaus angehoben um den sog. Darwin-Term, siehe Ref. [14]:

$$\delta E_n^{\mathrm{Dar}} = +\alpha^2 \frac{|E_n^{(0)}|}{n} \quad \text{für } l = 0 \,. \tag{10.18}$$

Addiert man die Energieverschiebungen $\delta E_n^{\mathrm{rel}}$ und δE_n^{SB} bzw. $\delta E_n^{\mathrm{Dar}}$ und benutzt die Gleichung $j = l \pm 1/2$, so findet man ein bemerkenswertes Resultat: die Feinstruktur ist nur von der Hauptquantenzahl n und der Gesamtdrehimpuls-Quantenzahl j abhängig, nicht aber von der Bahndrehimpuls-Quantenzahl l:

$$\delta E_n = \delta E_n^{\mathrm{rel}} + \delta E_n^{\mathrm{SB}} = -\alpha^2 \frac{|E_n^{(0)}|}{n^2} \cdot \left(\frac{n}{j + 1/2} - \frac{3}{4} \right) . \tag{10.19}$$

Die Feinstruktur des 1s-Niveaus und der 2s-, 2p-Niveaus von Wasserstoff wird in Abb. 10.1 gezeigt. Sie liegt in der Größenordnung von 10^{-4} eV.

Die Dirac-Gleichung ist die relativistische Verallgemeinerung der Schrödinger-Gleichung. Sie hat eine große Vorhersagekraft. Die relativistische Massenänderung des Elektrons wird automatisch berücksicht, aber darüber hinaus sagt die Dirac-Gleichung auch den Spin $1/2$ des Elektrons und sein korrektes magnetisches Moment voraus. Formel (10.18) ist in Übereinstimmung mit der Vorhersage der Dirac-Gleichung und mit experimentellen Resultaten.

Wir weisen darauf hin, dass es noch wesentlich feinere Strukturen in Atomen gibt: die Hyperfeinstruktur, hervorgerufen durch Wechselwirkung des Elektrons mit dem magnetischen Moment des Atomkerns, und die Korrekturen durch die Quantenelektrodynamik (Vakuum-Polarisation, Lamb-Verschiebung).

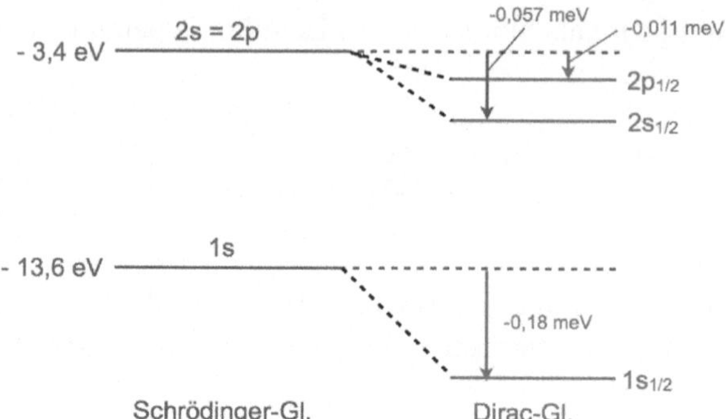

Abb. 10.1 Feinstruktur der 1s-, 2s- und 2p-Niveaus im H-Atom

10.3 Emission und Absorption von Strahlung

In diesem Abschnitt gehen wir auf ein zentrales Thema der Quantentheorie ein, den Übergang eines Elektrons von einem Energieniveau auf ein anderes unter dem Einfluss elektromagnetischer Strahlung.

10.3.1 Optische Übergänge in der Quantenmechanik

In der Quantenmechanik werden optische Übergänge durch eine „semi-klassische" Methode erfasst: die Elektronen im Atom werden quantentheoretisch durch die Wellenfunktionen ψ beschrieben, während das elektromagnetische Strahlungsfeld als klassisches oszillierendes Feld behandelt wird. Das elektrische Feld der Welle hat die Form

$$\mathcal{E}(t) = \mathcal{E}_0 \cos\omega_0 t = \frac{\mathcal{E}_0}{2}\left(\mathrm{e}^{\mathrm{i}\omega_0 t} + \mathrm{e}^{-\mathrm{i}\omega_0 t}\right). \tag{10.20}$$

Die Frequenz muss eine Resonanzbedingung erfüllen

$$\hbar\omega_0 \approx |E_f - E_i|\,, \tag{10.21}$$

wobei eine gewisse Unschärfe zugelassen ist in Einklang mit der Unschärferelation. Die Indizes i, f kennzeichnen den Anfangs- und Endzustand (*initial state, final state*) des atomaren Elektrons. Ein wesentliches Ergebnis der halbklassischen Methode ist, dass zwei der in Kap. 8 betrachteten Prozesse möglich sind: die stimulierte Emission und die Absorption. Wir werden beweisen, dass beide Prozesse die gleiche Übergangsamplitude haben. Bemerkenswert ist, dass die spontane Emission, bei der ein angeregtes Atom „von selbst" in einen tiefer liegenden Zustand oder den Grundzustand übergeht unter Emission eines Photons, nicht mit der im nächsten Abschnitt präsentierten Störungsrechnung beschrieben werden kann. Die korrekte Erklärung der spontanen Emission ist nur mit Hilfe der QED möglich.

10.3.2 Zeitabhängige Störungsrechnung

Die Eigenlösungen der Schrödinger-Gleichung des H-Atoms oder anderer gebundener Systeme beschreiben *stationäre Zustände*: wenn sich das Elektron zum Zeitpunkt $t = 0$ im Zustand

$$\Psi_{n,l,m_l}(\boldsymbol{r},t) = \psi_{n,l,m_l}(r,\theta,\varphi)\cdot \mathrm{e}^{-\mathrm{i}\omega_n t}$$

befindet, wird es zu beliebigen späteren Zeiten auch genau in diesem Zustand sein. Die Wahrscheinlichkeitsdichte $\rho(\boldsymbol{r}) = |\Psi|^2$ ist unabhängig von der Zeit, und ein Übergang in einen anderen Zustand kann nicht vorkommen. Übergänge können durch ein elektromagnetisches Wechselfeld der Form (10.20) induziert werden. Im optischen Bereich kann dieses Feld als räumlich homogen angesehen werden, da die optische Wellenlänge fast einen Faktor 1000 größer als der Atomradius ist. In einem räumlich homogenen elektrischen Wechselfeld ist die potentielle Energie des Elektrons durch den einfachen Ausdruck

$$V'(t) = e\,\boldsymbol{\mathcal{E}}(t)\cdot\boldsymbol{r} = \frac{e}{2}\,(\boldsymbol{\mathcal{E}_0}\cdot\boldsymbol{r})\,(\mathrm{e}^{\mathrm{i}\omega_0 t} + \mathrm{e}^{-\mathrm{i}\omega_0 t}) \tag{10.22}$$

gegeben, so dass der Hamilton-Operator nun lautet

$$\widehat{H}(t) = \widehat{H}^{(0)} + \widehat{H}^{(1)}(t) \quad \text{mit} \quad \widehat{H}^{(0)} = -\frac{\hbar^2}{2m_e}\nabla^2 - \frac{e^2}{4\pi\varepsilon_0 r}\,,\ \widehat{H}^{(1)}(t) = V'(t)\,. \tag{10.23}$$

Wir lassen das Feld nur für eine kurze Zeit $0 < t < T$ einwirken. Wie wir in Anhang A.4.2 zeigen, bewirkt diese Begrenzung auf ein endliches Zeitintervall, dass die elektromagnetische Strahlung nicht mehr exakt monochromatisch ist, sondern ein endliches Frequenzband $\omega_0 \pm \Delta\omega$ überstreicht mit $\Delta\omega \approx \pi/T$. Zum Zeitpunkt $t = 0$ sei das Elektron im Zustand Ψ_i (*initial state*, $i \equiv (n,l,m_l)_i$). Im Zeitbereich $0 < t < T$ muss die Wellenfunktion die Schrödinger-Gleichung

$$\mathrm{i}\hbar\frac{\partial\Psi}{\partial t} = (\widehat{H}^{(0)} + V'(t))\Psi \tag{10.24}$$

erfüllen und ist daher keine Eigenfunktion von $\widehat{H}^{(0)}$. Wir können sie aber (bei einer „kleinen" Störung) als Linearkombination der Eigenfunktionen mit zeitabhängigen Koeffizienten ansetzen:

$$\Psi(\boldsymbol{r},t) = c_i(t)\Psi_i(\boldsymbol{r},t) + \sum_{j\neq i} c_j(t)\Psi_j(\boldsymbol{r},t) \tag{10.25}$$

mit der Anfangsbedingung $c_i(0) = 1$, $c_j(0) = 0$. Der gewünschte Endzustand (*final state*) Ψ_f befindet sich unter den Ψ_j.

Die weiteren Rechnungsschritte sind in Anhang E zu finden. Für den Koeffizienten des gewünschten Endzustands Ψ_f findet man den Ausdruck

$$\mathrm{i}\hbar c_f(T) = \frac{e}{2}(\boldsymbol{\mathcal{E}}_0 \cdot \boldsymbol{r}_{fi}) \cdot \left[\frac{\mathrm{e}^{\mathrm{i}(\omega_{fi}+\omega_0)T} - 1)}{\mathrm{i}(\omega_{fi} + \omega_0)} + \frac{\mathrm{e}^{\mathrm{i}(\omega_{fi}-\omega_0)T} - 1}{\mathrm{i}(\omega_{fi} - \omega_0)} \right] \tag{10.26}$$

mit der Übergangsfrequenz $\omega_{fi} = (E_f - E_i)/\hbar$. Dabei ist

$$e\,\boldsymbol{r}_{fi} = e \iiint \psi_f^*(\boldsymbol{r})\boldsymbol{r}\,\psi_i(\boldsymbol{r})\,\mathrm{d}^3r \tag{10.27}$$

das sog. „*Matrixelement*" des elektrischen Dipolmoments.

An dieser Stelle ist es zweckmässig, die beiden Fälle $E_f > E_i$ und $E_f < E_i$ getrennt zu behandeln.

10.3.3 Absorption von Strahlung

Der Absorptionsprozess tritt auf, wenn die Energie des Endzustands höher als die des Anfangszustands ist

$$E_f > E_i \quad \Rightarrow \quad \omega_{fi} > 0\,.$$

Der zweite Term in der eckigen Klammer von Gl. (10.26) hat einen Resonanznenner bei $\omega_0 = \omega_{fi}$ und dominiert bei dieser Frequenz. Mit der Hilfsvariablen $u = (\omega_{fi} - \omega_0)T/2$ wird

$$\mathrm{i}\hbar c_f(T) = \frac{e}{2}(\boldsymbol{\mathcal{E}}_0 \cdot \boldsymbol{r}_{fi}) \cdot T \cdot \mathrm{e}^{\mathrm{i}u} \cdot \frac{\sin u}{u}\,. \tag{10.28}$$

Die Wahrscheinlichkeit, das Elektron am Ende der Wechselwirkung im Endzustand Ψ_f zu finden, ist

$$|c_f(T)|^2 = \frac{e^2}{4\hbar^2}\,|(\boldsymbol{\mathcal{E}}_0 \cdot \boldsymbol{r}_{fi})|^2 \cdot T^2\,\frac{\sin^2 u}{u^2}\,. \tag{10.29}$$

Die Funktion $\sin^2 u/u^2$ hat ihr Maximum bei $u = 0$, also bei $\omega_0 = \omega_{fi}$, siehe Abb. 10.2. Das Ergebnis der Störungsrechnung ist: damit der Absorptionsvorgang auftreten kann, muss die mittlere Quantenenergie $\hbar\omega_0$ der Strahlung näherungsweise gleich der Energiedifferenz $E_f - E_i$ der atomaren Niveaus sein:

$$\hbar\omega_0 \approx \hbar\omega_{fi} = E_f - E_i\,. \tag{10.30}$$

Die endliche Breite der Kurve $\sin^2 u/u^2$ hat aber zur Folge, dass ω_0 sich ein wenig von der Übergangsfrequenz ω_{fi} unterscheiden darf. Die Frequenz-Unschärfe ist

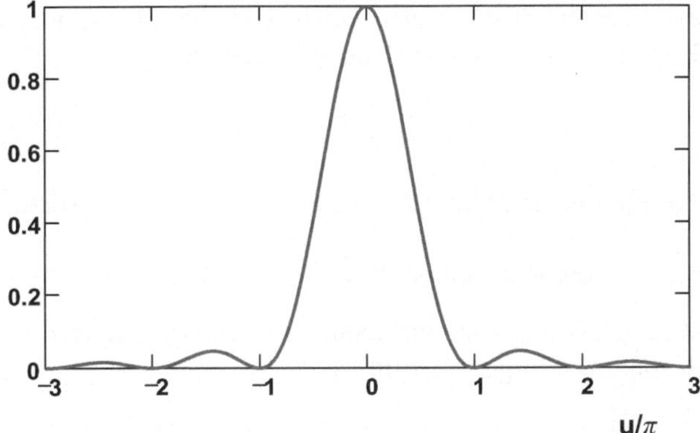

Abb. 10.2 Die Funktion $(\sin u/u)^2$

$\Delta\omega \approx \pi/T$, und die Unsicherheit in der Zeit ist $\Delta t \approx T/2$. Daraus folgt

$$\Delta E_{\text{phot}} \cdot \Delta t \approx \frac{\pi}{2}\hbar > \hbar\,,$$

in Einklang mit der Energie-Zeit-Unschärferelation.

Wir erkennen an diesem Beispiel, dass bei strahlungsinduzierten atomaren Übergängen die Energie nur näherungsweise erhalten ist, sofern man für die Quantenenergie der Strahlung den mittleren Wert $\hbar\omega_0$ einsetzt. Experimentell wird man den Absorptionsvorgang mit Laserstrahlung untersuchen, die natürlich immer auf ein endliches Zeitintervall T eingeschränkt ist. Man kennt die mittlere Frequenz ω_0 der Strahlung genau, aber die Frequenz ω des Photons, welches den atomaren Übergang auslöst, ist nur mit einer Unschärfe von $\Delta\omega \approx \pi/T$ bekannt. Eine weitere Energieunschärfe folgt aus der endlichen Lebensdauer angeregter Atomniveaus, die eine gewisse Unschärfe der Energie E_f zur Folge hat. Ähnliche Energieunschärfen findet man bei Streuprozessen.

10.3.4 Stimulierte Emission von Strahlung

Für den Fall

$$E_f < E_i \quad \Rightarrow \quad \omega_{fi} < 0$$

dominiert der erste Term in der eckigen Klammer von Gl. (10.26) und hat einen Resonanznenner bei $\omega_0 = |\omega_{fi}|$ (die Frequenz des eingestrahlten Feldes ist natürlich immer positiv). Mit der neuen Hilfsvariablen $u' = (\omega_{fi} + \omega_0)T/2$ wird

$$|c_f(T)|^2 = \frac{e^2}{4\hbar^2}\,|(\boldsymbol{\mathcal{E}}_0 \cdot \boldsymbol{r}_{fi})|^2 \cdot T^2\,\frac{\sin^2 u'}{u'^2}\,. \tag{10.31}$$

Die stimulierte Emission erfordert also genau wie die Absorption die ungefähre Erhaltung der Energie im Rahmen der Unschärferelation

$$E_i + \hbar\omega_0 \approx E_f + 2\hbar\omega_0 ,$$

wenn man für die Photonen-Energie den mittleren Wert $\hbar\omega_0$ einsetzt.

Was lernen wir aus diesen Rechnungen?

(1) Eine periodische Störung kann nur dann zu einem Übergang $E_i \to E_f$ führen, wenn die Resonanzbedingung erfüllt ist

$$\hbar\omega_0 \approx |E_f - E_i| .$$

(2) Es gibt eine Energieunschärfe in Einklang mit der Unschärferelation

$$\Delta E \cdot \Delta t \geq \hbar .$$

(3) Es gibt den Vorgang der Absorption (für $E_i < E_f$) und der stimulierten Emisson (für $E_i > E_f$), beide haben die gleiche Wahrscheinlichkeit.
(4) Die Übergangsamplitude ist proportional zum Übergangsmatrixelement (10.27) des elektrischen Dipolmoments.

Die hier betrachteten Strahlungsübergänge nennt man *elektrische Dipol-Übergänge*, weil das Matrixelement $e\,\boldsymbol{r}_{fi}$ des elektrischen Dipolmoments eingeht. Der mathematische Grund ist, dass wir das elektrische Feld als räumlich konstant angenommen haben. Für optische Übergänge in Atomen ist dies gerechtfertigt, denn die typischen Lichtwellenlängen sind sehr viel größer als der Atomradius. Die γ-Strahlung der Atomkerne wird jedoch nicht durch elektrische Dipol-Übergänge verursacht, da im Kern nur positiv geladene und neutrale Teilchen existieren und daher das elektrische Dipolmoment identisch null ist. Die dominanten γ-Übergänge sind elektrische Quadrupol- und magnetische Dipol-Übergänge.

10.3.5 Auswahlregeln für optische Übergänge

Ein elektrischer Dipol-Übergang kann nur dann auftreten, wenn das Matrixelement $e\,\boldsymbol{r}_{fi} \neq 0$ ist. Man kann generell beweisen (Anhang E), dass sich hieraus folgende Regeln für die Änderung der Bahndrehimpuls-Quantenzahl l und der magnetischen Quantenzahl m ergeben

$$\Delta l = l_f - l_i = \pm 1 \qquad \Delta m = m_f - m_i = 0,\, \pm 1 . \tag{10.32}$$

(Zur Vereinfachung schreiben wir hier m statt m_l, um zu viele Indizes zu vermeiden). Ein sehr wichtiges Resultat, das aber merkwürdigerweise in kaum einem Lehrbuch hervorgehoben wird, ist der Befund, dass die Hauptquantenzahl keiner Einschränkung unterliegt:

$$\Delta n = 0,\ \pm 1,\ \pm 2, \ldots . \qquad (10.33)$$

Dies ist die wesentliche Voraussetzung für die Existenz der Spektralserien, etwa der Balmerserie im Wasserstoff, die den Übergängen $E_n \rightarrow E_2$ mit $n = 3, 4, 5, 6, \ldots$ entspricht. Die Übergangsmatrixelemente werden in Anhang E berechnet.

Zusammenfassung

1. Die Störungsrechnung beruht auf der Annahme, dass sich der Hamilton-Operator des gegebenen Systems von dem Hamilton-Operator eines analytisch lösbaren Systems nur um eine kleine Störung unterscheidet.
2. Die zeitunabhängige Störungsrechnung wird angewandt, um die Änderung der Energieniveaus und Wellenfunktionen von stationären Zuständen zu berechnen. In der 1. Ordnung ist die Energieverschiebung der Niveaus gleich dem Erwartungswert des Störoperators, gebildet mit der Wellenfunktion der nullten Ordnung, also der ungestörten Wellenfunktion.
3. Die Feinstruktur im H-Atom entsteht durch die Energieverschiebungen aufgrund der relativistischen kinetischen Energie und der Spin-Bahn-Kopplung. Die berechnete Energieverschiebung hängt von der Hauptquantenzahl n und der Gesamtdrehimpuls-Quantenzahl j ab und ist in Übereinstimmung mit dem Resultat der Dirac-Gleichung.
4. Die Eigenlösungen der Schrödinger-Gleichung des H-Atoms oder anderer gebundener Systeme beschreiben stationäre Zustände. Die Wahrscheinlichkeitsdichte ist unabhängig von der Zeit, und ein Übergang in einen anderen Zustand kann nicht vorkommen.
5. Optische Übergänge können durch ein elektromagnetisches Strahlungsfeld verursacht werden. Die zeitabhängige Störungsrechnung erlaubt es, die Übergangswahrscheinlichkeiten zu berechnen. Eine periodische Störung kann nur dann zu einem Übergang $E_i \rightarrow E_f$ führen, wenn die Resonanzbedingung $\hbar\omega_0 \approx |E_f - E_i|$ erfüllt ist. Es gibt eine Energieunschärfe in Einklang mit der Unschärferelation $\Delta E \cdot \Delta t \geq \hbar$.
6. Stimulierte Emission und Absorption haben die gleichen Übergangswahrscheinlichkeiten. Die spontane Emission kann nicht mit der Störungsrechnung beschrieben werden, sondern nur mit der QED.
7. Elektrische Dipol-Übergänge treten auf, wenn das Dipolmatrixelement $e\,\boldsymbol{r}_{fi} \neq 0$ ist. Es gelten die Auswahlregeln $\Delta l = \pm 1$ und $\Delta m = 0,\ \pm 1$. Die Hauptquantenzahl unterliegt keiner Einschränkung: $\Delta n = 0,\ \pm 1,\ \pm 2, \ldots$ Dies ist die Voraussetzung für die Existenz der Spektralserien.

Aufgaben

10.1) Ein Elektron befinde sich in einem Potentialtopf der Breite $a = 10^{-10}$ m mit unendlich hohen Wänden (s. Kap. 3.1). Wir fügen folgendes Störpotential hinzu

$$V'(x) = D\,\frac{x^2}{a^2} \quad \text{mit} \quad D = 5\,\text{eV}\,.$$

Skizziere das Potential und berechne die verschobenen Energieniveaus E_1, E_2 und E_3 in der 1. Ordnung der Störungsrechnung. Dies kann durch partielle oder numerische Integration gemacht werden.

10.2) Fortsetzung von Aufgabe 3.6. In der Umgebung des Minimums kann man die Exponentialfunktion im Molekülpotential $V(r)$ in eine Potenzreihe entwickeln und auf diese Weise das Potential $V(r)$ durch ein harmonisches Oszillatorpotential mit anharmonischen Anteilen approximieren:

$$V_{\text{appr}}(x) = c_2 x^2 + c_3 x^3 + c_4 x^4 - D \quad \text{mit} \quad x = r - r_0\,.$$

Skizziere $V(r)$ und $V_{\text{appr}}(x)$ in der Umgebung von $r = r_0$ bzw. $x = 0$. Mit Hilfe der Störungsrechnung soll die Verschiebung der Energieniveaus E_0 und E_1 ermittelt werden (numerische Integration erlaubt, aber Vorsicht. Tipp: enge Integrationsgrenzen $-0{,}2\,r_0 \le x \le +0{,}2\,r_0$) wählen. Ohne jede Rechnung kann man beweisen, dass der x^3-Term nicht zur Energieverschiebung beiträgt (dies gilt für die 1. Ordnung der Störungsrechnung). Wie geht das?

10.3) Die Federkonstante eines harmonischen Oszillators wird geringfügig geändert, $C \to C(1+\epsilon)$ mit $\epsilon \ll 1$. Berechne die Änderung der Grundzustandsenergie mit Hilfe von Formel (10.8). Natürlich kann man die Aufgabe auch ohne Störungsrechnung lösen. Vergleiche die Ergebnisse.

10.4) a) Die Feinstrukturformel (10.18) soll aus der relativistischen Korrektur (10.12) und der Spin-Bahnkopplungs-Korrektur (10.17) hergeleitet werden. Es ist zweckmäßig, die Fälle $j = l + 1/2$ und $j = l - 1/2$ getrennt zu behandeln.
b) Berechne die Korrekturen des 2p-Niveaus im H-Atom aufgrund der relativistischen kinetischen Energie und der Spin-Bahn-Kopplung und vergleiche das Resultat mit der Vorhersage (10.18) der Dirac-Gleichung.

10.5) Elektrische Dipolübergänge in 1D-Systemen.
a) Ein Elektron befindet sich im Grundzustand $n = 1$ eines eindimensionalen Potentialtopfs der Breite $a = 1$ nm. Welche Frequenz muss man einstrahlen, um einen Übergang auf das nächsthöhere Niveau zu bewirken? Zeige, dass das Matrixelement des elektrischen Dipolmoments ungleich null ist für die Übergänge $n = 1 \;\to\; n = 2, 4, \ldots$, während es für die Übergänge $n = 1 \;\to\; n = 3, 5, \ldots$ verschwindet.
b) Ein Teilchen befindet sich im Grundzustand $n = 0$ eines harmonischen Oszillatorpotentials. Die Nullpunktsenergie sei $E_0 = 1$ eV. Wieder wird elektromagnetische Strahlung eingestrahlt. Welche Frequenz benötigt man für den Über-

gang auf das nächsthöhere Niveau? Zeige, dass das Matrixelement des elektrischen Dipolmoments ungleich null ist für den Übergang $n = 0 \rightarrow n = 1$, dass es aber im Unterschied zum Potentialtopf für sämtliche anderen Übergänge ($n = 0 \rightarrow n = 2, 3, 4, \ldots$) verschwindet. Allgemein kann man die Auswahlregel $\Delta n = \pm 1$ für elektrische Übergänge beim harmonischen Oszillator beweisen.

Anhang A
Mathematische Hilfsmittel

In diesem Anhang werden wichtige mathematische Begriffe und Beziehungen zusammengestellt und Rechenmethoden erläutert. Wir verzichten auf formale Definitionen und Beweise und bringen stattdessen viele Beispiele. Eine systematische Einführung findet man in dem Lehrbuch *Mathematischer Einführungskurs für die Physik* von Siegfried Großmann [26].

A.1 Reelle und komplexe Zahlen

Die *natürlichen Zahlen*

$$1,\ 2,\ 3,\ 4,\ 5, \ldots$$

sind jedem Kind geläufig und brauchen hier nicht weiter erklärt zu werden. Die erste Abstraktion sind die *ganzen Zahlen*:

$$0, \pm 1, \pm 2, \pm 3, \ldots,$$

die sich ergeben, wenn man zwei beliebige natürliche Zahlen voneinander subtrahiert. Die Division von ganzen Zahlen führt zu den *rationalen Zahlen*, die man alle in der Form

$$r = \frac{m}{n}$$

schreiben kann, wobei m, n ganze Zahlen sind und $n \neq 0$ sein muss. Die natürlichen und die ganzen Zahlen sind Teilmengen der rationalen Zahlen.

Eine wichtige Beobachtung ist, dass die rationalen Zahlen nicht ausreichen. Man kann beweisen, dass die Quadratwurzel aus 2 nicht als rationale Zahl dargestellt werden kann. Auch die wichtige Zahl π, das Verhältnis zwischen Umfang und Durchmesser eines Kreises, ist keine rationale Zahl. Als *reelle Zahlen* bezeichnet man die Gesamtmenge der rationalen Zahlen und der irrationalen Zahlen (das sind solche, die sich nicht als Bruch schreiben lassen). Die reellen Zahlen haben die

P. Schmüser, *Theoretische Physik für Studierende des Lehramts 1*,
DOI 10.1007/978-3-642-25397-3, © Springer-Verlag Berlin Heidelberg 2012

Eigenschaft, dass ihr Quadrat immer positiv ist

$$r^2 \geq 0$$

und nur null wird, wenn $r = 0$ ist. In der Mathematik und Physik erweist es sich als zweckmässig, noch einen Schritt weiter zu gehen und Zahlen zu definieren, deren Quadrat auch negativ werden kann. Dies sind die *komplexen Zahlen* die man in der Form schreiben kann

$$z = x + \mathrm{i}y \tag{A.1}$$

mit reellen Zahlen x und y. Die *imaginäre Einheit* ist definiert durch

$$\mathrm{i}^2 = -1 \quad \Rightarrow \quad \mathrm{i} = \sqrt{-1}\,.$$

Der Name *imaginäre Einheit* macht schon deutlich, dass man bei der Einführung dieser Größe einige Fantasie brauchte.

x ist der Realteil der komplexen Zahl z und y der Imaginärteil:

$$x = \mathrm{Re}(z)\,, \quad y = \mathrm{Im}(z)\,, \quad z = \mathrm{Re}(z) + \mathrm{i}\,\mathrm{Im}(z)\,.$$

Die zu z konjugiert komplexe Zahl ist definiert durch

$$z^* = x - \mathrm{i}y\,. \tag{A.2}$$

Man kann die komplexen Zahlen als Vektoren in der sog. *komplexen Ebene* darstellen (Abb. A.1). Die Länge des Vektors $z = x + \mathrm{i}y$ ist offensichtlich nach dem Satz von Pythagoras gegeben durch $\sqrt{x^2 + y^2}$. Dies legt es nahe, den Absolutbetrag der Zahl z wie folgt zu definieren

$$|z| = \sqrt{zz^*} = \sqrt{(x + \mathrm{i}y)(x - iy)} = \sqrt{x^2 + y^2}\,. \tag{A.3}$$

Aus der Abb. A.1 ersieht man, dass gilt

$$x = |z| \cos\alpha\,, \quad y = |z|\, \sin\alpha$$

und daher

$$z = |z|\,(\cos\alpha + \mathrm{i}\sin\alpha) \equiv |z|\; \mathrm{e}^{\mathrm{i}\alpha}\,.$$

Hier benutzen wir den fundamentalen Zusammenhang zwischen der komplexen Exponentialfunktion und den Cosinus- und Sinusfunktionen

$$\mathrm{e}^{\mathrm{i}\alpha} = \cos\alpha + \mathrm{i}\sin\alpha\,, \quad \mathrm{e}^{-\mathrm{i}\alpha} = \cos\alpha - \mathrm{i}\sin\alpha\,. \tag{A.4}$$

Man erkennt sofort, dass $\mathrm{e}^{\mathrm{i}\alpha}$ den Betrag 1 hat:

$$\left|\mathrm{e}^{\mathrm{i}\alpha}\right| = \sqrt{(\cos\alpha + \mathrm{i}\,\sin\alpha)(\cos\alpha - \mathrm{i}\,\sin\alpha)} = \sqrt{\cos^2\alpha + \sin^2\alpha} = 1\,.$$

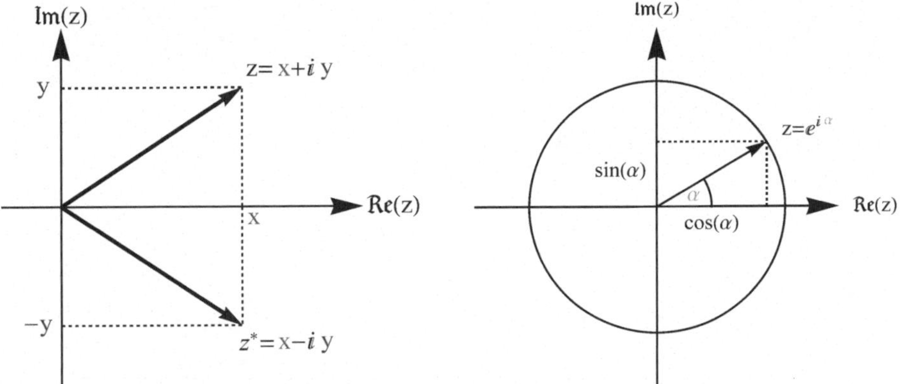

Abb. A.1 *Links*: Darstellung der komplexen Zahlen $z = x + \mathrm{i}y$ und $z^* = x - \mathrm{i}y$ als Vektoren in der komplexen Zahlenebene. *Rechts*: Zusammenhang zwischen der komplexen Exponentialfunktion und den Cosinus- und Sinusfunktionen

Um das Argument der Exponentialfunktion besser lesbar zu machen, schreiben wir sie häufig in der Form $\exp(\mathrm{i}\alpha)$.

A.2 Zeigerdarstellung des komplexen Phasenfaktors

In vielen Schulbüchern wird die komplexe Exponentialfunktion umgangen und eine Zeigerdarstellung zur Ermittlung von Interferenzmustern verwendet. Dies geht auf die Pfadintegralmethode von Richard Feynman zurück. Der Phasenfaktor wird durch den Zeiger einer Messuhr dargestellt. Eine Beschreibung ohne jede Formel findet man in dem Buch von Feynman „Quantenelektrodynamik – Die seltsame Theorie des Lichts und der Materie", Piper-Verlag. Wir betrachten einen undurchsichtigen Schirm, in dem sich zwei schmale Spalte S_1 und S_2 mit einem Abstand a befinden. Der Schirm wird mit Licht der Wellenlänge λ beleuchtet, die Lichtquelle sei sehr weit entfernt, so dass das einfallende Licht als ebene Welle behandelt werden darf (in der Praxis kann man Laserlicht benutzen). Hinter den Spalten breitet sich das Licht als Zylinderwelle aus. Wir interessieren uns für das Interferenzmuster auf einem weit entfernten Beobachtungsschirm. Dazu wählen wir einen beliebigen Punkt P auf dem Schirm und vergleichen die beiden Lichtstrahlen, die von S_1 und S_2 nach P laufen. Die Strecken $\overline{S_1P}$ und $\overline{S_2P}$ haben verschiedene Längen L_1 und L_2. Der Phasenfaktor der Lichtwelle ändert sich längs der Strecke $\overline{S_1P}$ um $\exp(\mathrm{i}\,2\pi L_1/\lambda)$ und längs der Strecke $\overline{S_2P}$ um $\exp(\mathrm{i}\,2\pi L_2/\lambda)$. Jetzt wollen wir die komplexe e-Funktion vermeiden und messen die Längen L_1 und L_2 in Einheiten der Lichtwellenlänge. Dazu verwenden wir Messuhren, deren Zeiger genau eine Umdrehung pro Lichtwellenlänge machen. Längs der Strecke $\overline{S_1P}$ wird die Messuhr U_1 sehr viele Umdrehungen machen, da die Länge L_1 viel größer als die Lichtwellenlänge ist. Entscheidend ist, dass im allgemeinen eine nicht vollständige

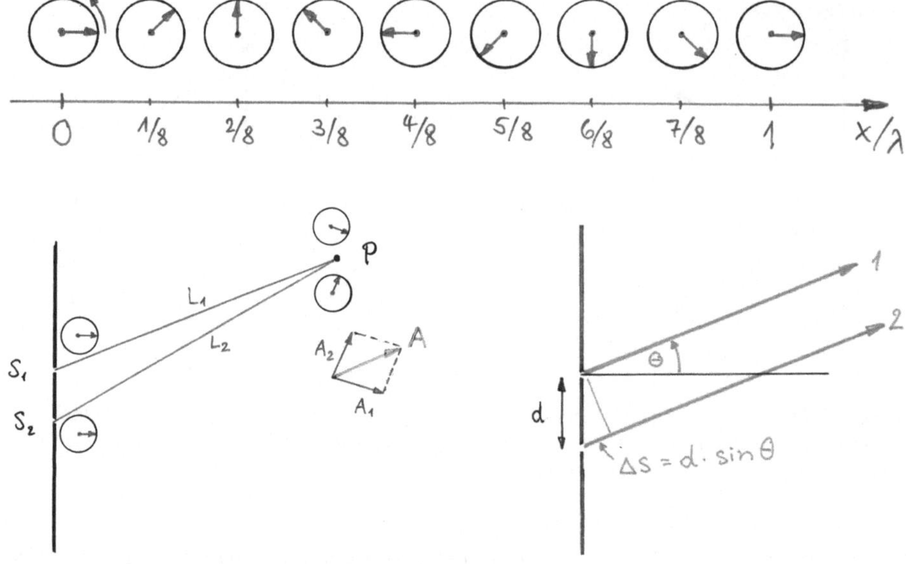

Abb. A.2 *Oben*: Zeigerdarstellung des Phasenfaktors $\exp(\mathrm{i}\,kx) = \exp(\mathrm{i}\,2\pi\,x/\lambda)$ als Funktion von x/λ. Der Zeiger der Messuhr dreht sich im Anti-Uhrzeigersinn. *Unten*: Anwendung der Zeigerdarstellung auf den Doppelspalt. Zur Berechnung der Lichtwellenamplitude im Punkt P werden die beiden Pfeile vektoriell addiert: $\boldsymbol{A} = \boldsymbol{A}_1 + \boldsymbol{A}_2$

Umdrehung übrig bleibt, und auf die kommt es an. Ganz entsprechend wird auch längs der Strecke $\overline{S_2 P}$ eine Messuhr U_2 sehr viele Umdrehungen machen. Um die Lichtamplitude im Punkt P zu bestimmen, müssen wir die Pfeile A_1 und A_2 der beiden Messuhren vektoriell addieren. Weisen sie in die gleiche Richtung, gibt es maximale Lichtintensität. Das ist offensichtlich im Symmetriepunkt der Fall. Im Punkt P tritt dies ein, wenn die Uhren U_1 und U_2 sich um eine ganze Zahl von Umdrehungen unterscheiden. Das führt zu der Bedingung

$$\Delta L = L_2 - L_1 = n\lambda\,.$$

Aus der Abb. A.2 sieht man leicht, dass $\Delta L = \Delta s = d\ \sin\theta$ ist. Wir erhalten damit die bekannte Formel für die Lage der Maxima in Doppelspaltinterferenzen

$$d\ \sin\theta = n\lambda\,.$$

Interferenzminima ergeben sich wenn die Zeiger der Uhren in die entgegengesetzte Richtung weisen, d. h. für $\Delta L = 1/2\,\lambda,\ 3/2\,\lambda, \ldots$

Ein Wort noch zum Drehsinn des Zeigers der Messuhr. Wir stellen hier den komplexen Phasenfaktor $\exp(\mathrm{i}\,kx) = \exp(\mathrm{i}\,2\pi\,x/\lambda)$ als Funktion von x/λ dar. Mit wachsendem x rotiert der Zeiger im Anti-Uhrzeigersinn. Feynman verwendet eine Stoppuhr, um die Zeitdauer zu messen, die das Licht braucht, um von Spalt 1 bzw. Spalt 2 zum Beobachtungspunkt zu kommen. Die Stoppuhr liefert eine bildliche Darstellung des Phasenfaktors $\exp(-i\omega t)$, und sie rotiert im Uhrzeigersinn. Im Schulphysikbuch von Dorn und Bader (Physik, Gymnasium SEK II) rotiert der Zeiger ebenfalls im Uhrzeigersinn. Der Drehsinn ist ohne Belang für die Berechnung der Interferenzen.

A.3 Grundregeln der Differential- und Integralrechnung

A.3.1 Differentialrechnung

Wir betrachten Funktionen $f(x)$, die von einer reellen Variablen abhängen. Diese Variable wird hier mit x bezeichnet, aber anders als in der Physik verstehen wir darunter keine Ortskoordinate, sondern eine reelle Zahl ohne Dimension. Ein Beispiel ist die Funktion $f(x) = 1+0{,}3x^2$, die in Abb. A.3 skizziert ist. Um die Steigung der Kurve bei einem Punkt $x = x_0$ zu ermitteln, bilden wir den Differenzenquotienten

$$\frac{f(x_0 + \Delta x) - f(x_0)}{\Delta x}\,,$$

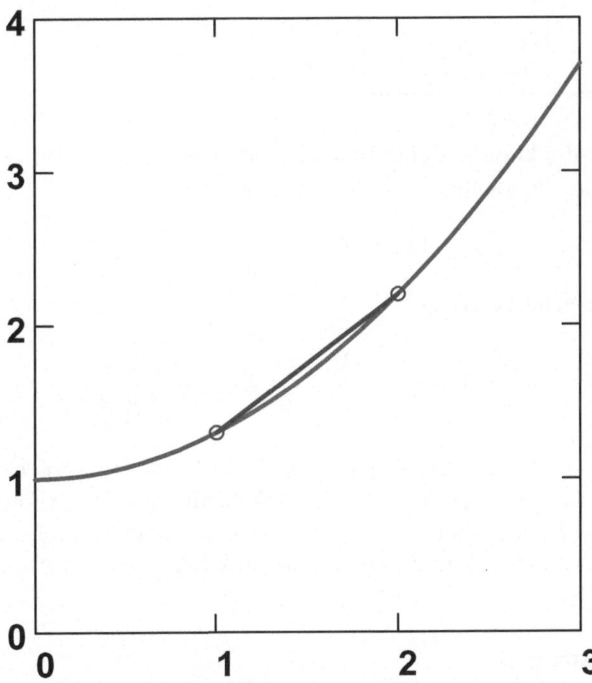

Abb. A.3 Kurvenverlauf der Funktion $f(x) = 1 + 0{,}3x^2$ und Ermittlung der Steigung im Punkt $x_0 = 1$. Hier hat Δx den großen Wert $\Delta x = 1$. Lässt man $\Delta x \to 0$ gehen, so wird aus der *blau gezeichneten Geraden* die Tangente im Punkt x_0

wobei Δx klein ist. Führt man den Grenzübergang (Limes) $\Delta x \to 0$ aus, erhalten wir den Differentialquotienten, der die Steigung der Tangente im Punkt x_0 angibt. Die Funktion wird *differenzierbar* genannt, wenn dieser Limes für alle Werte von x_0 gebildet werden kann. Den Index „0“ lassen wir im Folgenden weg.

Die Ableitung der Funktion am Ort x ist definiert durch

$$f'(x) = \frac{\mathrm{d}f}{\mathrm{d}x} = \lim_{\Delta x \to 0} \frac{f(x + \Delta x) - f(x)}{\Delta x} . \tag{A.5}$$

Die meisten der in der Physik gebrauchten Funktionen sind differenzierbar. Ein Beispiel für eine nicht überall differenzierbare Funktion ist $f(x) = |x|$. Die Ableitung ist $f'(x) = +1$ für $x > 0$ und $f'(x) = -1$ für $x < 0$. Diese Funktion ist nicht differenzierbar bei $x = 0$.

Einige wichtige Funktionen und ihre Ableitungen sind in Tabelle A.1 aufgelistet.

Tabelle A.1 Wichtige Funktionen und ihre Ableitungen

Funktion $f(x)$	Ableitung $f'(x)$
x^n	nx^{n-1}
$\sin x$	$\cos x$
$\cos x$	$-\sin x$
e^x	e^x
$\ln x$	$1/x$
$\sqrt{x}$	$1/(2\sqrt{x})$

Die Exponentialfunktion hat eine besondere Bedeutung in der Physik. Sie ist die einzige Funktion, die identisch mit ihrer Ableitung ist:

$$f(x) = \mathrm{e}^x , \quad f'(x) = \mathrm{e}^x .$$

Sie hat die Reihenentwicklung

$$\mathrm{e}^x = 1 + x + \frac{x^2}{3} + \frac{x^3}{6} + \ldots = \sum_{n=0}^{\infty} \frac{x^n}{n!} .$$

mit $n! = n(n-1)(n-2)\ldots 1$, also $4! = 4 \cdot 3 \cdot 2 \cdot 1 = 24$ (gesprochen n-Fakultät). Definitionsgemäss setzt man $0! = 1$. Die Umkehrfunktion der Exponentialfunktion ist der natürliche Logarithmus, der nur für $x > 0$ definiert ist (im Limes $x \to 0$ gilt $\ln x \to -\infty$). Exponential- und Logarithmusfunktion werden in Abb. A.4 gezeigt.

Differentiationsregeln

Summenregel

$$(f + g)' = f' + g' .$$

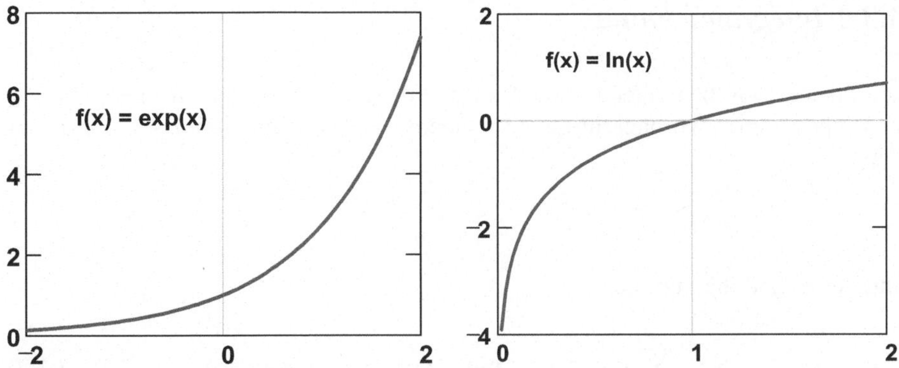

Abb. A.4 Kurvenverlauf der Exponentialfunktion und der Logarithmusfunktion

Produktregel

$$(fg)' = f'g + fg' , \quad \text{Beispiel} \quad (x^3 \sin x)' = 3x^2 \sin x + x^3 \cos x \,.$$

Quotientenregel

$$\left(\frac{f}{g}\right)' = \frac{f'g - fg'}{g^2} , \quad \text{Beispiel} \quad \left(\frac{x^2}{\sin x}\right)' = \frac{2x \sin x - x^2 \cos x}{\sin^2 x} \,.$$

Kettenregel

$$(f[g(x)])' = f'[g] \cdot g'(x) , \quad \text{Beispiel} \quad (\sin[x^3])' = \cos[x^3] \cdot 3x^2 \,.$$

Taylorentwicklung

Eine differenzierbare Funktion kann in einer kleinen Umgebung eines Punktes x_0 in eine Taylorreihe entwickelt werden. Dadurch ist es in vielen Fällen möglich, die Funktion in der Nähe von x_0 zu linearisieren.

$$f(x) \approx f(x_0) + f'(x_0)(x - x_0) \quad \text{für} \quad |x - x_0| \ll 1 \,.$$

Dies folgt sofort aus der Definition des Differentialquotienten in Gl. (A.5). Beispiele $f(x) = \sqrt{1+x}$ oder $f(x) = \ln(1+x)$. Wir wählen $x_0 = 0$.

$$\sqrt{1+x} \approx 1 + x/2 \quad \text{für} \quad |x| \ll 1 \,.$$
$$\ln(1+x) \approx x \quad \text{für} \quad |x| \ll 1 \,.$$

Eine bessere Genauigkeit bietet die Taylorentwicklung bis zur 2. Ordnung, bei der man außer der Steigung der Kurve auch noch ihre Krümmung berücksichtigt:

$$f(x) \approx f(x_0) + f'(x_0)(x - x_0) + \frac{f''(x_0)}{2}(x - x_0)^2 \quad \text{für} \quad |x - x_0| \ll 1 \,. \tag{A.6}$$

A.3.2 Integralrechnung

Die Fläche zwischen einer Kurve $f(x)$ und der x-Achse in einem Intervall $a \leq x \leq b$ bestimmen wir näherungsweise, indem wir das Intervall in n Abschnitte der Länge

$$\Delta x = \frac{b-a}{n}$$

unterteilen und die Summe

$$S = \sum_{i=1}^{n} f(x_i)\Delta x \quad \text{mit} \quad x_i = a + (i - 1/2)\Delta x \tag{A.7}$$

berechnen (siehe Abb. A.5). Im Limes $n \to \infty$ wird daraus das bestimmte Integral

$$\int_a^b f(x)dx = \lim_{n\to\infty} \sum_{i=1}^{n} f(x_i)\Delta x\,. \tag{A.8}$$

Unter einer Stammfunktion $F(x)$ der Funktion $f(x)$ versteht man eine Funktion, deren Ableitung gleich $f(x)$ ist:

$$F'(x) = f(x)\,.$$

Hauptsatz der Differential- und Integralrechnung

Sei $F(x)$ eine Stammfunktion von $f(x)$. Dann gilt

$$\int_a^b f(x)\,\mathrm{d}x = F(b) - F(a)\,. \tag{A.9}$$

Stammfunktionen sind nicht eindeutig, man kann eine beliebige Konstante hinzuaddieren. Häufig schreibt man eine Stammfunktion in Form eines *unbestimmten* Integrals (es werden keine Integrationsgrenzen angegeben)

$$F(x) = \int f(x)\,\mathrm{d}x\,.$$

Das Differenzieren einer vorgegebenen Funktion macht in den meisten Fällen keine Schwierigkeiten, aber beim Integrieren ist dies anders. Für sehr viele Funktionen sind die Stammfunktionen nicht bekannt (im Programm Mathematica findet man praktisch alle bekannten unbestimmten Integrale). Manchmal helfen Integrati-

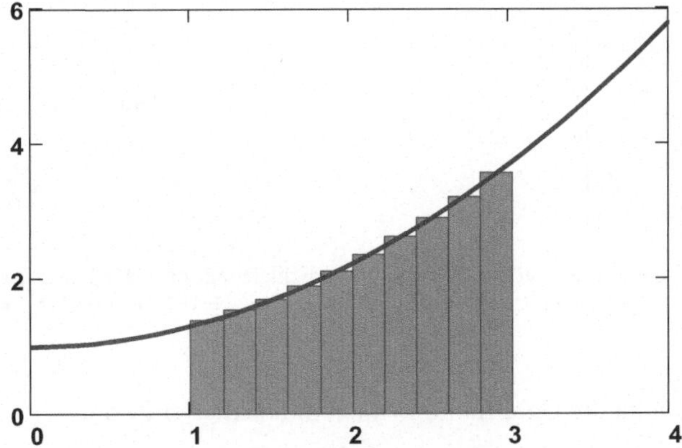

Abb. A.5 Approximation des bestimmten Integrals $\int_1^3 f(x)\,\mathrm{d}x$ durch die Summe (A.7). Die Funktion ist $f(x) = 1 + 0{,}3x^2$

onsregeln weiter. Besonders häufig verwendet man die partielle Integration:

$$\int_a^b f(x)g'(x)\,\mathrm{d}x = [f(b)g(b) - f(a)g(a)] - \int_a^b f'(x)g(x)\,\mathrm{d}x\,. \tag{A.10}$$

Auch wenn keine Stammfunktion bekannt ist, wird durch das unbestimmte Integral eine Funktion $F(x)$ definiert, die man leicht auf dem Computer auswerten kann.

A.3.3 Gaußfunktion und Fehlerfunktion

Die Gaußfunktion spielt in der Physik eine außerordentlich wichtige Rolle. Sie ist definiert durch

$$g(x) = \mathrm{e}^{-x^2}\,. \tag{A.11}$$

Dabei ist $\mathrm{e} = 2{,}71828\ldots$ die Euler'sche Zahl. Das Integral über die Gaußfunktion hat den Wert

$$\int_{-\infty}^{+\infty} \mathrm{e}^{-x^2}\,\mathrm{d}x = \sqrt{\pi}\,. \tag{A.12}$$

Die (Gauß'sche) Fehlerfunktion (*error function*) ist definiert als unbestimmtes Integral über die Gaußfunktion

$$\mathrm{erf}(x) = \frac{2}{\sqrt{\pi}} \int_0^x \mathrm{e}^{-s^2}\,\mathrm{d}s\,. \tag{A.13}$$

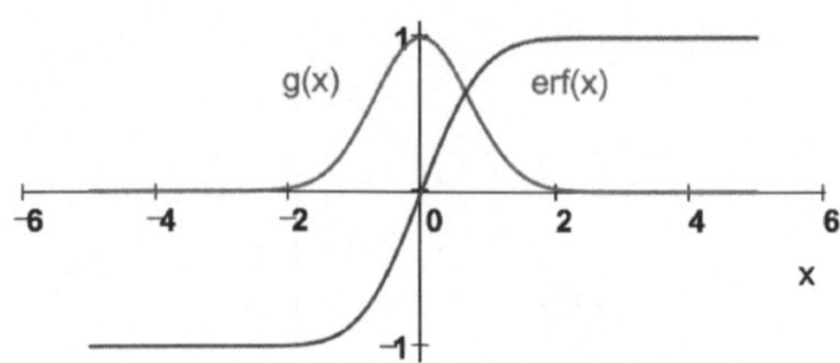

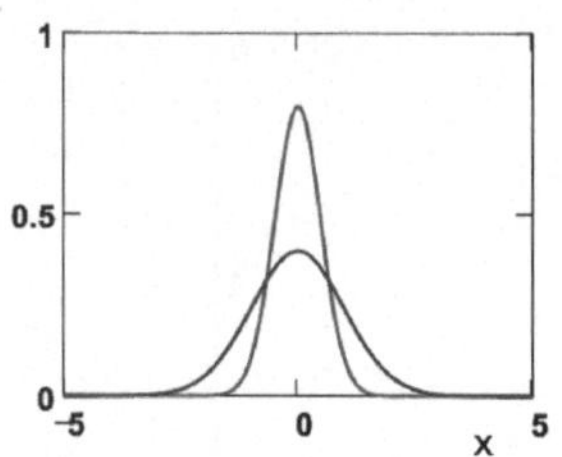

Abb. A.6 *Links*: die Gaußfunktion $g(x)$ und die Fehlerfunktion erf(x). *Rechts*: die normierte Gaußfunktion $g_n(x)$ für zwei Standard-Abweichungen: $\sigma_1 = 0{,}5$ (*rot*) und $\sigma_2 = 1$ (*blau*)

Häufig benutzt man die Gaußfunktion auch in normierter Form

$$g_n(x) = \frac{1}{\sqrt{2\pi}\,\sigma} \exp\left(-\frac{x^2}{2\sigma^2}\right) . \tag{A.14}$$

Die Fläche unter dieser Kurve hat den Wert 1:

$$\int\limits_{-\infty}^{+\infty} g_n(x) = 1 .$$

Die Größe σ nennt man die Standard-Abweichung, und σ^2 nennt man die Varianz.

A.4 Fourier-Reihe und Fourier-Integral

A.4.1 Fourier-Reihe

Die Sinus- und Cosinusfunktionen sind periodisch mit der Periode 2π: $\sin(x + 2\pi) = \sin(x)$. Von Fourier wurde bewiesen, dass sich jede periodische Funktion, die beschränkt und stückweise stetig ist, als Linearkombination von Sinus- und Cosinusfunktionen darstellen lässt. Eine Funktion $f(x)$ wird periodisch genannt, wenn es eine Zahl $L > 0$ gibt, so dass für alle x gilt

$$f(x + L) = f(x) .$$

Die Fourierreihe von $f(x)$ lautet

$$f(x) = \frac{a_0}{2} + \sum_{n=1}^{\infty} a_n \cos(nkx) + \sum_{n=1}^{\infty} b_n \sin(nkx) \quad \text{mit} \quad k = \frac{2\pi}{L} . \tag{A.15}$$

Die Koeffizienten werden wie folgt berechnet:

$$a_n = \frac{2}{L} \int\limits_0^L f(x) \cos(nkx)\,\mathrm{d}x , \quad b_n = \frac{2}{L} \int\limits_0^L f(x) \sin(nkx)\,\mathrm{d}x . \tag{A.16}$$

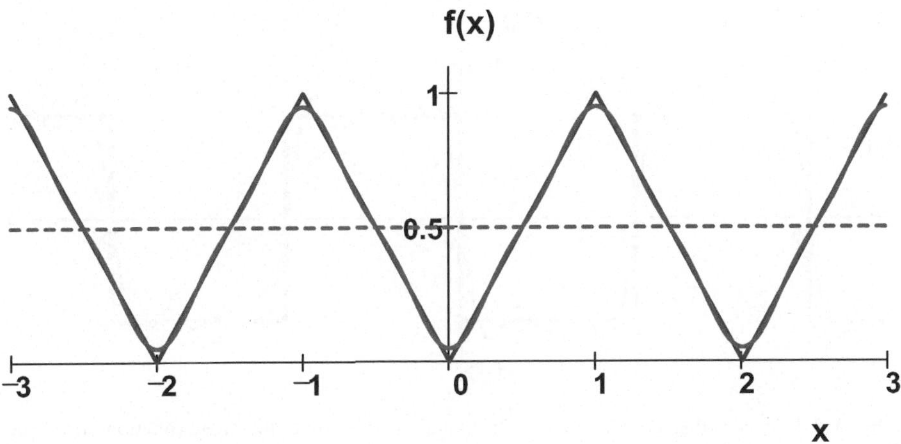

Abb. A.7 Eine Dreieckkurve (*blau*) und die Summe der Terme der Fourierreihe mit $n = 0, 1, 3$ (*rote Kurve*). *Gestrichelte rote Linie*: der Term $a_0/2 = 1/2$

Als Beispiel betrachten wir die in Abb. A.7 gezeigte Dreieckskurve. Sie ist eine gerade Funktion ($f(-x) = f(x)$) und hat deswegen nur Cosinusterme sowie einen konstanten Term in der Fourierreihe

$$f(x) = \frac{1}{2} - \frac{4}{\pi^2}\left(\cos(\pi x) + \frac{1}{3^2}\cos(3\pi x) + \frac{1}{5^2}\cos(5\pi x) + \dots\right).$$

In der Elektrotechnik kommen häufig Funktionen vor, die periodisch in der Zeit sind

$$f(t + T) = f(t).$$

Die Fourierreihe lautet analog zu Gl. (A.15)

$$f(t) = \frac{a_0}{2} + \sum_{n=1}^{\infty} a_n \cos(n\omega t) + \sum_{n=1}^{\infty} b_n \sin(n\omega t) \quad \text{mit} \quad \omega = \frac{2\pi}{T}. \tag{A.17}$$

Die Koeffizienten sind

$$a_n = \frac{2}{T}\int_0^T f(t)\cos(n\omega t)\,\mathrm{d}t\,, \quad b_n = \frac{2}{T}\int_0^T f(t)\sin(n\omega t)\,\mathrm{d}t\,. \tag{A.18}$$

Mit Pulsgeneratoren kann man Rechteck-Pulsketten erzeugen, wie in Abb. A.8 gezeigt. Die hier dargestellte Funktion hat die Periode $T = 2$ und ist eine ungerade Funktion ($f(-t) = -f(t)$). Daher gibt es in der Fourierreihe nur Sinusterme. Unter Benutzung von Gl. (A.18) finden wir

$$f(t) = \frac{4}{\pi}\left(\sin(\pi t) + \frac{1}{3}\sin(3\pi t) + \frac{1}{5}\sin(5\pi t) + \dots\right).$$

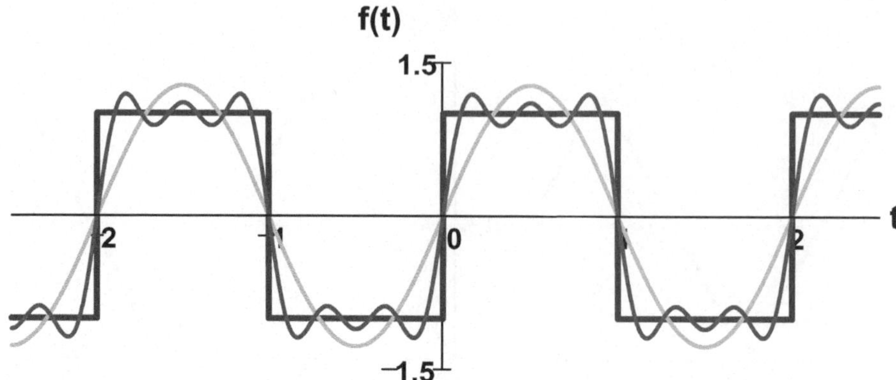

Abb. A.8 Eine periodische Folge von Rechteckpulsen (*blau*) und die Approximation durch eine Fourierreihe. *Grüne Kurve*: nur die 1. Ordnung $\frac{4}{\pi}\ \sin(\pi t)$, *rote Kurve*: alle Terme bis zur Ordnung $n = 5$

Die Rechteckfunktion ist unstetig an den Stellen $t = 0, \pm T, \pm 2T \ldots$, d. h. dort macht die Funktion Sprünge und ist unendlich steil. Bei unstetigen Funktionen muss man die Fouriersumme bis zu sehr hohen Ordnungen n erstrecken, um die Sprünge einigermaßen zu reproduzieren. Die Fourierkoeffizienten sind proportional zu $1/n$, die Konvergenz der Reihe ist schwach.

Bei stetigen Funktionen wie bei der Dreieckskurve in Abb. A.7 konvergiert die Fourierreihe wesentlich schneller (in diesem Fall sind die Fourierkoeffizienten proportional zu $1/n^2$), und die Summe der Terme mit $n = 0, 1, 3$ liefert bereits eine gute Approximation.

A.4.2 Fourier-Integral

Auch nichtperiodische Funktionen lassen sich durch Überlagerung harmonischer Funktionen darstellen, wobei die Fouriersumme durch das Fourierintegral ersetzt wird. Die Voraussetzung ist, dass die Funktion quadratisch integrierbar ist, d. h. es muss gelten

$$\int_{-\infty}^{\infty} |f(x)|^2 \, \mathrm{d}x < \infty \,.$$

Wir benutzen hier an Stelle der Sinus- und Cosinusfunktionen die komplexe Exponentialfunktion, die die Schreibweise wesentlich vereinfacht. Die Fourierdarstellung einer Funktion $f(x)$ lautet

$$f(x) = \frac{1}{\sqrt{2\pi}} \int_{-\infty}^{\infty} \tilde{f}(k) \exp(\mathrm{i}kx) \, \mathrm{d}k \tag{A.19}$$

mit der Fouriertransformierten

$$\tilde{f}(k) = \frac{1}{\sqrt{2\pi}} \int_{-\infty}^{\infty} f(x) \exp(-\mathrm{i}kx)\,\mathrm{d}x\,. \tag{A.20}$$

Es gilt das Parseval-Theorem

$$\int_{-\infty}^{\infty} |f(x)|^2\,\mathrm{d}x = \int_{-\infty}^{\infty} |\tilde{f}(k)|^2\,\mathrm{d}k\,. \tag{A.21}$$

Für Funktionen der Zeit schreibt man analog

$$f(t) = \frac{1}{\sqrt{2\pi}} \int_{-\infty}^{\infty} \tilde{f}(\omega) \exp(\mathrm{i}\omega t)\,\mathrm{d}\omega\,, \quad \tilde{f}(\omega) = \frac{1}{\sqrt{2\pi}} \int_{-\infty}^{\infty} f(t) \exp(-\mathrm{i}\omega t)\,\mathrm{d}t\,. \tag{A.22}$$

Fourier-Transformation einer Gaußfunktion

Eine Gaußfunktion im Zeitbereich wird durch das Fourierintegral in eine Gaußfunktion im Frequenzbereich überführt.

$$f(t) = \frac{1}{\sqrt{2\pi}\sigma_t} \exp\left(-\frac{t^2}{2\sigma_t^2}\right) \Rightarrow \tilde{f}(\omega) = \frac{1}{\sqrt{2\pi}} \exp\left(-\frac{\omega^2}{2\sigma_\omega^2}\right) \text{ mit } \sigma_\omega = \frac{1}{\sigma_t}\,. \tag{A.23}$$

Die Breite der Frequenzfunktion ist umso größer, je schmaler die Zeitfunktion ist, s. Abb. A.9. Das Produkt der Unschärfen ist 1:

$$\sigma_t \cdot \sigma_\omega = 1\,. \tag{A.24}$$

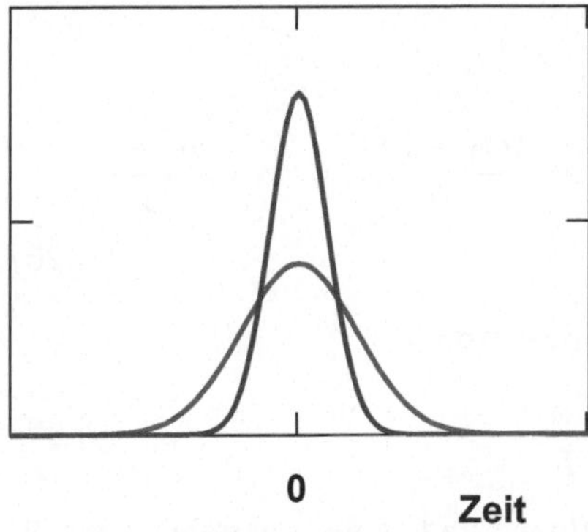

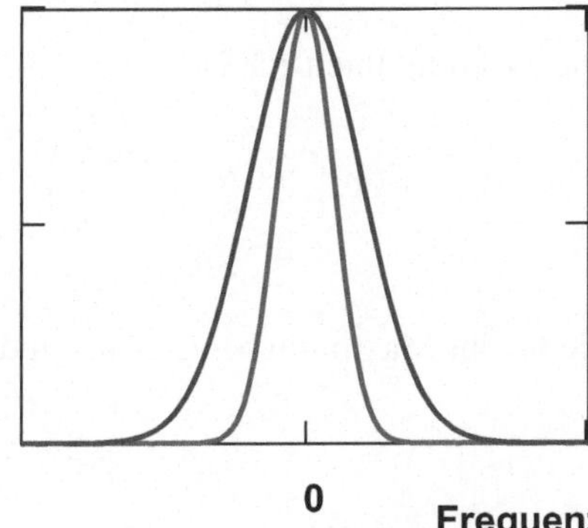

Abb. A.9 Zwei Gaußfunktionen $f(t)$ verschiedener Breite und ihre Fouriertransformierten

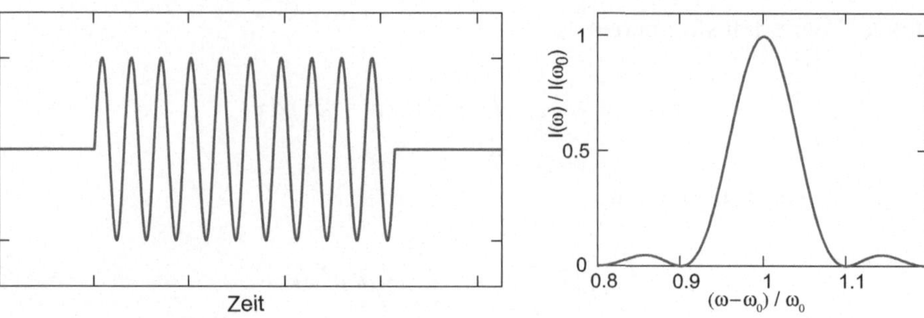

Abb. A.10 Ein Wellenzug mit 10 Oszillationen und die Intensität als Funktion der Frequenz

Durch Multiplikation mit $\hbar$ folgt daraus die Energie-Zeit-Unschärferelation, siehe Kap. 4.6.4.

Fourier-Transformation eines harmonischen Wellenzuges

Das elektrische Feld einer Lichtwelle sei gegeben durch

$$\mathcal{E}(t) = \mathcal{E}_0 \begin{cases} \exp(\mathrm{i}\,\omega_0 t) & \text{für} \quad -T/2 < t < T/2 \\ 0 & \text{sonst} \end{cases} \tag{A.25}$$

Die Zahl der Oszillationen ist $N = \omega_0 T/(2\pi)$. Wegen seiner endlichen Länge ist der Wellenzug nicht monochromatisch, sondern enthält ein Frequenzspektrum, das wir mit Hilfe der Fouriertransformation berechnen

$$\begin{aligned} \tilde{\mathcal{E}}(\omega) &= \frac{1}{\sqrt{2\pi}} \int_{-\infty}^{+\infty} \mathcal{E}(t) \mathrm{e}^{-\mathrm{i}\omega t}\, \mathrm{d}t = \frac{\mathcal{E}_0}{\sqrt{2\pi}} \int_{-T/2}^{+T/2} \mathrm{e}^{\mathrm{i}(\omega_0 - \omega)t}\, \mathrm{d}t \\ &= \frac{2\mathcal{E}_0}{\sqrt{2\pi}} \frac{\sin((\omega_0 - \omega)T/2)}{\omega_0 - \omega} \,. \end{aligned}$$

Die spektrale Intensität ist

$$I(\omega) \propto \left|\tilde{\mathcal{E}}(\omega)\right|^2 \propto N^2 \left(\frac{\sin u}{u}\right)^2 \quad \text{mit} \quad u = \frac{(\omega_0 - \omega)T}{2} = \pi\, N\, \frac{\omega_0 - \omega}{\omega_0} \,. \tag{A.26}$$

Sie hat ihr Maximum bei $\omega = \omega_0$ und eine Halbwertsbreite

$$\Delta\omega \approx \frac{\omega_0}{N} = \frac{2\pi}{T} \,. \tag{A.27}$$

Ein sehr kurzer Wellenzug mit nur 10 Oszillationen und seine spektrale Intensität werden in Abb. A.10 gezeigt.

A.5 Funktionen von mehreren Variablen

A.5.1 Partielle Ableitungen

Funktionen von mehreren Variablen kommen sehr häufig in der Physik vor, und wir müssen die Regeln der Differential- und Integralrechnung erweitern, um diese Funktionen zu erfassen. Als Beispiel betrachten wir die Funktion

$$f(x, y) = (x - 10)^2 - (y - 10)^2 + 100$$

der beiden reellen Variablen x und y. Diese Funktion kann man graphisch darstellen, es ergibt sich die sattelförmige Fläche in Abb. A.11. Die *partiellen Ableitungen* sind die Verallgemeinerung der normalen Ableitung einer Funktion mit einer Variablen. Sie sind definiert durch

$$\frac{\partial f}{\partial x} = \lim_{\Delta x \to 0} \frac{f(x + \Delta x, y) - f(x, y)}{\Delta x}\,, \quad \frac{\partial f}{\partial y} = \lim_{\Delta y \to 0} \frac{f(x, y + \Delta y) - f(x, y)}{\Delta y}\,. \tag{A.28}$$

Dabei wird jeweils die andere Variable konstant gehalten. Man bestimmt also die normalen Ableitungen der Funktionen $g(x) = f(x, y_0)$ und $h(y) = f(x_0, y)$. Beispiel:

$$f(x, y) = (x-10)^2-(y-10)^2+100\,, \quad \frac{\partial f}{\partial x} = 2\,(x-10)\,, \quad \frac{\partial f}{\partial y} = -2\,(y-10)\,.$$

Die Kurven $g(x) = f(x, 10)$ und $h(y) = f(10, y)$ sind in Abb. A.11 skizziert.

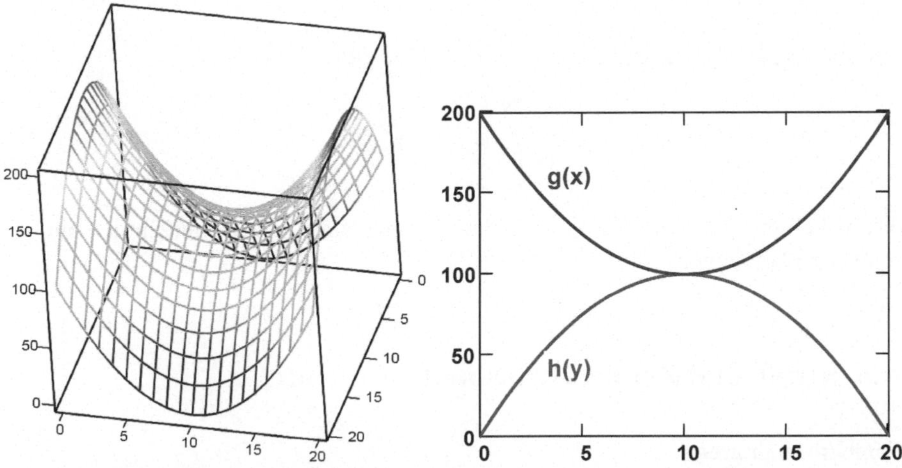

Abb. A.11 *Links*: Graphische Darstellung der Funktion $f(x, y) = (x-10)^2-(y-10)^2+100$. *Rechts*: die Kurven $g(x) = f(x, 10)$ und $h(y) = f(10, y)$ auf der Sattelfläche

Funktionen mit drei oder mehr Variablen lassen sich nicht mehr graphisch darstellen. Die partiellen Ableitungen sind gemäss (A.28) zu berechnen.

Im Dreidimensionalen definiert man den Nabla-Operator. Nabla ist ein Vektoroperator, der als Komponenten die partiellen Ableitungen nach x, y und z enthält:

$$\nabla = \begin{pmatrix} \partial_x \\ \partial_y \\ \partial_z \end{pmatrix} \quad \text{mit} \quad \partial_x \equiv \frac{\partial}{\partial x} \text{ etc.} \tag{A.29}$$

Angewandt auf eine Funktion $f(x, y, z)$ ergibt sich eine Vektorfunktion, die man oft auch den Gradienten nennt:

$$\operatorname{grad} f \equiv \nabla f = \begin{pmatrix} \partial_x f \\ \partial_y f \\ \partial_z f \end{pmatrix} \quad \text{mit} \quad \partial_x f \equiv \frac{\partial f}{\partial x} \text{ etc.} \tag{A.30}$$

Der Laplace-Operator ist die Summe der zweiten Ableitungen

$$\nabla^2 = \frac{\partial^2}{\partial x^2} + \frac{\partial^2}{\partial y^2} + \frac{\partial^2}{\partial z^2}. \tag{A.31}$$

A.5.2 Mehrfachintegrale

Das Doppelintegral über eine Funktion $f(x, y)$ ist als Grenzwert einer Doppelsumme definiert

$$\int_c^d \int_a^b f(x, y)\,\mathrm{d}x\,\mathrm{d}y = \lim_{n\to\infty} \sum_{i=1}^{n} \sum_{j=1}^{n} f(x_i, y_j)\Delta x \Delta y\,. \tag{A.32}$$

Für unsere Sattelflächenfunktion in Abb. A.11 ergibt

$$\int_0^{20} \int_0^{20} f(x, y)\,\mathrm{d}x\,\mathrm{d}y$$

das Volumen unterhalb der Sattelfläche. Doppel- oder Dreifachintegrale sind oft schwer zu berechnen.

A.6 Kugel- und Zylinderkoordinaten

Kugelkoordinaten

Die Kugelkoordinaten (r, θ, φ) eines Punktes $P = (x, y, z)$ werden in Abb. A.12 definiert. Ihre Verknüpfungen mit kartesischen Koordinaten lauten

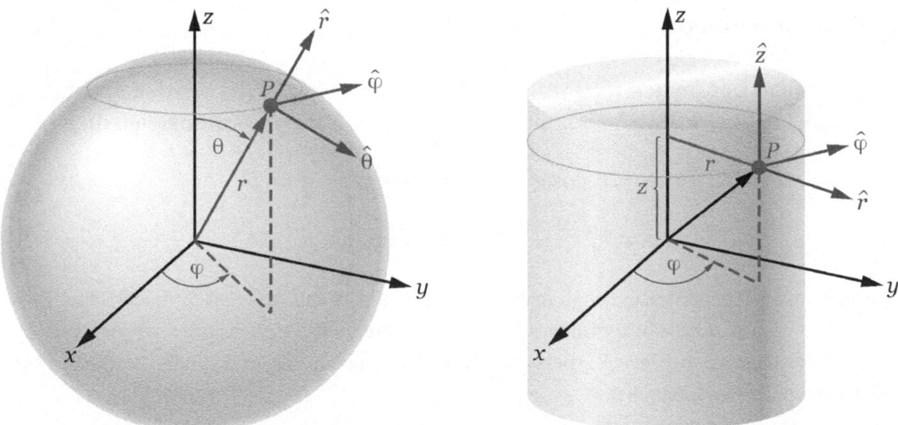

Abb. A.12 *Links*: Definition der Kugelkoordinaten. Die Richtungen der Einheitsvektoren $\hat{\boldsymbol{r}}$, $\hat{\boldsymbol{\theta}}$, $\hat{\boldsymbol{\varphi}}$ hängen vom Polarwinkel θ und vom Azimutalwinkel φ ab. *Rechts*: Definition der Zylinderkoordinaten. Die Richtungen der Einheitsvektoren $\hat{\boldsymbol{r}}$, $\hat{\boldsymbol{\varphi}}$ hängen vom Azimutalwinkel φ ab, während der Einheitsvektor $\hat{\boldsymbol{z}}$ wie bei kartesischen Koordinaten immer dieselbe Richtung hat

$$x = r\,\sin\theta\cos\varphi\,,\quad y = r\,\sin\theta\sin\varphi\,,\quad z = r\,\cos\theta\,,$$

$$r = \sqrt{x^2+y^2+z^2}\,,\quad \theta = \arccos(z/r)\,,\quad \varphi = \arctan(y/x)\,. \tag{A.33}$$

Man definiert drei Einheitsvektoren $\hat{\boldsymbol{r}}$, $\hat{\boldsymbol{\theta}}$, $\hat{\boldsymbol{\varphi}}$, die jeweils in die Richtung zeigen, in der sich die betreffende Koordinate vergrößert. Ihr Zusammenhang mit den kartesischen Einheitsvektoren ist

$$\hat{\boldsymbol{r}} = \sin\theta\cos\varphi\,\hat{\boldsymbol{x}} + \sin\theta\,\sin\varphi\,\hat{\boldsymbol{y}} + \cos\theta\,\hat{\boldsymbol{z}}\,, \tag{A.34a}$$

$$\hat{\boldsymbol{\theta}} = \cos\theta\,\cos\varphi\,\hat{\boldsymbol{x}} + \cos\theta\,\sin\varphi\,\hat{\boldsymbol{y}} - \sin\theta\,\hat{\boldsymbol{z}}\,, \tag{A.34b}$$

$$\hat{\boldsymbol{\varphi}} = -\sin\varphi\,\hat{\boldsymbol{x}} + \cos\varphi\,\hat{\boldsymbol{y}}\,. \tag{A.34c}$$

Eine infinitesimale Verschiebung im Raum kann man schreiben

$$\mathrm{d}\boldsymbol{s} = \mathrm{d}x\,\hat{\boldsymbol{x}} + \mathrm{d}y\,\hat{\boldsymbol{y}} + \mathrm{d}z\,\hat{\boldsymbol{z}} = \mathrm{d}r\,\hat{\boldsymbol{r}} + r\,\mathrm{d}\theta\,\hat{\boldsymbol{\theta}} + r\,\sin\theta\,\mathrm{d}\varphi\,\hat{\boldsymbol{\varphi}}\,. \tag{A.35}$$

Das infinitesimale Volumenelement ist $\mathrm{d}V = \mathrm{d}x\,\mathrm{d}y\,\mathrm{d}z \equiv \mathrm{d}^3r$ in kartesischen Koordinaten. In Kugelkoordinaten lautet es

$$\mathrm{d}V = \mathrm{d}x\,\mathrm{d}y\,\mathrm{d}z = r^2\,\sin\theta\,\mathrm{d}r\,\mathrm{d}\theta\,\mathrm{d}\varphi\,. \tag{A.36}$$

Der Laplace-Operator angewandt auf eine skalare Funktion lautet

$$\nabla^2 f = \frac{1}{r^2}\frac{\partial}{\partial r}\left(r^2\frac{\partial f}{\partial r}\right) + \frac{1}{r^2\,\sin\theta}\frac{\partial}{\partial\theta}\left(\sin\theta\frac{\partial f}{\partial\theta}\right) + \frac{1}{r^2\,\sin^2\theta}\frac{\partial^2 f}{\partial\varphi^2}\,. \tag{A.37}$$

Zylinderkoordinaten

Die Zylinderkoordinaten (r, φ, z) eines Punktes $P = (x, y, z)$ werden ebenfalls in Abb. A.12 definiert. Ihre Verknüpfungen mit kartesischen Koordinaten lauten

$$x = r\,\cos\varphi\,, \quad y = r\,\sin\varphi\,, \quad z = z\,,$$
$$r = \sqrt{x^2 + y^2}\,, \quad \varphi = \arctan(y/x)\,. \tag{A.38}$$

Anmerkung: Üblicherweise nennt man den radialen Abstand von der Zylinderachse $\rho = \sqrt{x^2 + y^2}$. Da ρ für die Wahrscheinlichkeitsdichte reserviert ist, verwenden wir den Buchstaben r. Man muss dann beachten, dass r in Kugelkoordinaten und in Zylinderkoordinaten eine unterschiedliche Bedeutung hat.

Man definiert drei Einheitsvektoren $\hat{\boldsymbol{r}}$, $\hat{\boldsymbol{\varphi}}$, $\hat{\boldsymbol{z}}$, die jeweils in die Richtung zeigen, in der sich die betreffende Koordinate vergrößert. Ihr Zusammenhang mit den kartesischen Einheitsvektoren ist

$$\hat{\boldsymbol{r}} = \cos\varphi\;\hat{\boldsymbol{x}} + \sin\varphi\;\hat{\boldsymbol{y}}\,, \tag{A.39a}$$
$$\hat{\boldsymbol{\varphi}} = -\sin\varphi\;\hat{\boldsymbol{x}} + \cos\varphi\;\hat{\boldsymbol{y}} \tag{A.39b}$$
$$\hat{\boldsymbol{z}} = \hat{\boldsymbol{z}}\,. \tag{A.39c}$$

Eine infinitesimale Verschiebung im Raum kann man schreiben

$$\mathrm{d}\boldsymbol{s} = \mathrm{d}x\;\hat{\boldsymbol{x}} + \mathrm{d}y\;\hat{\boldsymbol{y}} + \mathrm{d}z\;\hat{\boldsymbol{z}} = \mathrm{d}r\;\hat{\boldsymbol{r}} + +r\,\mathrm{d}\varphi\;\hat{\boldsymbol{\varphi}} + \mathrm{d}z\;\hat{\boldsymbol{z}}\,. \tag{A.40}$$

Das infinitesimale Volumenelement ist

$$\mathrm{d}V = r\,\mathrm{d}r\,\mathrm{d}\varphi\,\mathrm{d}z\,. \tag{A.41}$$

Der Laplace-Operator angewandt auf eine skalare Funktion lautet

$$\nabla^2 f = \frac{\partial^2 f}{\partial r^2} + \frac{1}{r}\frac{\partial f}{\partial r} + \frac{1}{r^2}\frac{\partial^2 f}{\partial \varphi^2} + \frac{\partial^2 f}{\partial z^2}\,. \tag{A.42}$$

Anhang B
Ergänzungen zu Kap. 1, 2 und 3

B.1 Kinematik der Compton-Streuung

Die Streuung eines Röntgenquants an einem ruhenden Elektron wird in Abb. B.1 gezeigt. Vor dem Stoß hat das Photon die Energie $\hbar\omega$ und den Impuls $\hbar\boldsymbol{k}$ mit $|\boldsymbol{k}| = k = \omega/c$, nach dem Stoß hat es die Energie $\hbar\omega'$ und den Impuls $\hbar\boldsymbol{k'}$. Die Geschwindigkeit v des Elektrons nach dem Stoß ist bei der Compton-Streuung von Röntgenquanten wesentlich kleiner als die Lichtgeschwindigkeit c, wir dürfen daher mit den nichtrelativistischen Formeln für Energie und Impuls des Elektrons rechnen:

$$E_{\text{kin}} = \frac{p^2}{2m_e}, \quad p = m_e v .$$

Der Energie- und Impulssatz lauten

$$\hbar\omega = \hbar\omega' + \frac{p^2}{2m_e}, \quad \hbar\boldsymbol{k} = \hbar\boldsymbol{k'} + \boldsymbol{p} .$$

Das Elektron wird bei der Compton-Streuung meistens nicht nachgewiesen, daher versuchen wir, seinen Impuls zu eliminieren. Die Komponenten des Impulses $\boldsymbol{p}$ parallel und senkrecht zur Einfallsrichtung sind

$$p\cos\phi = \hbar k - \hbar k'\cos\theta , \quad p\,\sin\phi = \hbar k'\sin\theta .$$

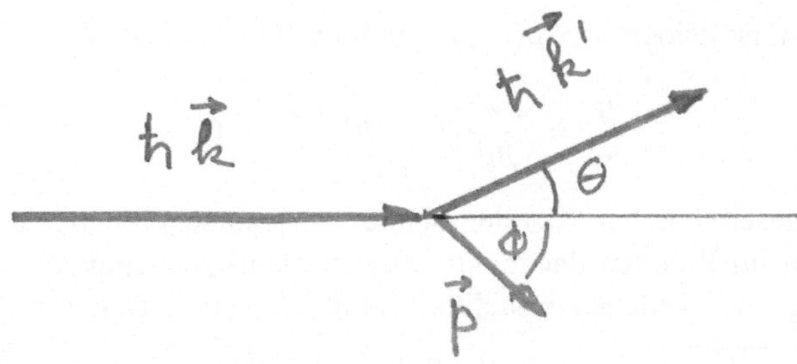

Abb. B.1 Impulsbilanz bei der Compton-Streuung

Die beiden Gleichungen werden quadriert und danach addiert:

$$p^2 = \hbar^2(k^2 - 2kk'\cos\theta + k'^2)\,.$$

Nun wird der Energiesatz benutzt, um p^2 zu eliminieren

$$p^2 = 2m_e\hbar(\omega - \omega') = 2m_e c\hbar(k - k')\,.$$

Einsetzen in die vorige Gleichung ergibt

$$\Delta k = k - k' = \frac{\hbar}{2m_e c}(k^2 - 2kk'\,\cos\theta + k'^2)\,.$$

In den meisten Fällen ist $\Delta k \ll k$ und man kann auf der rechten Seite k' durch k ersetzen, woraus folgt

$$\Delta k = \frac{\hbar k^2}{m_e c}(1 - \cos\theta)\,.$$

Nun benutzen wir $\lambda = 2\pi/k$ und $\lambda' = 2\pi/k'$. Die Wellenlänge als Funktion des Streuwinkels ist gegeben durch die Compton'sche Streuformel

$$\lambda' = \lambda + \frac{2\pi\hbar}{m_e c}(1 - \cos\theta)\,. \tag{B.1}$$

Genau die gleiche Formel findet man bei Anwendung der relativistischen Mechanik.

B.2 Die Kontinuitätsgleichung

Wenn ein Teilchen eine scharf definierte Energie hat, kann man die Gesamtwellenfunktion in der Form

$$\Psi(x,t) = \psi(x)\exp(-\mathrm{i}\omega t)$$

schreiben. In diesem Fall ist die Wahrscheinlichkeitsdichte unabhängig von der Zeit

$$\rho(x) = \Psi^*(x,t)\Psi(x,t) = \psi^*(x)\psi(x)\,. \tag{B.2}$$

Im Allgemeinen ist jedoch $\rho = \rho(x,t)$ eine Funktion der Zeit, also

$$\frac{\partial\rho}{\partial t} = \frac{\partial\Psi^*}{\partial t}\Psi + \Psi^*\frac{\partial\Psi}{\partial t} \neq 0\,. \tag{B.3}$$

Aber auch in diesem Fall hat das Integral über die Wahrscheinlichkeitsdichte immer den Wert 1, da im Rahmen der nichtrelativistischen Quantenmechanik eine Teilchenerzeugung oder Teilchenvernichtung unmöglich ist[1]. Daher muss die Wahr-

[1] Die relativistischen Verallgemeinerungen der Schödingergleichung, die Klein-Gordon- und die Dirac-Gleichung, können Erzeugungs- und Vernichtungsprozesse beschreiben.

scheinlichkeit, das Elektron irgendwo im Raum zu finden, immer 1 bleiben. Um das mathematisch zu beweisen, benutzen wir die Schrödinger-Gleichung und die konjugiert komplexe Gleichung.

$$\begin{aligned} \mathrm{i}\hbar \frac{\partial \Psi}{\partial t} &= -\frac{\hbar^2}{2m}\frac{\partial^2 \Psi}{\partial x^2} + V(x,t)\,\Psi(x,t) \\ -\mathrm{i}\hbar \frac{\partial \Psi^*}{\partial t} &= -\frac{\hbar^2}{2m}\frac{\partial^2 \Psi^*}{\partial x^2} + V(x,t)\,\Psi^*(x,t)\,. \end{aligned}$$

Die erste Gleichung wird von links mit $\Psi^*(x,t)$ multipliziert, die zweite von rechts mit $\Psi(x,t)$, und dann werden die Gleichungen subtrahiert. Das Resultat ist

$$\mathrm{i}\hbar\left(\frac{\partial \Psi^*}{\partial t}\Psi + \Psi^*\frac{\partial \Psi}{\partial t}\right) = \frac{\hbar^2}{2m}\left(\frac{\partial^2 \Psi^*}{\partial x^2}\Psi - \Psi^*\frac{\partial^2 \Psi}{\partial x^2}\right).$$

Durch Kombination mit (B.3) erhalten wir

$$\frac{\partial \rho}{\partial t} = -\frac{\mathrm{i}\hbar}{2m}\frac{\partial}{\partial x}\left(\frac{\partial \Psi^*}{\partial x}\Psi - \Psi^*\frac{\partial \Psi}{\partial x}\right).$$

Die *Wahrscheinlichkeits-Stromdichte* wird definiert durch

$$J(x,t) = \frac{\mathrm{i}\hbar}{2m}\left(\frac{\partial \Psi^*}{\partial x}\Psi - \Psi^*\frac{\partial \Psi}{\partial x}\right). \tag{B.4}$$

Es ergibt sich die *Kontinuitätsgleichung*

$$\boxed{\frac{\partial \rho}{\partial t} + \frac{\partial J}{\partial x} = 0\,.} \tag{B.5}$$

Diese Gleichung ist Ausdruck für einen Erhaltungssatz: wenn sich die Wahrscheinlichkeitsdichte in einem Bereich $[x, x + \mathrm{d}x]$ ändert, so ist das nur über einen Teilchenstrom möglich. Für eine ebene Welle $\Psi(x,t) = A\exp(\mathrm{i}kx - \mathrm{i}\omega t)$ wird $\rho = |A|^2$ und $J = \rho\hbar k/m = \rho v$; beide sind unabhängig von x und t.

Wir können jetzt beweisen, dass die Gesamtwahrscheinlichkeit konstant ist. Wenn man die Kontinuitätsgleichung über den ganzen Raum integriert, so folgt

$$\frac{\partial}{\partial t}\int_{-\infty}^{+\infty}\rho(x,t)\,\mathrm{d}x = -\int_{-\infty}^{+\infty}\frac{\partial J}{\partial x}\,\mathrm{d}x = J(-\infty) - J(+\infty)\,.$$

Wegen $\Psi(x,t) \to 0$ und $\partial\Psi/\partial x \to 0$ für $x \to \pm\infty$ gilt $J(\pm\infty) = 0$. Also ist die zeitliche Ableitung des Integrals null, und es gilt

$$\int_{-\infty}^{+\infty}\rho(x,t)\,\mathrm{d}x = \int_{-\infty}^{+\infty}\rho(x,0)\,\mathrm{d}x = 1$$

für jeden Wert von t.

B.3 Der Potentialtopf mit endlicher Tiefe

In diesem Fall ist es zweckmäßig, das Potential symmetrisch zu $x = 0$ anzuordnen, weil dann die Eigenfunktionen entweder gerade oder ungerade Funktionen von x sind. Auf diese Weise braucht man nur eine Randbedingung zu betrachten. Wir wählen also

$$\begin{aligned} V(x) &= -V_0 \quad \text{für} \quad -b \leq x \leq b \quad (b = a/2) \\ V(x) &= 0 \quad \text{für} \quad |x| > b\,. \end{aligned} \tag{B.6}$$

Innerhalb des Topfes erhalten wir eine Cosinusfunktion (gerade) oder Sinusfunktion (ungerade). Zunächst werden nur die geraden Lösungen betrachtet. Das Teilchen soll sich im Potentialtopf befinden, die Energie ist also negativ ($-V_0 < E < 0$). Die Schrödinger-Gleichung lautet für $|x| < b = a/2$:

$$\frac{\mathrm{d}^2\psi_1}{\mathrm{d}x^2} + k^2\psi_1 = 0 \quad \text{mit} \quad k = \frac{\sqrt{2m(E+V_0)}}{\hbar}\,.$$

Wir machen den Lösungsansatz:

$$\psi_1(x) = A\cos(kx)\,.$$

Außerhalb des Topfes ($x > b$) lautet die Schrödinger-Gleichung

$$\frac{\mathrm{d}^2\psi_2}{\mathrm{d}x^2} - \alpha^2\psi_2 = 0 \quad \text{mit} \quad \alpha = \frac{\sqrt{2m|E|}}{\hbar}$$

mit der allgemeinen Lösung

$$\psi_2(x) = B\mathrm{e}^{-\alpha x} + C\mathrm{e}^{+\alpha x}\,.$$

Für $x \to \infty$ muss ψ gegen null gehen, daher ist $C = 0$. Die Stetigkeit von ψ und ψ' bei $x = b$ führt zu den Gleichungen

$$\begin{aligned} A\cos(kb) &= B\mathrm{e}^{-\alpha b} \\ -Ak\,\sin(kb) &= -B\,\alpha\mathrm{e}^{-\alpha b}\,. \end{aligned}$$

Dividieren wir die zweite Gleichung durch die erste, so folgt

$$\tan(kb) = \frac{\alpha}{k}\,. \tag{B.7}$$

Dies ist eine Bestimmungsgleichung für die Energie, denn k und α sind beide Funktionen der Energie. Zur Lösung erweist es sich als zweckmäßig, zwei neue Größen einzuführen:

$$u = kb\,,\; u_0 = \frac{b\sqrt{2mV_0}}{\hbar}\,.$$

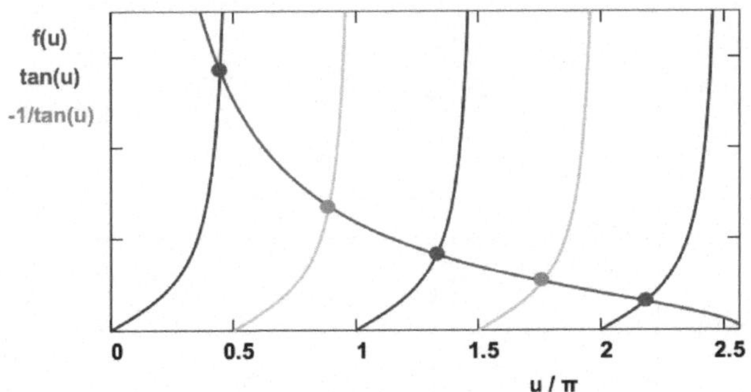

Abb. B.2 Grafische Lösung der Gleichungen $f(u) = \sqrt{(u_0/u)^2 - 1} = \tan u$ (*blaue Schnittpunkte*) und $f(u) = \sqrt{(u_0/u)^2 - 1} = -1/\tan u$ (*grüne Schnittpunkte*)

Damit wird aus (B.7)

$$\tan u = \sqrt{(u_0/u)^2 - 1}\,.$$

Für die ungeraden Wellenfunktionen $\psi_1(x) = A\sin(kx)$ findet man analog

$$-\frac{1}{\tan u} = \sqrt{(u_0/u)^2 - 1}\,.$$

Es gibt keine analytischen Lösungen dieser transzendenten Gleichungen, man ist auf grafische oder numerische Methoden angewiesen. In Abb. B.2 werden die Schnittpunkte der Funktion $f(u) = \sqrt{(u_0/u)^2 - 1}$ mit den Funktionen $\tan u$ und $-1/\tan u$ gezeigt.

Man kann die obigen Gleichungen auch umschreiben in

$$|\cos u| = u/u_0\,,$$

wobei die Nebenbedingung $\tan(u) > 0$ einzuhalten ist. Für die ungeraden Wellenfunktionen $\psi_1(x) = A\sin(kx)$ findet man

$$|\sin u| = u/u_0$$

mit der Nebenbedingung $\tan u < 0$. Die grafischen Lösungen werden in Abb. B.3 gezeigt. Wie man sieht, gibt es nur endlich viele Schnittpunkte, also endlich viele Energieniveaus. Für einen Topf der Tiefe $-V_0 = -10\,\text{eV}$ und der Breite $a = 1\,\text{nm}$ sind die Wellenfunktionen und die zugehörigen Energieniveaus des Elektrons in Abb. 3.2 aufgetragen.

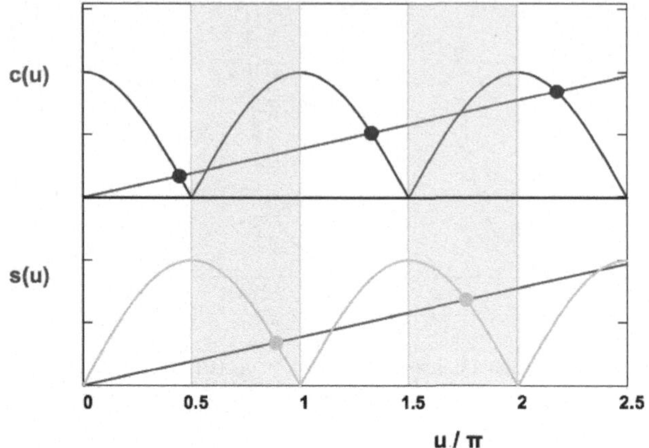

Abb. B.3 Grafische Lösung der Gleichungen $c(u) = |\cos u| = u/u_0$ (mit der Nebenbedingung $\tan u > 0$) und $s(u) = |\sin u| = u/u_0$ (Nebenbedingung $\tan u < 0$) zur Bestimmung der Energieniveaus. *Blaue Kurve*: Funktion $c(u)$, *grüne Kurve*: Funktion $s(u)$. Die Bereiche, in denen $\tan u < 0$ ist, sind *schattiert*. Die Schnittpunkte der Kurven mit der Geraden u/u_0 sind gekennzeichnet

B.4 Der kreisförmige Potentialtopf

Abbildung 1.13 in Kap. 1 zeigt eine stehende Elektronenwelle innerhalb eines Kreises von Eisenatomen, die mit einem Rastertunnelmikroskop abgetastet wurde. Um diese experimentelle Beobachtung zu erklären, betrachten wir als Modell einen zweidimensionalen Potentialtopf mit unendlich hohen Wänden und kreisförmiger Grundfläche. Das Potential habe die Form

$$\begin{aligned} V(r) &= 0 \quad \text{für} \quad r = \sqrt{x^2+y^2} < R \\ V(r) &\to \infty \quad \text{für} \quad r \geq R\,. \end{aligned} \tag{B.8}$$

Die zweidimensionale Schrödinger-Gleichung schreiben wir unter Benutzung von Gl. (A.42) in Zylinderkoordinaten um

$$-\frac{\hbar^2}{2m_e}\left[\frac{\partial^2\psi}{\partial x^2}+\frac{\partial^2\psi}{\partial y^2}\right] = -\frac{\hbar^2}{2m_e}\left[\frac{\partial^2\psi}{\partial r^2}+\frac{1}{r}\frac{\partial\psi}{\partial r}+\frac{1}{r^2}\frac{\partial^2\psi}{\partial\varphi^2}\right] = E\,\psi(r,\varphi)\,.$$

Diese Gleichung gilt im Bereich $0 \leq r < R$. Wir suchen nun eine zylindersymmetrische Lösung, bei der also die Wellenfunktion nur vom Radius r, aber nicht vom Azimutwinkel φ abhängt. Es ist zweckmässig, eine Hilfsfunktion $f(u)$ einzuführen:

$$\psi(r) = f(u) \quad \text{mit} \quad u = k\,r\,, \quad k = \frac{\sqrt{2m_e E}}{\hbar}\,.$$

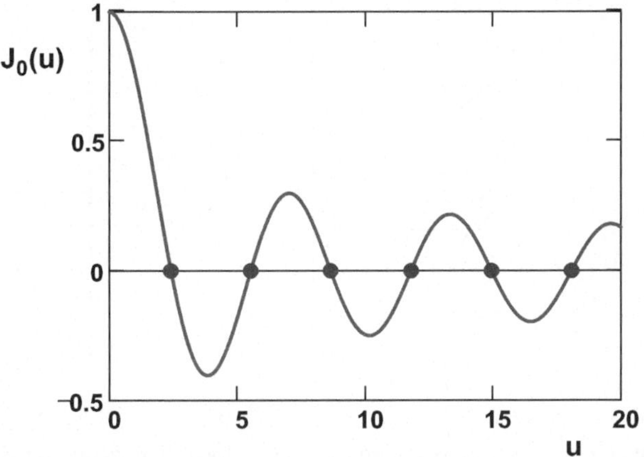

Abb. B.4 Die Besselfunktion $J_0(u)$. Die Nullstellen sind durch *blaue Punkte* markiert

Aus der Schrödinger-Gleichung (B.9) ergibt sich folgende Differentialgleichung für $f(u)$

$$\frac{\mathrm{d}^2 f}{\mathrm{d}u^2} + \frac{1}{u}\frac{\mathrm{d}f}{\mathrm{d}u} + f(u) = 0\,. \tag{B.9}$$

Dies ist eine spezielle Form der Bessel'schen Differentialgleichung, deren Lösung die Form $f(u) = A\ J_0(u)$ hat mit der Besselfunktion nullter Ordnung $J_0(u)$. Die Wellenfunktion muss am Rand des Topfes verschwinden, da dort das Potential unendlich groß ist. Wir erhalten somit die Randbedingung

$$\psi(R) = A\, J_0(k\, R) = 0\,. \tag{B.10}$$

Die Besselfunktion $J_0(u)$ wird in Abb. B.4 gezeigt. Ihre ersten sechs Nullstellen sind

$$u_1 = 2{,}405,\ u_2 = 5{,}520,\ u_3 = 8{,}654,\ u_4 = 11{,}792,\ u_5 = 14{,}931,\ u_6 = 18{,}071\,.$$

Wie beim 1D-Potentialtopf sind die Wellenzahlen und Energien quantisiert:

$$k_n = \frac{u_n}{R}\,, \quad E_n = \frac{\hbar^2 k_n^2}{2m_e}\,. \tag{B.11}$$

Die Eigenfunktionen

$$\psi_n(r) = A_n\, J_0(k_n r) \tag{B.12}$$

und die Energieniveaus werden in Abb. B.5 gezeigt. Für zwei Wellenfunktionen werden die Wahrscheinlichkeitsdichten in Abb. B.6 in einer perspektivischen Darstellung gezeigt. Sie gleichen den Eigenschwingungen einer kreisförmigen Membran. Durch Überlagerung verschiedener Eigenzustände kann man die stehende Elektronenwelle in Abb. 1.13 nachbilden.

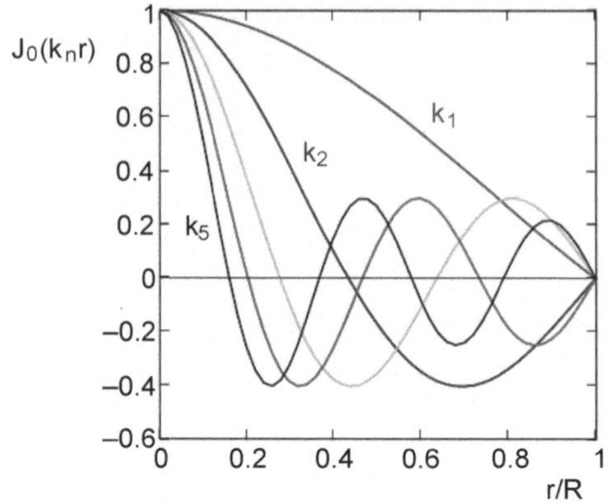

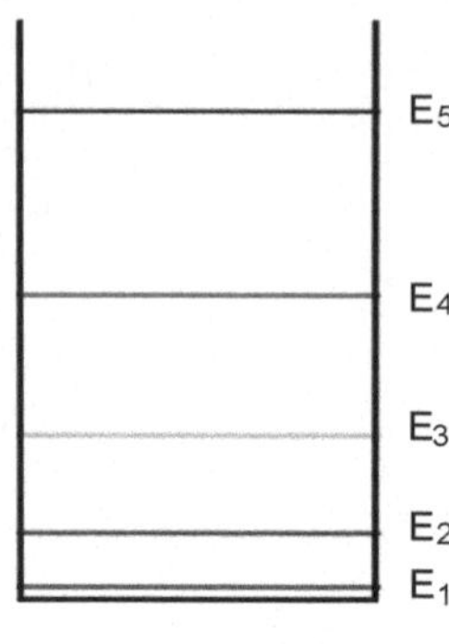

Abb. B.5 Die Besselfunktionen $J_0(k_n r)$ und die zugehörigen Energieniveaus eines Elektrons in einem kreisförmigen Potentialtopf

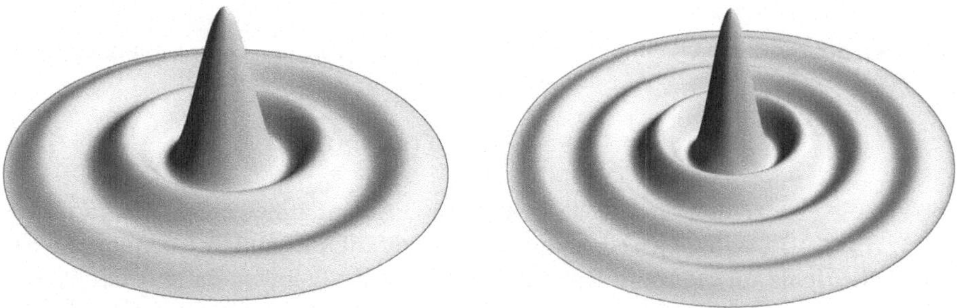

Abb. B.6 Die Wahrscheinlichkeitsdichten eines Elektrons in einem kreisförmigen Potentialtopf

B.5 Der 3D-Potentialtopf und die Zustandsdichte

B.5.1 Zustandsdichte für massive Teilchen

Ein Gas sei in einen würfelförmigen Kasten mit der Kantenlänge L eingesperrt. Im Innern des Kastens sind die Teilchen frei beweglich, wir dürfen also das Potential $V = 0$ setzen. Die Tatsache, dass die Teilchen nicht aus dem Kasten entweichen können, berücksichtigen wir dadurch, dass wir an den Wänden $V \to \infty$ gehen lassen. Die zeitunabhängige Schrödinger-Gleichung lautet

$$-\frac{\hbar^2}{2m}\left(\frac{\partial^2\psi}{\partial x^2}+\frac{\partial^2\psi}{\partial y^2}+\frac{\partial^2\psi}{\partial z^2}\right)=E\psi(x,y,z) \tag{B.13}$$

mit den Randbedingungen

$$\psi(0,y,z)=\psi(x,0,z)=\psi(x,y,0)=0\,,$$

$$\psi(L, y, z) = \psi(x, L, z) = \psi(x, y, L) = 0 .$$

Die Lösungen sind stehende Wellen

$$\psi(x, y, z) = \left(\sqrt{\frac{2}{L}}\right)^3 \sin(k_1 x) \sin(k_2 y) \sin(k_3 z) . \qquad \text{(B.14)}$$

Für die Komponenten des Wellenvektors gilt

$$k_j = n_j \frac{\pi}{L} \quad \text{mit} \quad n_j = 1, 2, 3, \ldots . \qquad \text{(B.15)}$$

Die Energie-Eigenwerte sind quantisiert

$$E = \frac{\hbar^2}{2m}(k_1^2 + k_2^2 + k_3^2) = \frac{\hbar^2}{2m}\left(\frac{\pi}{L}\right)^2 (n_1^2 + n_2^2 + n_3^2) . \qquad \text{(B.16)}$$

Die Kastenlänge L sei sehr groß im Vergleich zu atomaren Dimensionen. Dann liegen die Energie-Eigenwerte so nah beieinander, dass man die Energie als nahezu kontinuierliche Variable behandeln und eine *Zustandsdichte* definieren kann:

$g(E)\,\mathrm{d}E$ ist die Anzahl der Energieniveaus im Intervall $[E, E + \mathrm{d}E]$.

Das Intervall $[E, E + \mathrm{d}E]$ entspricht einem Intervall $[k, k + \mathrm{d}k]$, das wir wie folgt berechnen

$$E = \frac{\hbar^2 k^2}{2m} \quad \Rightarrow \quad \mathrm{d}k = \frac{m}{\hbar^2 k}\,\mathrm{d}E \quad \text{mit} \quad k = |\boldsymbol{k}| = \sqrt{k_1^2 + k_2^2 + k_3^2} .$$

Im (k_1, k_2, k_3)-Raum bilden die gemäß Gl. (B.15) zulässigen (k_1, k_2, k_3)-Werte ein kubisches Gitter mit der Gitterkonstanten π/L. Die Elementarzelle ist ein Würfel mit dem Volumen $(\pi/L)^3$. Das Intervall $[k, k + \mathrm{d}k]$ entspricht einer Kugelschale im (k_1, k_2, k_3)-Raum, die ein Volumen $4\pi k^2\,\mathrm{d}k$ hat. Die Zahl der Gitterpunkte in dieser Schale ist $4\pi k^2\,\mathrm{d}k/(\pi/L)^3$. Da alle $k_i > 0$ sind, dürfen wir aber nur ein Achtel der Kugelschale nehmen, d. h. wir müssen diese Zahl durch 8 dividieren. Außerdem ist es Konvention, auch noch durch das Volumen des Kastens zu dividieren ($V_{\text{Kasten}} = L^3$). Die Zustandsdichte wird damit

$$g(k)\,\mathrm{d}k = \frac{1}{L^3}\,\frac{\pi k^2}{2(\pi/L)^3}\,\mathrm{d}k = \frac{k^2}{2\pi^2}\,\mathrm{d}k . \qquad \text{(B.17)}$$

Nun benutzen wir $\mathrm{d}k = m/(\hbar^2 k)\,\mathrm{d}E$ und finden

$$g(E)\,\mathrm{d}E = 2\pi\left(\frac{m}{2\pi^2\hbar^2}\right)^{3/2}\sqrt{E}\,\mathrm{d}E . \qquad \text{(B.18)}$$

Diese Formeln gelten für Atome oder Teilchen mit Spin $s = 0$, für die jedes Energieniveau einfach ist. Das Elektronengas in einem Metall hat wegen der zwei Spineinstellungen der Elektronen eine doppelt so große Zustandsdichte.

B.5.2 Zustandsdichte für Photonen

Um die Zustandsdichte eines Photonengases zu ermitteln, muss man die dreidimensionale Wellengleichung mit Randbedingungen lösen. In einem würfelförmigen Kasten mit spiegelnden Wänden ergeben sich für die elektrische Feldstärke stehende Wellen der Form

$$\sin(k_1 x)\ \sin(k_2 y)\sin(k_3 z) \quad \text{mit} \quad k_j = n_j\,\frac{\pi}{L}\,,$$

die genau den stehenden „Materiewellen" (B.14) entsprechen. Für Photonen ist der Zusammenhang zwischen Energie und Impuls anders als für Teilchen mit Masse:

$$E = \hbar\omega = p\,c = \hbar k\,c\,, \quad \omega = k\,c = \sqrt{k_1^2 + k_2^2 + k_3^2}\;c\,.$$

Die Anzahl der (k_1, k_2, k_3)-Werte im Intervall $[k, k+dk]$ ist durch Gl. (B.17) gegeben, die wir allerdings noch mit einem Faktor 2 multiplizieren müssen, da es zwei unabhängige Polarisationsrichtungen gibt. Die Zustandsdichte im Frequenzbereich wird somit

$$g(\omega)d\omega = \frac{\omega^2}{\pi^2 c^3}\,d\omega\,. \tag{B.19}$$

B.6 Wellenfunktionen des harmonischen Oszillators

Wir gehen aus von der Gleichung (3.14)

$$\psi''(u) - u^2\psi(u) + b\,\psi(u) = 0 \tag{B.20}$$

und machen den Lösungsansatz $\psi(u) = H(u)\exp(-u^2/2)$, wobei

$$H(u) = a_0 + a_1 u + a_2 u^2 + \ldots$$

eine Potenzreihe ist. Dies ist erlaubt, weil jede Lösung der Schrödinger-Gleichung als Potenzreihe dargestellt werden kann. Durch Einsetzen in (B.20) erhält man die Differentialgleichung

$$H'' - 2uH' + (b-1)H = 0\,.$$

Einsetzen der Potenzreihe und Sortieren nach Potenzen von u führt auf die Formeln

$$\begin{aligned}
&2a_2 + (b-1)\,a_0 = 0\,, \qquad && 6a_3 + (b-3)\,a_1 = 0\,,\\
&12a_4 + (b-5)\,a_2 = 0\,, && 20a_5 + (b-7)\,a_3 = 0\,,\\
&\ldots && \ldots
\end{aligned} \tag{B.21}$$

Zwei der Koeffizienten (etwa a_0 und a_1) sind frei wählbar, da eine Differentialgleichung zweiter Ordnung zwei linear unabhängige Lösungen hat. Die anderen Koeffizienten ergeben sich dann aus obigen Bedingungen, die man allgemein schreiben kann als

$$a_{\ell+2} = \frac{-(b-1-2\ell)}{(\ell+1)(\ell+2)}\, a_\ell\,, \quad \ell = 0, 1, 2, 3, \ldots \tag{B.22}$$

Wir wollen zeigen, dass diese Reihe aus physikalischen Gründen abbrechen muss, mit anderen Worten, dass die Funktionen $H(u)$ Polynome sind. Wenn nämlich die Reihe unendlich wäre, so ergäbe sich asymptotisch folgendes Verhältnis der Koeffizienten

$$\frac{a_{\ell+2}}{a_\ell} \to \frac{2}{\ell} \quad \text{für} \quad \ell \to \infty\,.$$

Ein solche Verhältnis hat die Potenzreihenentwicklung der Funktion $\exp(+u^2)$. Die Wellenfunktion $H(u)\exp(-u^2/2)$ wäre dann proportional zu $\exp(+u^2/2)$ und würde für $|u| \to \infty$ divergieren, was physikalisch unakzeptabel ist.
Die Reihe bricht genau dann bei einer bestimmten Potenz ab, wenn der Parameter b gleich einer ungeraden natürlichen Zahl ist:

$$b = 2n + 1 \quad n = 0, 1, 2, 3, \ldots$$

Die Serie der Koeffizienten a_ℓ endet dann bei $\ell = n$.
Bei geradem n kann man durch Wahl von $a_1 = 0$ alle Koeffizienten mit ungeradem Index zu null machen, bei ungeradem n werden durch die Wahl $a_0 = 0$ alle Koeffizienten mit geradem Index zu null gemacht. Dies ist eine interessante Beobachtung: die Polynome $H(u)$ enthalten entweder immer nur gerade Potenzen von u oder immer nur ungerade Potenzen. Der physikalische Grund dafür ist die Symmetrie des Potentials $V(x) = \frac{C}{2}x^2$ zu $x = 0$, die Wellenfunktionen sind deswegen entweder gerade oder ungerade Funktionen von x:

$$\psi(-x) = \pm\psi(x)\,.$$

Die Bedingung $b = 2n + 1$ führt zu den diskreten Energie-Eigenwerten

$$E_n = (n + 1/2)\hbar\omega \qquad n = 0, 1, 2, 3, \ldots$$

Die normierten Wellenfunktionen des harmonischen Oszillators lauten

$$\psi_n(x) = \left(\frac{m\,\omega}{\pi\hbar}\right)^{1/4} \frac{1}{\sqrt{2^n n!}}\, H_n(u)\, \exp(-u^2/2)\,, \quad u = \sqrt{\frac{m\,\omega}{\hbar}}\, x \tag{B.23}$$

mit

$$H_0(u) = 1 \qquad H_1(u) = 2u\,,$$
$$H_2(u) = 4u^2 - 2 \qquad H_3(u) = 8u^3 - 12u\,,$$
$$\ldots \qquad .$$

B.7 Gaußförmiges Wellenpaket

Da die Fouriertransformierte einer Gaußfunktion ebenfalls eine Gaußfunktion ist, wählen wir zur Beschreibung eines Teilchens mit Impuls $p_0 = \hbar k_0$ eine Amplitudenfunktion der Form

$$A(k) = A_0 \exp\left(-\frac{(k-k_0)^2}{4\sigma_k^2}\right), \quad |A(k)|^2 = A_0^2 \exp\left(-\frac{(k-k_0)^2}{2\sigma_k^2}\right).$$

Wegen $p = \hbar k$ ist der k-Raum identisch mit dem Impulsraum (Anhang C.3).

Die Ortsraum-Wellenfunktion zum Zeitpunkt $t = 0$ erhalten wir durch Fouriertransformation der Amplitudenfunktion $A(k)$:

$$\Psi(x,0) \sim \exp\left(-x^2\,\sigma_k^2\right) \equiv \exp\left(-\frac{x^2}{4\sigma_x^2}\right), \quad |\Psi(x,0)|^2 \sim \exp\left(-\frac{x^2}{2\sigma_x^2}\right).$$

Es ist zu beachten, dass die Wahrscheinlichkeitsamplituden $\Psi(x,0)$ und $A(k)$ durch Fouriertransformation miteinander verknüpft sind, nicht aber die Wahrscheinlichkeitsdichten $|\Psi(x,0)|^2$ und $|A(k)|^2$. Daraus folgt die wichtige Beziehung zwischen den Varianzen im Ortsraum und k-Raum:

$$\sigma_x^2 = \frac{1}{4\,\sigma_k^2}\,. \tag{B.24}$$

Für ein bewegtes Elektron mit Impuls $p_0 = \hbar k_0$ wird das Wellenpaket aus ebenen Wellen gebildet, deren Wellenzahlen k nahe bei k_0 liegen:

$$k = k_0 + \kappa \quad \text{mit} \quad |\kappa| \ll k_0\,.$$

Die (Kreis)-Frequenz wird

$$\omega(k) = \frac{\hbar}{2m_e}\,k^2 = \omega_0 + \alpha\,(2k_0\kappa + \kappa^2) \quad \text{mit} \quad \alpha = \frac{\hbar}{2m_e}\,, \quad \omega_0 = \alpha k_0^2\,.$$

Die Wellenfunktion (3.29) eines bewegten Elektrons kann damit wie folgt umgeschrieben werden

$$\Psi(x,t) = A_0\,\mathrm{e}^{\mathrm{i}\,k_0 x - \mathrm{i}\,\omega_0 t} \int\limits_{-\infty}^{+\infty} \exp\left(-\frac{\kappa^2}{4\,\sigma_k^2}\right)\,\mathrm{e}^{\mathrm{i}\,\kappa x - \mathrm{i}\,\alpha\,(2k_0\kappa + \kappa^2)t}\,\mathrm{d}\kappa\,.$$

Die zeitabhängige Wahrscheinlichkeitsdichte wird

$$\rho(x,t) = A_0^2 \left| \int_{-\infty}^{+\infty} \exp\left(-\frac{\kappa^2}{4\,\sigma_k^2}\right) \mathrm{e}^{\mathrm{i}\,\kappa x - \mathrm{i}\,\alpha\,(2k_0\kappa + \kappa^2)t}\, \mathrm{d}\kappa \right|^2 . \tag{B.25}$$

Diese Formel eignet sich für die Berechnung der Wahrscheinlichkeitsdichte $\rho(x,t)$ $= |\Psi(x,t)|^2$ durch numerische Integration, siehe Aufgabe 9.3.

Anhang C
Ergänzungen zu Kap. 4 und 5

C.1 Selbstadjungierte Operatoren

C.1.1 Ortsraum

Zu einem Operator $\widehat{A}$ definiert man den adjungierten Operator $\widehat{A}^\dagger$ durch die Gleichung

$$\int_{-\infty}^{+\infty} \phi^*(x)(\widehat{A}\psi(x))\,\mathrm{d}x = \int_{-\infty}^{+\infty} (\widehat{A}^\dagger\phi(x))^*\psi(x)\,\mathrm{d}x\,. \tag{C.1}$$

Ein Operator heißt *selbstadjungiert* oder *hermitesch*, wenn $\widehat{A}^\dagger = \widehat{A}$ gilt. Die Eigen- und Erwartungswerte eines selbstadjungierten Operators $\widehat{A}$ sind reell. Es gilt nämlich

$$\langle\phi|\,\widehat{A}\psi\rangle = \langle\widehat{A}\phi|\psi\rangle \tag{C.2}$$

oder mit Integralen geschrieben

$$\int_{-\infty}^{+\infty} \phi^*(x)(\widehat{A}\psi(x))\,\mathrm{d}x = \int_{-\infty}^{+\infty} (\widehat{A}\phi(x))^*\psi(x)\,\mathrm{d}x\,. \tag{C.3}$$

Setzt man in diese Beziehung $\phi = \psi$ ein, so erkennt man sofort, dass die Eigen- und Erwartungswerte reell sind. Da Observable grundsätzlich reelle Messwerte haben müssen, stellt man das Postulat auf, dass alle Operatoren der Quantenmechanik selbstadjungiert sind.

Der Hamilton- und Ortsoperator sind beide reell und daher auch selbstadjungiert. Um diese Eigenschaft für den Impulsoperator nachzuweisen, muss man Gleichung (4.22) partiell integrieren

$$\int_{-\infty}^{+\infty} \psi^*(x)(-\mathrm{i}\hbar)\frac{\partial\psi}{\partial x}\,\mathrm{d}x = \underbrace{\left[-\mathrm{i}\hbar\psi^*(x)\,\psi(x)\right]_{-\infty}^{+\infty}}_{0} + \int_{-\infty}^{+\infty} \left(-\mathrm{i}\hbar\frac{\partial\psi}{\partial x}\right)^* \psi(x)\,\mathrm{d}x\,.$$

Der erste Term auf der rechten Seite verschwindet wegen $\psi(x) \to 0$ für $|x| \to \infty$. Somit ist Gleichung (C.1) erfüllt.

C.1.2 Spinraum

Einen Spinzustand können wir entweder als Dirac-ket-Vektor oder als Spaltenvektor schreiben:

$$|\chi\rangle = \begin{pmatrix} a \\ b \end{pmatrix},$$

wobei a und b komplexe Zahlen sind. Der zugehörige bra-Vektor ist ein Zeilenvektor mit den konjugiert komplexen Koeffizienten

$$\langle\chi| = \begin{pmatrix} a^* & b^* \end{pmatrix}, \tag{C.4}$$

und das Skalarprodukt ist das Matrixprodukt des Zeilen- und des Spaltenvektors

$$\langle\chi\,|\,\chi\rangle = \begin{pmatrix} a^* & b^* \end{pmatrix} \cdot \begin{pmatrix} a \\ b \end{pmatrix} = |a|^2 + |b|^2\,.$$

Die Normierung bedingt dann $|a|^2 + |b|^2 = 1$. Die Operatoren sind 2×2-Matrizen mit komplexen Koeffizienten:

$$\widehat{A} = \begin{pmatrix} a_{11} & a_{12} \\ a_{21} & a_{22} \end{pmatrix}.$$

Den adjungierten Operator erhält man durch Transponieren der Matrix (Spiegeln an der Hauptdiagonalen) und Übergang zum konjugiert Komplexen:

$$\widehat{A}^\dagger = \begin{pmatrix} a_{11}^* & a_{21}^* \\ a_{12}^* & a_{22}^* \end{pmatrix}. \tag{C.5}$$

Es ist leicht zu sehen, dass alle Spinoperatoren selbstadjungiert sind. Wichtig ist noch, dass sich bei der Bildung der Adjungierten eines Matrixprodukts die Reihenfolge der Faktoren ändert, z. B.

$$\left[\begin{pmatrix} a_{11} & a_{12} \\ a_{21} & a_{22} \end{pmatrix} \cdot \begin{pmatrix} a \\ b \end{pmatrix}\right]^\dagger = \begin{pmatrix} a^* & b^* \end{pmatrix} \cdot \begin{pmatrix} a_{11}^* & a_{21}^* \\ a_{12}^* & a_{22}^* \end{pmatrix}. \tag{C.6}$$

C.2 Gleichzeitige Messbarkeit

Ein grundlegendes Theorem der Quantenmechanik lautet:

Zwei physikalische Größen (Observable) können genau dann gleichzeitig präzise Werte annehmen, wenn die zugehörigen Operatoren vertauschbar sind, und das wiederum ist gleichbedeutend damit, dass die beiden Operatoren einen vollständigen Satz gemeinsamer Eigenfunktionen haben.

Um dies Theorem zu beweisen, betrachten wir zuerst zwei Operatoren $\widehat{A}$ und $\widehat{B}$, die einen vollständigen Satz gemeinsamer Eigenfunktionen ψ_n besitzen. Wir wollen zeigen, dass diese Operatoren dann notwendigerweise kommutieren. Es gelte also

$$\widehat{A}\psi_n = a_n\psi_n\,, \quad \widehat{B}\psi_n = b_n\psi_n \quad \text{für alle}\ n\,.$$

Eine beliebige Funktion $\psi(x)$ können wir nach dem vollständigen System entwickeln

$$\psi(x) = \sum_n c_n\psi_n(x)\,.$$

Anwenden der Operatoren ergibt:

$$\widehat{A}\,(\widehat{B}\psi) = \widehat{A}\sum_n c_n\,\widehat{B}\psi_n = \widehat{A}\sum_n c_n\,b_n\,\psi_n = \sum_n c_n(b_n\,a_n)\psi_n$$

und entsprechend

$$\widehat{B}\,(\widehat{A}\psi) = \sum_n c_n(a_n\,b_n)\psi_n\,.$$

Für eine beliebige Funktion $\psi(x)$ gilt demnach

$$(\widehat{A}\,\widehat{B} - \widehat{B}\,\widehat{A})\psi = 0 \quad \Rightarrow \quad [\,\widehat{A},\,\widehat{B}\,] = 0\,,$$

d. h. die Operatoren sind vertauschbar. Damit ist natürlich auch bewiesen, dass nicht vertauschbare Operatoren keinen vollständigen Satz gemeinsamer Eigenfunktionen besitzen[1]. Im zweiten Schritt muss die Umkehrung gezeigt werden, dass nämlich vertauschbare Operatoren einen vollständigen Satz *gemeinsamer* Eigenfunktionen besitzen. Seien die ψ_n die Eigenfunktionen des Operators $\widehat{A}$

$$\widehat{A}\,\psi_n = a_n\psi_n\,.$$

[1] Die Betonung liegt hier auf dem Wort *vollständig*. Es kann durchaus vorkommen, dass gewisse Funktionen gemeinsame Eigenfunktionen nicht vertauschbarer Operatoren sind. Als Beispiel betrachten wir die Eigenfunktionen $\psi_{n,l,m}(r,\theta,\phi)$ des Wasserstoffatoms, siehe Kap. 6. Für $l = 0$ und $m = 0$ sind sie sowohl Eigenfunktionen von $\widehat{L}_z$ als auch von $\widehat{L}_x$ und $\widehat{L}_y$, obwohl die Komponenten des Drehimpulsoperators nicht untereinander vertauschbar sind. Allerdings sind die $\psi_{n,l,m}$ mit $l \neq 0$ nur noch Eigenfunktionen von $\widehat{L}_z$.

Zur Vereinfachung nehmen wir hier an, dass die Eigenwerte a_n alle verschieden sind (keine Entartung). Jetzt wird der Operator $\widehat{B}$ auf eine beliebige dieser Eigenfunktionen angewandt:

$$\phi_n = \widehat{B}\,\psi_n\,.$$

Es ist nun leicht zu sehen, dass ϕ_n ebenfalls eine Eigenfunktion von $\widehat{A}$ ist:

$$\widehat{A}\phi_n = \widehat{A}\widehat{B}\psi_n = \widehat{B}\widehat{A}\psi_n = a_n\widehat{B}\psi_n = a_n\phi_n\,.$$

Hier ist die Vertauschbarkeit der Operatoren benutzt worden. Es gilt also in der Tat: $\widehat{A}\phi_n = a_n\phi_n$. Da wir vorausgesetzt haben, dass alle Eigenwerte verschieden sind, darf sich ϕ_n nur durch einen konstanten Faktor von ψ_n unterscheiden: $\phi_n = b_n\psi_n$. Daraus sehen wir

$$\widehat{B}\psi_n = b_n\psi_n$$

für alle n, mit anderen Worten, alle Eigenfunktionen ψ_n von $\widehat{A}$ sind auch Eigenfunktionen von $\widehat{B}$.

Im Fall der Entartung wird der Beweis komplizierter, es ist aber möglich, einen gemeinsamen Satz von Eigenfunktionen zu konstruieren, siehe etwa [27].

C.3 Orts- und Impulsraum

Wir haben schon bei der Diskussion der Wellenpakete gesehen, dass das Fourierintegral eine zentrale Rolle in der Quantenmechanik spielt. Das soll jetzt noch weiter analysiert werden. Die Fouriertransformierte existiert für jede Funktion $f(x)$, die quadrat-integrabel ist, d. h. für die das Integral

$$\int_{-\infty}^{+\infty} |f(x)|^2\,\mathrm{d}x$$

einen endlichen Wert hat. Gemäß Anhang A.4.2 lauten die Fourierdarstellung einer Funktion $f(x)$ und ihre Umkehrung

$$f(x) = \frac{1}{\sqrt{2\pi}}\int_{-\infty}^{\infty} \tilde{f}(k)\mathrm{e}^{\mathrm{i}kx}\,\mathrm{d}k\,, \quad \tilde{f}(k) = \frac{1}{\sqrt{2\pi}}\int_{-\infty}^{\infty} f(x)\mathrm{e}^{-\mathrm{i}kx}\,\mathrm{d}x\,.$$

In der Quantentheorie gilt $k = p/\hbar$. Setzen wir $f(x) = \psi(x)$ und $\tilde{f}(k) = \sqrt{\hbar}\,\phi(p)$, so ergibt sich

$$\psi(x) = \frac{1}{\sqrt{2\pi\hbar}} \int\limits_{-\infty}^{+\infty} \phi(p) \exp\left(\frac{\mathrm{i}px}{\hbar}\right) \mathrm{d}p\,,$$

$$\phi(p) = \frac{1}{\sqrt{2\pi\hbar}} \int\limits_{-\infty}^{+\infty} \psi(x) \exp\left(-\frac{\mathrm{i}px}{\hbar}\right) \mathrm{d}x\,. \tag{C.7}$$

Wir nennen $\phi(p)$ die Impulsraum-Wellenfunktion. Wenn man die Ortsraum-Wellenfunktion $\psi(x)$ kennt, kann man die Impulsraum-Wellenfunktion $\phi(p)$ mit Hilfe des Fourierintegrals berechnen und umgekehrt. Beide Funktionen sind auf 1 normiert:

$$\int\limits_{-\infty}^{+\infty} |\psi(x)|^2\,\mathrm{d}x = 1\,, \qquad \int\limits_{-\infty}^{+\infty} |\phi(p)|^2\,\mathrm{d}p = 1\,. \tag{C.8}$$

Die Wahrscheinlichkeitsinterpretation kann auch auf den Impulsraum angewandt werden. Die Wahrscheinlichkeit, das Teilchen mit einem Impuls zwischen p und $p + \mathrm{d}p$ zu finden, ist

$$w(p)\,\mathrm{d}p = |\phi(p)|^2\,\mathrm{d}p\,. \tag{C.9}$$

Der Erwartungswert des Impulsoperators wird im Ortsraum gemäß Gl. (4.22) berechnet

$$\langle\,\widehat{p}\,\rangle = \int\limits_{-\infty}^{+\infty} \psi^*(x)(-\mathrm{i}\hbar)\frac{\partial\psi}{\partial x}\,\mathrm{d}x\,.$$

Setzt man die Fourierdarstellung für $\psi(x)$ ein, so folgt

$$\begin{aligned}
\langle\,\widehat{p}\,\rangle &= -\frac{i\hbar}{\sqrt{2\pi\hbar}} \int\limits_{-\infty}^{+\infty} \psi^*(x) \left[\int\limits_{-\infty}^{+\infty} \phi(p)\frac{\partial(\exp(\mathrm{i}px/\hbar))}{\partial x}\,\mathrm{d}p\right] \mathrm{d}x \\
&= \int\limits_{-\infty}^{+\infty} \left[\frac{1}{\sqrt{2\pi\hbar}} \int\limits_{-\infty}^{+\infty} \psi^*(x) \exp\left(\frac{\mathrm{i}px}{\hbar}\right) \mathrm{d}x\right] p\,\phi(p)\,\mathrm{d}p \\
&= \int\limits_{-\infty}^{+\infty} \phi^*(p)\,p\,\phi(p)\,\mathrm{d}p_x = \int\limits_{-\infty}^{+\infty} p\,|\phi(p)|^2\,\mathrm{d}p\,.
\end{aligned} \tag{C.10}$$

Diese letzte Zeile zeigt, dass man den Mittelwert des Impulses erhält, gewichtet mit der Wahrscheinlichkeitsdichte im Impulsraum.

C.4 Rotationsinvarianz von $\widehat{H}$ in einem Zentralpotential

In einem Zentralpotential $V = V(r)$ ist der Hamilton-Operator

$$\widehat{H} = -\frac{\hbar^2}{2m} \cdot \left(\frac{\partial^2}{\partial x^2} + \frac{\partial^2}{\partial y^2} + \frac{\partial^2}{\partial z^2} \right) + V(r) \tag{C.11}$$

rotationsinvariant. Um dies nachzuweisen, betrachten wir eine Rotation um die z-Achse.

$$\begin{aligned} x' &= x \cos\varphi + y \sin\varphi\,, & x &= x' \cos\varphi - y' \sin\varphi\,, \\ y' &= -x \sin\varphi + y \cos\varphi\,, & y &= x' \sin\varphi + y' \cos\varphi\,, \\ z' &= z & &. \end{aligned} \tag{C.12}$$

Es ist leicht zu sehen, dass die Länge des Ortsvektors in beiden Koordinatensystemen gleich ist (anschaulich ist das evident):

$$\begin{aligned} r'^{\,2} &= (x \cos\varphi + y \sin\varphi)^2 + (-x \sin\varphi + y \cos\varphi)^2 + z^2 \\ &= x^2(\cos^2\varphi + \sin^2\varphi) + y^2(\cos^2\varphi + \sin^2\varphi) + z^2 = r^2\,. \end{aligned}$$

Im rotierten System lautet der Hamilton-Operator

$$\widehat{H}' = -\frac{\hbar^2}{2m} \cdot \left(\frac{\partial^2}{\partial x'^2} + \frac{\partial^2}{\partial y'^2} + \frac{\partial^2}{\partial z'^2} \right) + V(r') \tag{C.13}$$

Das Potential $V(r) = V(r')$ ist offensichtlich rotationsinvariant. Die Ableitung der Wellenfunktion nach den neuen Koordinaten wird mit Hilfe der Kettenregel berechnet

$$\frac{\partial\psi}{\partial x'} = \frac{\partial\psi}{\partial x}\frac{\partial x}{\partial x'} + \frac{\partial\psi}{\partial y}\frac{\partial y}{\partial x'} = \cos\varphi\,\frac{\partial\psi}{\partial x} + \sin\varphi\,\frac{\partial\psi}{\partial y}\,.$$

Daraus folgt

$$\begin{aligned} \frac{\partial^2\psi}{\partial x'^2} + \frac{\partial^2\psi}{\partial y'^2} + \frac{\partial^2\psi}{\partial z'^2} &= \left(\cos\varphi\,\frac{\partial}{\partial x} + \sin\varphi\,\frac{\partial}{\partial y} \right)^2 \psi \\ &\quad + \left(-\sin\varphi\,\frac{\partial}{\partial x} + \cos\varphi\,\frac{\partial}{\partial y} \right)^2 \psi + \frac{\partial^2\psi}{\partial z^2} \\ &= \frac{\partial^2\psi}{\partial x^2} + \frac{\partial^2\psi}{\partial y^2} + \frac{\partial^2\psi}{\partial z^2}\,. \end{aligned} \tag{C.14}$$

Damit ist $\widehat{H}' = \widehat{H}$ bewiesen.

C.5 Vertauschbarkeit von Hamilton- und Drehimpulsoperator

Bei einem Zentralpotential ist der Hamilton-Operator rotationsinvariant, man sollte daher vermuten, dass $\widehat{H}$ mit $\widehat{\boldsymbol{L}}$ kommutiert. Dies ist in der Tat der Fall, es gilt

$$[\widehat{H},\, \widehat{L}_x] = [\widehat{H},\, \widehat{L}_y] = [\widehat{H},\, \widehat{L}_z] = 0\,. \tag{C.15}$$

Wir beweisen diese Relation für die z-Komponente und betrachten zuerst den $V(r)$-Term.

$$\widehat{L}_z\, V(r)\psi - V(r)\widehat{L}_z\, \psi = -\mathrm{i}\hbar \left[x\,\frac{\partial V}{\partial y} - y\,\frac{\partial V}{\partial x} \right] \psi\,.$$

Wegen

$$\frac{\partial V}{\partial y} = \frac{\partial V}{\partial r}\,\frac{y}{r}\,,\quad \frac{\partial V}{\partial x} = \frac{\partial V}{\partial r}\,\frac{x}{r}$$

ist die eckige Klammer null. Für den Operator der kinetischen Energie machen wir folgende Rechnung

$$\left(x\,\frac{\partial}{\partial y} - y\,\frac{\partial}{\partial x}\right)\left(\frac{\partial^2}{\partial x^2} + \frac{\partial^2}{\partial y^2}\right)\psi - \left(\frac{\partial^2}{\partial x^2} + \frac{\partial^2}{\partial y^2}\right)\left(x\,\frac{\partial}{\partial y} - y\,\frac{\partial}{\partial x}\right)\psi$$
$$= -\left[\frac{\partial}{\partial x}\left(\frac{\partial \psi}{\partial y}\right) - \frac{\partial}{\partial y}\left(\frac{\partial \psi}{\partial x}\right)\right] = 0\,.$$

Da $\widehat{H}$ und $\widehat{L}_z$ kommutieren, kann man gemeinsame Eigenfunktionen finden. Aus Symmetriegründen vertauschen auch $\widehat{L}_x$ und $\widehat{L}_y$ mit $\widehat{H}$.

C.6 Der Drehimpuls in Kugelkoordinaten

Aus der Verknüpfung zwischen Kugelkoordinaten und kartesischen Koordinaten

$$x = r\,\sin\theta\cos\varphi\,,\quad y = r\,\sin\theta\sin\varphi\,,\quad z = r\,\cos\theta$$

folgt für die Differentiale

$$\begin{aligned}
\mathrm{d}x &= \sin\theta\cos\varphi\,\mathrm{d}r + r\,\cos\theta\cos\varphi\,\mathrm{d}\theta - r\,\sin\theta\sin\varphi\,\mathrm{d}\varphi\,,\\
\mathrm{d}y &= \sin\theta\,\sin\varphi\,\mathrm{d}r + r\,\cos\theta\,\sin\varphi\,\mathrm{d}\theta + r\,\sin\theta\,\cos\varphi\,\mathrm{d}\varphi\,,\\
\mathrm{d}z &= \cos\theta\,\mathrm{d}r - r\,\sin\theta\,\mathrm{d}\theta\,.
\end{aligned} \tag{C.16}$$

Man kann daraus die Differentiale der Kugelkoordinaten berechnen:

$$\begin{aligned}
\mathrm{d}r &= \sin\theta\cos\varphi\,\mathrm{d}x + \sin\theta\,\sin\varphi\,\mathrm{d}y + \cos\theta\,\mathrm{d}z\,,\\
\mathrm{d}\theta &= \frac{1}{r}\,(\cos\theta\,\cos\varphi\,\mathrm{d}x + \cos\theta\,\sin\varphi\,\mathrm{d}y - \sin\theta\,\mathrm{d}z)\,,\\
\mathrm{d}\varphi &= \frac{1}{r\,\sin\theta}(-\sin\varphi\,\mathrm{d}x + \cos\varphi\,\mathrm{d}y)\,. \qquad (C.17)
\end{aligned}$$

Die partiellen Ableitungen werden wie folgt umgerechnet:

$$\frac{\partial}{\partial x} = \frac{\partial r}{\partial x}\frac{\partial}{\partial r} + \frac{\partial\theta}{\partial x}\frac{\partial}{\partial\theta} + \frac{\partial\varphi}{\partial x}\frac{\partial}{\partial\varphi}\,.$$

Das Ergebnis ist

$$\begin{aligned}
\frac{\partial}{\partial x} &= \sin\theta\cos\varphi\,\frac{\partial}{\partial r} + \frac{\cos\theta\cos\varphi}{r}\,\frac{\partial}{\partial\theta} - \frac{\sin\varphi}{r\sin\theta}\,\frac{\partial}{\partial\varphi}\,,\\
\frac{\partial}{\partial y} &= \sin\theta\,\sin\varphi\,\frac{\partial}{\partial r} + \frac{\cos\theta\,\sin\varphi}{r}\,\frac{\partial}{\partial\theta} + \frac{\cos\varphi}{r\,\sin\theta}\,\frac{\partial}{\partial\varphi}\,,\\
\frac{\partial}{\partial z} &= \cos\theta\,\frac{\partial}{\partial r} - \frac{\sin\theta}{r}\,\frac{\partial}{\partial\theta}\,. \qquad (C.18)
\end{aligned}$$

Mit den Formeln (C.18) kann man die Drehimpuls-Operatoren in Kugelkoordinaten umrechnen. Das wird für $\widehat{L}_z$ vorgeführt. Schreiben wir diesen Operator in der Form

$$\widehat{L}_z = -\mathrm{i}\hbar\left(x\,\frac{\partial}{\partial y} - y\,\frac{\partial}{\partial x}\right) = -\mathrm{i}\hbar\left(c_r\,\frac{\partial}{\partial r} + c_\theta\,\frac{\partial}{\partial\theta} + c_\varphi\,\frac{\partial}{\partial\varphi}\right),$$

so sind die Koeffizienten

$$\begin{aligned}
c_r &= r\sin\theta\cos\varphi\sin\theta\sin\varphi - r\sin\theta\sin\varphi\sin\theta\cos\varphi = 0\,,\\
c_\theta &= r\sin\theta\cos\varphi\,\cos\theta\sin\varphi/r - r\sin\theta\sin\varphi\,\cos\theta\cos\varphi/r = 0\,,\\
c_\varphi &= r\sin\theta\cos\varphi\,\cos\varphi/(r\sin\theta) - r\sin\theta\sin\varphi\,(-\sin\varphi/(r\sin\theta))\\
&= \cos^2\varphi + \sin^2\varphi = 1\,.
\end{aligned}$$

Die x- und y-Komponenten und $\widehat{\boldsymbol{L}}^2$ berechnet man entsprechend. Das Resultat ist

$$\begin{aligned}
&\widehat{L}_x = -\mathrm{i}\hbar\left(-\sin\varphi\,\frac{\partial}{\partial\theta} - \cos\varphi\cot\theta\frac{\partial}{\partial\varphi}\right),\ \widehat{L}_y = -\mathrm{i}\hbar\left(\cos\varphi\,\frac{\partial}{\partial\theta} - \sin\varphi\cot\theta\frac{\partial}{\partial\varphi}\right),\\
&\widehat{L}_z = -\mathrm{i}\hbar\frac{\partial}{\partial\varphi}\,,\quad \widehat{\boldsymbol{L}}^2 = -\hbar^2\left[\frac{1}{\sin^2\theta}\frac{\partial^2}{\partial\varphi^2} + \frac{1}{\sin\theta}\frac{\partial}{\partial\theta}\left(\sin\theta\frac{\partial}{\partial\theta}\right)\right]. \qquad (C.19)
\end{aligned}$$

C.7 Ergänzungen zur Drehimpulsalgebra

Wertebereich der magnetischen Quantenzahl

Wie groß bzw. wie klein kann die magnetische Quantenzahl m werden? Behauptung:

$$m_{\max} = +j\,, \quad m_{\min} = -j\,.$$

Zuerst wird gezeigt, dass $m^2 \leq j(j+1)$ sein muss. Dazu berechnet man den Erwartungswert von $\widehat{\boldsymbol{J}}^2$ im Zustand $|\,j,m\rangle$ auf zwei Weisen:
(1) $|\,j,m\rangle$ ist ein Eigenzustand von $\widehat{\boldsymbol{J}}^2$, daher gilt

$$\langle\widehat{\boldsymbol{J}}^2\rangle \equiv \langle j,m|\widehat{\boldsymbol{J}}^2\,|\,j,m\rangle = j(j+1)\hbar^2\,.$$

(2) Wir schreiben $\widehat{\boldsymbol{J}}^2 = \widehat{J}_x^2 + \widehat{J}_y^2 + \widehat{J}_z^2$ und bedenken, dass $|\,j,m\rangle$ ein Eigenzustand von $\widehat{J}_z$ ist mit dem Eigenwert $m\,\hbar$. Daraus folgt

$$\langle\widehat{\boldsymbol{J}}^2\rangle = \langle\widehat{J}_x^2\rangle + \langle\widehat{J}_y^2\rangle + \langle\widehat{J}_z^2\rangle = \langle\widehat{J}_x^2\rangle + \langle\widehat{J}_y^2\rangle + m^2\hbar^2 \geq m^2\hbar^2\,.$$

Die Ungleichung gilt, weil die Erwartungswerte $\langle\widehat{J}_x^2\rangle \geq 0$ und $\langle\widehat{J}_y^2\rangle \geq 0$ sind. Wegen $m^2 \leq j(j+1)$ gibt es einen maximalen Wert $m = m_{\max}$. Wendet man den Aufsteigeoperator auf $|\,j,m_{\max}\rangle$ an, so muss null herauskommen, da andernfalls ein Zustand mit $m > m_{\max}$ existieren würde.

$$\widehat{J}_+\,|\,j,m_{\max}\rangle = 0\,.$$

Um zu zeigen, dass $m_{\max} = j$ ist, betrachten wir den Operator

$$\widehat{J}_-\widehat{J}_+ = \widehat{\boldsymbol{J}}^2 - \widehat{J}_z^2 - \hbar\widehat{J}_z$$

und berechnen seinen Erwartungswert im Zustand $|\,j,m_{\max}\rangle$, und zwar auch wieder auf zwei Weisen.

(1) $\langle j,m_{\max}|\widehat{J}_-\widehat{J}_+\,|\,j,m_{\max}\rangle = 0$ wegen $\widehat{J}_+\,|\,j,m_{\max}\rangle = 0$.
(2) $\langle j,m_{\max}|\widehat{\boldsymbol{J}}^2 - \widehat{J}_z^2 - \hbar\widehat{J}_z|\,j,m_{\max}\rangle = [j(j+1) - m_{\max}(m_{\max}+1)]\hbar^2$.

Damit ist bewiesen, dass $m_{\max} = j$ ist. Entsprechend kann bewiesen werden, dass für das minimale m gilt

$$m_{\min} = -j\,.$$

Die Quantenzahl m nimmt somit folgende Werte an:

$$m = -j,\, -j+1, \ldots + j\,. \tag{C.20}$$

Berechnung der Koeffizienten $C_\pm(j,m)$

Die Anwendung eines Aufsteige-Operators auf einen Zustand $|\,j,m\rangle$ erhöht die Quantenzahl m um 1.

$$\widehat{J}_+\,|\,j,m\rangle = C_+(j,m)|\,j,m+1\rangle\,.$$

Um die Koeffizienten $C_+(j,m)$ zu bestimmen, definieren wir den ket-Vektor

$$|\phi\rangle = \widehat{J}_+\,|\,j,m\rangle = C_+(j,m)|\,j,m+1\rangle$$

und berechnen seine Norm auf zwei Weisen:

$$\begin{aligned}
&(1)\quad \langle\phi|\,\phi\rangle = (C_+(j,m))^2\,\langle j,m+1|\,j,m+1\rangle = (C_+(j,m))^2\,,\\
&(2)\quad \langle\phi|\,\phi\rangle = \langle j,m|\widehat{J}_-\widehat{J}_+|\,j,m\rangle = \langle j,m|(\widehat{\boldsymbol{J}}^2 - \widehat{J}_z^2 - \hbar\widehat{J}_z)|\,j,m\rangle\\
&\qquad\qquad = j(j+1)\hbar^2 - m^2\hbar^2 - m\hbar^2\,.
\end{aligned}$$

Hierbei haben wir ausgenutzt, dass die Koeffizienten $C_\pm(j,m)$ reelle Zahlen sind und dass $\widehat{J}_+^\dagger = (\widehat{J}_x + \mathrm{i}\widehat{J}_y)^\dagger = \widehat{J}_x - \mathrm{i}\widehat{J}_y = \widehat{J}_-$ ist. Durch Vergleich von (1) und (2) ergibt sich

$$C_+(j,m) = \hbar\,\sqrt{j(j+1) - m(m+1)}\,. \tag{C.21}$$

Mit einer entsprechenden Rechnung findet man

$$C_-(j,m) = \hbar\,\sqrt{j(j+1) - m(m-1)}\,. \tag{C.22}$$

Die Koeffizienten haben die Eigenschaft $C_+(j,m_{\max}) = 0$ und $C_-(j,m_{\min}) = 0$, so dass in der Tat $m_{\max} = +j$ der maximale m-Wert ist und $m_{\min} = -j$ der minimale.

C.8 Addition von zwei Spins 1/2

Wir wollen zeigen, dass die Spintriplettzustände Eigenzustände von $\widehat{\boldsymbol{S}}^2$ mit dem Eigenwert $2\hbar^2$ sind. Dazu schreiben wir den Operator um:

$$\begin{aligned}
\widehat{\boldsymbol{S}}^2 &= (\widehat{\boldsymbol{S}}_1 + \widehat{\boldsymbol{S}}_2)^2 = \widehat{\boldsymbol{S}}_1^2 + \widehat{\boldsymbol{S}}_2^2 + 2\widehat{\boldsymbol{S}}_1\cdot\widehat{\boldsymbol{S}}_2\\
&= \widehat{\boldsymbol{S}}_1^2 + \widehat{\boldsymbol{S}}_2^2 + \widehat{S}_{1+}\widehat{S}_{2-} + \widehat{S}_{1-}\widehat{S}_{2+} + 2\widehat{S}_{1z}\widehat{S}_{2z}\,.
\end{aligned}$$

Jetzt wird $\widehat{\boldsymbol{S}}^2$ auf $|\Uparrow\rangle_1\,|\Uparrow_2\rangle$ angewandt. Wegen

$$\widehat{S}_{1+}\widehat{S}_{2-}|\Uparrow\rangle_1\,|\Uparrow\rangle_2 = \underbrace{\widehat{S}_{1+}|\Uparrow\rangle_1}_{0}\,\widehat{S}_{2-}|\Uparrow\rangle = 0 \quad \text{und} \quad \widehat{S}_{1-}\widehat{S}_{2+}|\Uparrow\rangle_1\,|\Uparrow\rangle_2 = 0$$

folgt

$$\widehat{\boldsymbol{S}}^2 | \Uparrow\rangle_1 | \Uparrow\rangle_2 = [\widehat{\boldsymbol{S}}_1^2 + \widehat{\boldsymbol{S}}_2^2 + 2\widehat{S}_{1z}\widehat{S}_{2z}] | \Uparrow\rangle_1 | \Uparrow\rangle_2 = 2\hbar^2 | \Uparrow\rangle_1 | \Uparrow\rangle_2 .$$

Interessant wird der Zustand $|1, 0\rangle$. Unter Benutzung der Regeln

$$\widehat{S}_{1+}\widehat{S}_{2-} | \Uparrow\rangle_1 | \Downarrow\rangle_2 = 0 \qquad \widehat{S}_{1+}\widehat{S}_{2-} | \Downarrow\rangle_1 | \Uparrow\rangle_2 = \hbar^2 | \Uparrow\rangle_1 | \Downarrow_2\rangle$$
$$\widehat{S}_{1-}\widehat{S}_{2+} | \Downarrow\rangle_1 | \Uparrow\rangle_2 = 0 \qquad \widehat{S}_{1-}\widehat{S}_{2+} | \Uparrow\rangle_1 | \Downarrow\rangle_2 = \hbar^2 | \Downarrow\rangle_1 | \Uparrow\rangle_2$$

folgt

$$[\widehat{S}_{1+}\widehat{S}_{2-} + \widehat{S}_{1-}\widehat{S}_{2+}](| \Uparrow\rangle_1 | \Downarrow\rangle_2 + | \Downarrow\rangle_1 | \Uparrow\rangle_2) = \hbar^2(| \Uparrow\rangle_1 | \Downarrow\rangle_2 + | \Downarrow\rangle_1 | \Uparrow\rangle_2)$$

Insgesamt ergibt sich

$$\begin{aligned} \widehat{\boldsymbol{S}}^2(| \Uparrow\rangle_1 | \Downarrow\rangle_2 + | \Downarrow\rangle_1 | \Uparrow\rangle_2) &= (3/2 + 1 - 1/2)\hbar^2(| \Uparrow\rangle_1 | \Downarrow\rangle_2 + | \Downarrow\rangle_1 | \Uparrow\rangle_2) \\ &= 2\hbar^2(| \Uparrow\rangle_1 | \Downarrow\rangle_2 + | \Downarrow\rangle_1 | \Uparrow\rangle_2) . \end{aligned}$$

Für den Singulettzustand $|0, 0\rangle$ gilt hingegen

$$[\widehat{S}_{1+}\widehat{S}_{2-} + \widehat{S}_{1-}\widehat{S}_{2+}](| \Uparrow\rangle_1 | \Downarrow\rangle_2 - | \Downarrow\rangle_1 | \Uparrow\rangle_2) = -\hbar^2(| \Uparrow\rangle_1, | \Downarrow\rangle_2 - | \Downarrow\rangle_1 | \Uparrow\rangle_2)$$

und daher

$$\widehat{\boldsymbol{S}}^2(| \Uparrow\rangle_1 | \Downarrow\rangle_2 - | \Downarrow\rangle_1 | \Uparrow\rangle_2) = (3/2-1-1/2)\hbar^2(| \Uparrow\rangle_1 | \Downarrow\rangle_2 - | \Downarrow\rangle_1 | \Uparrow\rangle_2) = 0 .$$

C.9 Addition von Bahndrehimpuls und Spin

Es wird das Beispiel $l = 1$ betrachtet. Wir beginnen mit dem Zustand $|j, m_j\rangle = |3/2, -3/2\rangle$, der eine eindeutige Darstellung durch die Eigenzustände der Bahndrehimpuls- und Spin-Operatoren hat (vgl. Abb. 5.6)

$$|3/2, -3/2\rangle = |1, -1\rangle \cdot |1/2, -1/2\rangle \equiv Y_{1,-1} \cdot \chi_- .$$

Nun wird der Aufsteigeoperator angewandt

$$\begin{aligned} \widehat{J}_+ |3/2, -3/2\rangle &= (\widehat{L}_+ |1, -1\rangle) \cdot |1/2, -1/2\rangle + |1, -1\rangle \cdot (\widehat{S}_+ |1/2, -1/2\rangle) \\ \hbar\sqrt{3}\, |3/2, -1/2\rangle &= \hbar\sqrt{2}\, |1, 0\rangle \cdot |1/2, -1/2\rangle + \hbar |1, -1\rangle \cdot |1/2, +1/2\rangle . \end{aligned}$$

Daraus folgt

$$|3/2, -1/2\rangle = \sqrt{\frac{2}{3}}\, |1, 0\rangle |1/2, -1/2\rangle + \sqrt{\frac{1}{3}}\, |1, -1\rangle\rangle |1/2, +1/2\rangle .$$

Wendet man $\widehat{J}_+$ noch einmal an, so ergibt sich

$$|3/2, +1/2\rangle = \sqrt{\frac{1}{3}}\,|1, 1\rangle|1/2, -1/2\rangle + \sqrt{\frac{2}{3}}\,|1, 0\rangle|1/2, +1/2\rangle$$

und schließlich

$$\widehat{J}_+|3/2, +1/2\rangle = \sqrt{3}\,|3/2, +3/2\rangle = \sqrt{3}\,|1, +1\rangle\;|1/2, +1/2\rangle\,.$$

Die beiden Zustände mit $j = 1/2$ sind orthogonal zu den Zuständen $|3/2, +1/2\rangle$ und $|3/2, -1/2\rangle$:

$$|1/2, +1/2\rangle = \sqrt{\frac{2}{3}}\,|1, 1\rangle\;|1/2, -1/2\rangle - \sqrt{\frac{1}{3}}\,|1, 0\rangle\;|1/2, +1/2\rangle\,,$$

$$|1/2, -1/2\rangle = \sqrt{\frac{1}{3}}\,|1, 0\rangle\;|1/2, -1/2\rangle - \sqrt{\frac{2}{3}}\,|1, -1\rangle\;|1/2, +1/2\rangle\,.$$

Anhang D
Ergänzungen zu Kap. 6, 7 und 8

D.1 Die Radialgleichung des H-Atoms

Die Differentialgleichung für die Radialfunktion $R(r)$ des H-Atoms lautet

$$\frac{\mathrm{d}}{\mathrm{d}r}\left(r^2\frac{\mathrm{d}R}{\mathrm{d}r}\right) - \frac{2m_e r^2}{\hbar^2}[V(r) - E]\,R - l(l+1)R = 0\,. \tag{D.1}$$

Wir führen eine Hilfsfunktion $u(r) = rR(r)$ ein. Es gilt dann

$$\frac{\mathrm{d}}{\mathrm{d}r}\left(r^2\frac{\mathrm{d}R}{\mathrm{d}r}\right) = r\frac{\mathrm{d}^2u}{\mathrm{d}r^2}\,,$$

und daher wird die Differentialgleichung für $u(r)$

$$-\frac{\hbar^2}{2m_e}\frac{\mathrm{d}^2u}{\mathrm{d}r^2} + \left[V(r) + \frac{\hbar^2 l(l+1)}{2m_e r^2}\right]u = E\,u\,. \tag{D.2}$$

Dies entspricht der eindimensionalen Schrödinger-Gleichung mit einem effektiven Potential

$$V_{\mathrm{eff}}(r) = V(r) + \frac{\hbar^2 l(l+1)}{2m_e r^2}\,. \tag{D.3}$$

Der zweite Term ist eine Rotationsenergie und wird, etwas unpräzise, „Zentrifugalterm“ genannt. Im H-Atom gilt

$$V(r) = -\frac{e^2}{4\pi\varepsilon_0 r}\,,$$

und die Gleichung (D.2) wird

$$-\frac{\hbar^2}{2m_e}\frac{\mathrm{d}^2u}{\mathrm{d}r^2} + \left[-\frac{e^2}{4\pi\varepsilon_0 r} + \frac{\hbar^2 l(l+1)}{2m_e r^2}\right]u = E\,u\,. \tag{D.4}$$

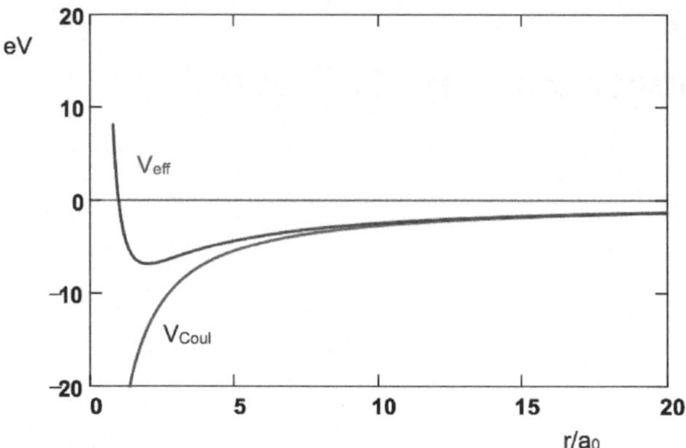

Abb. D.1 Das Coulomb-Potential und das effektive Potential für $l = 1$

Das effektive Potential für $l = 1$ wird in Abb. D.1 mit dem Coulomb-Potential verglichen. Für große Abstände gilt: $V_{\text{eff}}(r) \to 0$. Gebundene Zustände sind durch eine Energie $E < 0$ gekennzeichnet, ungebundene (freie) Zustände haben $E > 0$. Das ist ähnlich wie im Sonnensystem: die Planeten sind an die Sonne gebunden und durchlaufen Ellipsenbahnen, ein Meteor, der mit hoher Geschwindigkeit aus dem Weltall kommt, ist nicht gebunden. Er durchläuft eine Hyperbelbahn im Gravitationsfeld der Sonne und entweicht wieder in das Weltall.

Wir sind an gebundenen Zuständen interessiert und setzen also $E < 0$ voraus. Zur Vereinfachung der Gl. (D.4) ist es zweckmässig, folgende Größen einzuführen [2]

$$\kappa = \frac{\sqrt{2m_e|E|}}{\hbar}\,, \quad \rho = \kappa\, r\,, \quad \rho_0 = \frac{m_e e^2}{2\pi\varepsilon_0\hbar^2\kappa}\,. \tag{D.5}$$

Damit wird aus der Radialgleichung

$$\frac{\mathrm{d}^2u}{\mathrm{d}\rho^2} - \left[1 - \frac{\rho_0}{\rho} + \frac{l(l+1)}{\rho^2}\right] u = 0\,. \tag{D.6}$$

Um die Lösungen zu finden, betrachten wir zunächst die Grenzfälle sehr großer und sehr kleiner Abstände. Im Limes $\rho \to \infty$ wird aus (D.6)

$$\frac{\mathrm{d}^2u}{\mathrm{d}\rho^2} = u \quad \Rightarrow \quad u \sim \mathrm{e}^{\pm\rho}\,.$$

Wegen der Bedingung $u(\infty) = 0$ ist die asymptotische Lösung

$$u(\rho) = \mathrm{e}^{-\rho} \quad \text{für} \quad \rho \gg 1\,.$$

Im Limes $\rho \to 0$ dominiert der Term $\frac{l(l+1)}{\rho^2}$ (wir setzen hier $l > 0$ voraus), die Gleichung ist dann

$$\frac{\mathrm{d}^2u}{\mathrm{d}\rho^2} = \frac{l(l+1)}{\rho^2}u \quad \Rightarrow \quad u \sim \rho^{l+1}\,.$$

Die beiden asymptotischen Formen werden jetzt kombiniert in dem folgenden Lösungsansatz der kompletten Differentialgleichung (D.6)

$$u(\rho) = \rho^{l+1}\,\mathrm{e}^{-\rho}\,v(\rho) \quad \text{mit} \quad v(\rho) = \sum_{j=0}^{\infty} c_j \rho^j\,. \tag{D.7}$$

Jede Lösung der Gl. (D.6) lässt sich als Potenzreihe darstellen, daher bedeutet die Form (D.7) keine Einschränkung der Allgemeinheit. Der Vorteil der Abspaltung der Faktoren ρ^{l+1} und $\exp(-\rho)$ liegt darin, dass dadurch die Bedingungen für die Koeffizienten c_j der Potenzreihe einfacher werden. Durch Einsetzen in Gl. (D.6) bekommt man eine Differentialgleichung für die Potenzreihe $v(\rho)$:

$$\rho\,\frac{\mathrm{d}^2 v}{\mathrm{d}\rho^2} + 2(l+1-\rho)\frac{\mathrm{d}v}{\mathrm{d}\rho} + [\rho_0 - 2(l+1)]\,v = 0\,.$$

Einsetzen der Reihe liefert die folgende Rekursionsformel für die Koeffizienten

$$c_{j+1} = \frac{2(j+l+1) - \rho_0}{(j+1)(j+2l+2)}\,c_j\,. \tag{D.8}$$

Ähnlich wie beim harmonischen Oszillator wollen wir nun zeigen, dass die Potenzreihe abbrechen muss, damit die Wellenfunktion nicht divergiert für $\rho \to \infty$. Für große j-Werte ist das Verhältnis aufeinanderfolgender Koeffizienten

$$\frac{c_{j+1}}{c_j} \approx \frac{2}{j+1}\,.$$

Das Koeffizientenverhältnis $\frac{2}{j+1}$ tritt auch bei der Potenzreihenentwicklung der Funktion $\exp(2\rho)$ auf. Wenn also die Reihe nicht abbricht, verhält sich die Funktion $u(\rho)$ asymptotisch wie $\exp(-\rho)\cdot\exp(2\rho) = \exp(\rho)$ und divergiert für $\rho \to \infty$. Um dies zu vermeiden, müssen wir fordern, dass die Reihe bei einem maximalen $j = j_{\max}$ aufhört, d. h. dass $c_j = 0$ ist für $j > j_{\max}$. Es wird jetzt die wichtige *Hauptquantenzahl* n eingeführt durch die Gleichung

$$n = j_{\max} + l + 1\,. \tag{D.9}$$

Aus $c_{(j_{\max}+1)} = 0$ folgt dann

$$\rho_0 = 2n\,.$$

Dies ist eine Bestimmungsgleichung für die Energie. Benutzen wir Gl. (D.5) und den Bohr-Radius $a_0 = 4\pi\varepsilon_0\hbar^2/(m_e \mathrm{e}^2)$, so wird $\kappa = 1/(n a_0)$, und die Energie ergibt sich zu

$$E = E_n = -\frac{\hbar^2}{2\,m_e\,a_0^2\,n^2} = -\frac{1}{2}\cdot\frac{e^2}{4\pi\varepsilon_0 a_0}\cdot\frac{1}{n^2} \quad \text{mit} \quad n = 1, 2, 3, \ldots\,. \tag{D.10}$$

Wir haben das fundamentale Resultat, dass die Schrödinger-Gleichung genau die Energieniveaus des Bohr'schen Atommodells wiedergibt.

Aus der Rekursionsformel (D.8) und Gl. (D.9) wird klar, dass die Radialfunktionen von der Hauptquantenzahl n und der Bahndrehimpuls-Quantenzahl l abhängen, während die magnetische Quantenzahl m nicht eingeht. Die Funktion $R_{nl}(r)$ ist das Produkt der Exponentialfunktion $\exp(-r/(n\,a_0))$ mit einem Polynom des Grades $(n-1)$ in der Variablen $r/(n\,a_0)$, dessen Koeffizienten mit der Rekursionsformel (D.8) berechnet werden. Sie sind in den Formeln (6.12) aufgelistet. Die Radialfunktionen sind – ebenso wie die Kugelfunktionen – auf 1 normiert und für gleiches l aber verschiedenes n orthogonal:

$$\int_0^\infty R_{nl}(r) R_{n'l}(r) r^2 \,\mathrm{d}r = \delta_{nn'}\,. \tag{D.11}$$

Die Wellenfunktionen des H-Atoms

$$\psi_{nlm}(r,\theta,\varphi) = R_{nl}(r)\, Y_{lm}(\theta,\varphi) \tag{D.12}$$

bilden ein vollständiges System von normierten und paarweise orthogonalen Eigenfunktionen des Hamiltons-Operators $\widehat{H}$ des Wasserstoff-Atoms.

$$\begin{aligned}\langle\psi_{nlm}|\psi_{n'l'm'}\rangle &= \int_0^\infty R_{nl}(r) R_{n'l'}(r) r^2 dr \\ &\times \int_0^{2\pi}\left[\int_0^\pi Y^*_{lm}(\theta,\varphi) Y_{l'm'}(\theta,\varphi)\sin\theta \mathrm{d}\theta\right]\mathrm{d}\varphi \\ &= \delta_{nn'}\delta_{ll'}\delta_{mm'}\,.\end{aligned} \tag{D.13}$$

Die Vollständigkeit bedeutet, dass man jede Lösung der zeitabhängigen Schrödinger-Gleichung des H-Atoms als Superposition der Eigenfunktionen darstellen kann. Wenn $\Psi(r,\theta,\varphi,t)$ eine Lösung der Differentialgleichung

$$\mathrm{i}\hbar\frac{\partial\Psi}{\partial t} = \widehat{H}\Psi$$

ist, gibt es eindeutig bestimmte komplexe Koeffizienten c_{nlm}, so dass folgende Darstellung gilt:

$$\Psi(r,\theta,\varphi,t) = \sum_{n=1}^{\infty}\sum_{l=0}^{n-1}\sum_{m=-l}^{+l} c_{nlm}\psi_{nlm}(r,\theta,\varphi)\exp(-\mathrm{i}\omega_n t)\,. \tag{D.14}$$

Dabei gilt für die Eigenfunktionen

$$\widehat{H}\psi_{nlm} = E_n\psi_{nlm} \quad \text{und} \quad \omega_n = E_n/\hbar\,.$$

Die Koeffizienten werden mit Hilfe der Skalarprodukte berechnet:

$$c_{nlm} = \langle \psi_{nlm} | \Psi \rangle \,, \tag{D.15}$$

wobei die Funktion Ψ zum Zeitpunkt $t = 0$ einzusetzen ist, so dass alle Faktoren $\exp(-\mathrm{i}\omega_n t) = 1$ sind. Gleichung (D.15) folgt aus der Orthogonalität der Eigenfunktionen.

D.2 Coulomb- und Austausch-Integral beim Helium

Zur Berechnung der Energieniveaus im Helium-Atom schreiben wir den Hamilton-Operator in der Form

$$\widehat{H} = \widehat{H}_1 + \widehat{H}_2 + V_{12}$$

mit den Einteilchen-Hamilton-Operatoren

$$\widehat{H}_j = -\frac{\hbar^2}{2m_e}\nabla_j^2 \psi_j(\boldsymbol{r}_j) - \frac{2e^2}{4\pi\varepsilon_0 \left|\boldsymbol{r}_j\right|} \quad (j = 1,2)$$

und dem Wechselwirkungspotential

$$V_{12}(\boldsymbol{r}_1, \boldsymbol{r}_2) = +\frac{e^2}{4\pi\varepsilon_0 r_{12}} \quad \text{mit} \quad r_{12} = |\boldsymbol{r}_1 - \boldsymbol{r}_2| \,.$$

Die Erwartungswerte von $\widehat{H}$ im Zustand $\psi_S(1,2)$ oder $\psi_A(1,2)$ sind

$$\left\langle \psi_S(1,2) \left| \widehat{H} \right| \psi_S(1,2) \right\rangle = E_a + E_b + C + A \,, \tag{D.16}$$

$$\left\langle \psi_A(1,2) \left| \widehat{H} \right| \psi_A(1,2) \right\rangle = E_a + E_b + C - A \,. \tag{D.17}$$

Dabei treten zwei Integrale auf, die exakt berechnet werden können: das *Coulomb-Integral*

$$C = \frac{e^2}{4\pi\varepsilon_0} \iint \frac{|\psi_a(1)|^2 \, |\psi_b(2)|^2}{r_{12}} \mathrm{d}^3 r_1 \, \mathrm{d}^3 r_2 \tag{D.18}$$

und das *Austausch-Integral*

$$A = \frac{e^2}{4\pi\varepsilon_0} \iint \frac{\psi_a^*(1)\psi_b(1)\psi_b^*(2)\psi_a(2)}{r_{12}} \mathrm{d}^3 r_1 \, \mathrm{d}^3 r_2 \,. \tag{D.19}$$

D.3 Fermi-Dirac- und Bose-Einstein-Statistik

In der statistischen Thermodynamik berechnet man die Verteilung von N Teilchen auf die zur Verfügung stehenden Energievineaus E_i eines Systems. Das ist nicht Inhalt des vorliegenden Buches[1]. Wir wollen hier nur einige wichtige Resultate angeben. Bei unterscheidbaren Teilchen erhält man im thermodynamischen Gleichgewicht die Boltzmann-Verteilung

$$n_i = g_i \, \frac{N}{Z} \, \mathrm{e}^{-E_i/(k_\mathrm{B}T)} \quad \text{mit} \quad Z = \sum_i g_i \, \mathrm{e}^{-E_i/(k_\mathrm{B}T)} \,. \tag{D.20}$$

Die *Boltzmann-Konstante* hat den Wert $k_\mathrm{B} = 8{,}617 \cdot 10^{-5}\,\mathrm{eV/K}$. Die Zahlen g_i geben die Vielfachheit (Multiplizität) der Niveaus E_i an.

Für nicht unterscheidbare Fermionen (Teilchen mit halbzahligem Spin) ergibt sich die Fermi-Dirac-Verteilung

$$n_i = g_i \cdot \frac{1}{\mathrm{e}^{(E_i - E_\mathrm{F})/(k_\mathrm{B}T)} + 1} \,. \tag{D.21}$$

Die Größe E_F nennt man Fermi-Energie.

Für nicht unterscheidbare Bosonen (Teilchen mit ganzzahligem Spin) gilt die Bose-Einstein-Verteilung. Wir geben sie hier nur für Photonen an:

$$n_i = g_i \cdot \frac{1}{\mathrm{e}^{E_i/(k_\mathrm{B}T)} - 1} \,. \tag{D.22}$$

Wenn die Energieniveaus sehr dicht liegen, was bei vielen Anwendungen der Fall ist, erweist es sich als zweckmäßig, den Multiplizitätsfaktor g_i durch eine Dichtefunktion zu ersetzen: $g(E)\,\mathrm{d}E$ ist die Zahl der Energieniveaus im Intervall $[E,\ E + \mathrm{d}E]$. Die diskreten Verteilungen (D.21) und (D.22) kann man dann durch kontinuierliche Verteilungsfunktionen $f(E)$ ersetzen, indem man die Zahl der Teilchen pro Energieintervall in folgender Form schreibt:

$$n(E)\,\mathrm{d}E = g(E) f(E) \,.$$

Für Fermionen wird die Verteilungsfunktion

$$f_\mathrm{Fermi}(E) = \frac{1}{\mathrm{e}^{(E - E_\mathrm{F})/(k_\mathrm{B}T)} + 1} \,. \tag{D.23}$$

Für Photonen lautet sie

$$f_\mathrm{Photon}(E) = \frac{1}{\mathrm{e}^{E/(k_\mathrm{B}T)} - 1} \,. \tag{D.24}$$

[1] Vergleichsweise einfache Einführungen in die klassische und Quanten-Statistik findet man bei Alonso-Finn [28], Griffiths [2] sowie in einem Vorlesungsmanuskript des Verfassers (www.desy.de/~pschmues, Datei Thermodynamik-Quantenstatistik.pdf).

Anhang E
Ergänzungen zu Kap. 9 und 10

E.1 Eigenschaften des Spinsingulettzustands

Wir wollen beweisen, dass der Spinsingulettzustand bezüglich der z-Komponente

$$|0,\, 0\rangle^{(z)} = \frac{1}{\sqrt{2}}\,\{\, |\Uparrow\rangle_1\, |\Downarrow\rangle_2 - |\Downarrow\rangle_1\, |\Uparrow\rangle_2 \,\} \tag{E.1}$$

gleichzeitig auch Spinsingulettzustand bezüglich der x- und der y-Komponente ist. In Matrixdarstellung gilt für die z-Komponente

$$\widehat{S}_z = \frac{\hbar}{2}\begin{pmatrix} 1 & 0 \\ 0 & -1 \end{pmatrix}, \quad |\Uparrow\rangle = \begin{pmatrix} 1 \\ 0 \end{pmatrix}, \quad |\Downarrow\rangle = \begin{pmatrix} 0 \\ 1 \end{pmatrix}.$$

Wir betrachten nun die x-Komponente des Spinoperators

$$\widehat{S}_x = \frac{\hbar}{2}\begin{pmatrix} 0 & 1 \\ 1 & 0 \end{pmatrix}.$$

Die Eigenzustände von $\widehat{S}_x$ sind

$$\begin{aligned} |\Rightarrow\rangle &\equiv \frac{1}{\sqrt{2}}\begin{pmatrix} 1 \\ 1 \end{pmatrix} = \frac{1}{\sqrt{2}}\,(\, |\Uparrow\rangle + |\Downarrow\rangle\,)\,, \\ |\Leftarrow\rangle &\equiv \frac{1}{\sqrt{2}}\begin{pmatrix} 1 \\ -1 \end{pmatrix} = \frac{1}{\sqrt{2}}\,(\, |\Uparrow\rangle - |\Downarrow\rangle\,)\,. \end{aligned} \tag{E.2}$$

Der Singulettzustand bezüglich der x-Komponente lautet in Analogie zu Gl. (E.1)

$$|0,\, 0\rangle^{(x)} = \frac{1}{\sqrt{2}}\,\{\, |\Rightarrow\rangle_1\, |\Leftarrow\rangle_2 - |\Leftarrow\rangle_1\, |\Rightarrow\rangle_2 \,\}\,. \tag{E.3}$$

Nun setzen wir in Gl. (E.3) die Spaltenvektor-Darstellung ein:

$$\begin{aligned}
|0,\,0\rangle^{(x)} &= \frac{1}{2\sqrt{2}}\left[\begin{pmatrix}1\\0\end{pmatrix}_1+\begin{pmatrix}0\\1\end{pmatrix}_1\right]\left[\begin{pmatrix}1\\0\end{pmatrix}_2-\begin{pmatrix}0\\1\end{pmatrix}_2\right] \\
&\quad -\frac{1}{2\sqrt{2}}\left[\begin{pmatrix}1\\0\end{pmatrix}_1-\begin{pmatrix}0\\1\end{pmatrix}_1\right]\left[\begin{pmatrix}1\\0\end{pmatrix}_2+\begin{pmatrix}0\\1\end{pmatrix}_2\right] \\
&= -\frac{1}{\sqrt{2}}\left\{\begin{pmatrix}1\\0\end{pmatrix}_1\begin{pmatrix}0\\1\end{pmatrix}_2-\begin{pmatrix}0\\1\end{pmatrix}_1\begin{pmatrix}1\\0\end{pmatrix}_2\right\} \\
&= -\frac{1}{\sqrt{2}}\left\{\,|\Uparrow\rangle_1\,|\Downarrow\rangle_2-|\Downarrow\rangle_1\,|\Uparrow\rangle_2\,\right\} = -|0,\,0\rangle^{(z)}\,.
\end{aligned} \tag{E.4}$$

Damit ist der Beweis erbracht. Der Beweis für die y-Komponente verläuft analog.

E.2 EPR-Paradoxon und Bell'sche Ungleichung

Im Jahr 1964 wurde von John Bell eine Arbeit zum Einstein-Podolsky-Rosen-Paradoxon publiziert, die zu einem gründlichen Überdenken der Deutung der Quantentheorie führte (J. S. Bell, *On the Einstein Podolsky Rosen Paradox*, Physics Vol. 1, 195 (1964). Ein Weblink zu diesem Artikel ist in Wikipedia zu finden). Die Arbeit von Bell ist jedoch nicht leicht zu lesen. In der Herleitung der Bell'schen Ungleichung halte ich mich eng an eine Vorlesung von Prof. Klaus Fredenhagen (Universität Hamburg), der einen kurzen und sehr eleganten Beweis präsentiert hat.

Bei der Interpretation der Quantenmechanik ging Niels Bohr davon aus, dass ein quantenmechanisches System keine Eigenschaften wie Ort, Impuls etc. besitzt, sondern dass die Observablen erst bei dem Eingriff durch ein Messgerät bestimmte Werte annehmen. Diese Deutung ist heute weitgehend akzeptiert (wir haben sie in diesem Buch benutzt, ohne es immer explizit zu sagen), sie wurde aber in der Vergangenheit oft kritisiert. Besonders von Einstein wurde die Meinung vertreten, dass ein einzelnes System sehr wohl objektive Eigenschaften besitzt, die aber – grundsätzlich oder wegen unvollkommener Messtechnik – nicht gemessen werden können. Die tatsächlich gefundenen Messergebnisse hängen dann noch von „verborgenen Variablen“ ab, aber solange wir diese nicht kennen, bleiben nur statistische Aussagen als Mittelwerte über die verborgenen Variablen. Diesen Standpunkt haben Einstein, Podolsky und Rosen (EPR) in ihrer berühmten Arbeit vertreten.

Das EPR-Argument kann man am Bohm'schen Gedankenexperiment verdeutlichen. Ein Molekül mit Spin 0 wird in zwei Spin-$1/2$-Atome zerlegt, die sich diametral voneinander entfernen und in räumlich weit getrennten Detektoren registriert werden. Beim Atom 1 wird die Komponente des Spins in Richtung eines Einheitsvektors $\boldsymbol{a}$ gemessen, beim Atom 2 die Spinkomponente in Richtung eines Einheitsvektors $\boldsymbol{b}$. Für den Fall $\boldsymbol{a} = \boldsymbol{b}$ erwarten wir wegen der Erhaltung des Drehimpulses, dass immer dann, wenn wir den Spin des 1. Teilchens in Richtung $+\boldsymbol{a}$ finden, der

Spin des 2. Atoms in die entgegengesetzte Richtung $-\boldsymbol{a}$ weisen muss. Dieses Ergebnis ist unabhängig von der Wahl der Richtung $\boldsymbol{a}$.

EPR betrachteten dies Gedankenexperiment als Beweis dafür, dass die Spinkomponente des Teilchens 2 in $\boldsymbol{a}$-Richtung nicht erst durch die Messung am Teilchen 1 festgelegt wird. Denn wenn man voraussetzt, dass die Messung des 1. Teilchens nicht das 2. Teilchen beeinflussen kann (was bei großem Abstand der Messapparaturen aufgrund der Relativitätstheorie ja auch nicht möglich sein sollte), so hat die Spinkomponente von Teilchen 2 einen wohldefinierten Wert, egal ob eine Messung am Teilchen 1 durchgeführt wird oder nicht. Nach dieser Argumentation sind die Werte der Komponenten des Spins in allen Richtungen die verborgenen Variablen.

Wir stellen jetzt folgende Hypothese auf: Teilchen 1 hat – unabhängig davon, ob man misst oder nicht – bezüglich jeder Richtung $\boldsymbol{a}$ eine wohldefinierte Spineinstellung $A(\boldsymbol{a}) = \pm 1$ (zur Vereinfachung der weiteren Rechnung wird hier die mit $2/\hbar$ multiplizierte Spinkomponente angegeben). Messen können wir $A(\boldsymbol{a})$ allerdings immer nur für eine Richtung $\boldsymbol{a}$, die Werte $A(\boldsymbol{a}')$ für die anderen Richtungen $\boldsymbol{a}'$ sind die verborgenen Variablen. Die entsprechende Hypothese gilt für Teilchen 2, dort nennen wir die Spineinstellung $B(\boldsymbol{b}) = \pm 1$.

Nun machen wir N Versuche und bilden den Mittelwert (Erwartungswert) des Produkts $A(\boldsymbol{a})B(\boldsymbol{b})$ der beiden Spinwerte:

$$E(\boldsymbol{a}, \boldsymbol{b}) = \frac{1}{N} \sum_{n=1}^{N} A_n(\boldsymbol{a})\, B_n(\boldsymbol{b}) \tag{E.5}$$

Es erweist sich als zweckmäßig, vier Richtungen zu betrachten, $\boldsymbol{a}, \boldsymbol{a}'$ für Teilchen 1 und $\boldsymbol{b}, \boldsymbol{b}'$ für Teilchen 2 (siehe Abb. 9.4). Wir bilden die folgende Linearkombination von Mittelwerten:

$$S(\boldsymbol{a}, \boldsymbol{a}', \boldsymbol{b}, \boldsymbol{b}') = E(\boldsymbol{a}, \boldsymbol{b}) - E(\boldsymbol{a}, \boldsymbol{b}') + E(\boldsymbol{a}', \boldsymbol{b}) + E(\boldsymbol{a}', \boldsymbol{b}') \tag{E.6}$$

und behaupten, dass sie einer Ungleichung genügt:

$$\boxed{|S(\boldsymbol{a}, \boldsymbol{a}', \boldsymbol{b}, \boldsymbol{b}')| = |E(\boldsymbol{a}, \boldsymbol{b}) - E(\boldsymbol{a}, \boldsymbol{b}') + E(\boldsymbol{a}', \boldsymbol{b}) + E(\boldsymbol{a}', \boldsymbol{b}')| \leq 2\,.} \tag{E.7}$$

Dies ist die berühmte Bell'sche Ungleichung in einer für experimentelle Tests besonders geeigneten Form.

Um diese Ungleichung zu beweisen, setzen wir (E.5) in (E.7) ein und betrachten den Summanden mit Index n

$$S_n = A_n(\boldsymbol{a})\, B_n(\boldsymbol{b}) - A_n(\boldsymbol{a})\, B_n(\boldsymbol{b}') + A_n(\boldsymbol{a}')\, B_n(\boldsymbol{b}) + A_n(\boldsymbol{a}')\, B_n(\boldsymbol{b}')\,.$$

Durch Ausklammern finden wir

$$S_n = A_n(\boldsymbol{a}) \left[B_n(\boldsymbol{b}) - B_n(\boldsymbol{b}')\right] + A_n(\boldsymbol{a}') \left\{B_n(\boldsymbol{b}) + B_n(\boldsymbol{b}')\right\}\,. \tag{E.8}$$

Wegen unserer obigen Hypothese können $B_n(\boldsymbol{b})$ und $B_n(\boldsymbol{b}')$ jeweils die Werte ± 1 annehmen. Sind die Vorzeichen von $B_n(\boldsymbol{b})$ und $B_n(\boldsymbol{b}')$ gleich, so verschwindet die eckige Klammer in (E.8), sind die Vorzeichen verschieden, verschwindet die geschweifte Klammer. Die jeweils andere Klammer hat dann den Betrag 2. Daraus folgt $S_n = \pm 2$. Gemittelt über alle n ergibt sich

$$\left| \frac{1}{N} \sum_{n=1}^{N} S_n \right| \leq 2\,.$$

Damit ist die Bell'sche Ungleichung bewiesen.

E.3 Einfluss der relativistischen Energie im H-Atom

Die kinetische Energie eines Elektrons ist

$$E_{\text{kin}} = \sqrt{\boldsymbol{p}^2 c^2 + m_e^2 c^4} - m_e c^2 \approx \frac{\boldsymbol{p}^2}{2m_e} - \frac{\boldsymbol{p}^4}{8m_e^3 c^2}\,, \tag{E.9}$$

wobei der erste Term die nichtrelativistische kinetische Energie ist und der zweite Term als kleine Störung angesehen werden kann. Der Hamilton-Operator wird

$$\widehat{H} = \widehat{H}^{(0)} + \widehat{H}^{(1)} \quad \text{mit} \quad \widehat{H}^{(0)} = \frac{\widehat{\boldsymbol{p}}^2}{2m_e} - \frac{e^2}{4\pi\varepsilon_0 r}\,, \quad \widehat{H}^{(1)} = -\frac{\widehat{\boldsymbol{p}}^4}{8m_e^3 c^2}\,. \tag{E.10}$$

Gemäß Gl. (10.8) ist die Verschiebung der Energieniveaus in 1. Ordnung der Störungsrechnung

$$\delta E_n^{(1)} = \langle \psi_n^{(0)} | \widehat{H}^{(1)} | \psi_n^{(0)} \rangle\,.$$

Wir müssen daher den Erwartungswert von $\widehat{\boldsymbol{p}}^4 = \widehat{\boldsymbol{p}}^2 \cdot \widehat{\boldsymbol{p}}^2$ berechnen. Es gilt

$$\widehat{\boldsymbol{p}}^2 | \psi_n^{(0)} \rangle = 2m_e (\widehat{H}^{(0)} - V) | \psi_n^{(0)} \rangle = 2m_e (E_n^{(0)} - V) | \psi_n^{(0)} \rangle\,,$$

woraus folgt

$$\langle \psi_n^{(0)} | \widehat{\boldsymbol{p}}^2 \cdot \widehat{\boldsymbol{p}}^2 | \psi_n^{(0)} \rangle = 4m_e^2 \langle\, (E_n^{(0)} - V)^2 \rangle\,.$$

$$\delta E_n^{(1)} = -\frac{1}{2m_e c^2} [(E_n^{(0)})^2 - 2E_n^{(0)} \langle V \rangle + \langle V^2 \rangle]\,.$$

Wegen

$$V(r) = -\frac{e^2}{4\pi\varepsilon_0 r}$$

treten die Erwartungswerte von $1/r$ und $1/r^2$ auf, die für $\psi_n^{(0)} = \psi_{n\,l\,m_l}(r, \theta, \varphi)$ folgende Werte haben:

$$\left\langle \frac{1}{r} \right\rangle = \frac{1}{n^2 a_0}, \quad \left\langle \frac{1}{r^2} \right\rangle = \frac{1}{n^3(l+1/2)a_0^2}. \tag{E.11}$$

Setzt man dies ein, so ergibt sich die Energieverschiebung in 1. Ordnung zu

$$\delta E_n^{(1)} = -\frac{2(E_n^{(0)})^2}{m_e c^2} \left(\frac{n}{l+1/2} - \frac{3}{4} \right). \tag{E.12}$$

Die dimensionslose *Feinstrukturkonstante* ist definiert durch

$$\alpha = \frac{e^2}{4\pi\varepsilon_0 \hbar c} \approx \frac{1}{137}. \tag{E.13}$$

Damit lässt sich die Energieverschiebung aufgrund der relativistischen kinetischen Energie schreiben

$$\delta E_n^{\mathrm{rel}} = -\alpha^2 \frac{|E_n^{(0)}|}{n^2} \left(\frac{n}{l+1/2} - \frac{3}{4} \right). \tag{E.14}$$

Dabei haben wir die Formeln (6.11) und (6.14) benutzt.

E.4 Energieaufspaltung infolge der Spin-Bahn-Kopplung

Der Hamilton-Operator ist

$$\widehat{H} = \widehat{H}^{(0)} + \widehat{H}^{(1)} \quad \text{mit} \quad \widehat{H}^{(0)} = \frac{\widehat{p}^2}{2m_e} - \frac{e^2}{4\pi\varepsilon_0 r}, \quad \widehat{H}^{(1)} = \frac{\mu_0 e^2}{8\pi m_e^2} \frac{1}{r^3} \widehat{\boldsymbol{L}} \cdot \widehat{\boldsymbol{S}}.$$

Die Lösungen der Schrödinger-Gleichung können näherungsweise als Produkt von Ortswellenfunktion und Spinfunktion geschrieben werden.

$$\psi_{n\,l\,m_l}(r,\theta,\varphi) \cdot \chi.$$

Dabei gilt

$$\widehat{H}^{(0)} \psi_{n\,l\,m_l}(r,\theta,\varphi) \cdot \chi = E_n \psi_{nlm_l}(\boldsymbol{r}) \cdot \chi.$$

Gemäß Gl. (10.8) ist die Energieverschiebung

$$\delta E_n^{(1)} = \langle \psi_{nlm_l}\, \chi | \widehat{H}^{(1)} | \psi_{n\,l\,m_l}\, \chi \rangle = \frac{\mu_0 e^2}{8\pi m_e^2} \left\langle \frac{1}{r^3} \right\rangle \cdot \langle \widehat{\boldsymbol{L}} \cdot \widehat{\boldsymbol{S}} \rangle.$$

Der Erwartungswert $\langle \widehat{\boldsymbol{L}} \cdot \widehat{\boldsymbol{S}} \rangle$ ist leicht zu berechnen. Aus $\widehat{\boldsymbol{J}} = \widehat{\boldsymbol{L}} + \widehat{\boldsymbol{S}}$ folgt

$$\langle \widehat{\boldsymbol{L}} \cdot \widehat{\boldsymbol{S}} \rangle = \frac{1}{2} \left[\langle \widehat{\boldsymbol{J}}^2 \rangle - \langle \widehat{\boldsymbol{L}}^2 \rangle - \langle \widehat{\boldsymbol{S}}^2 \rangle \right] = \frac{\hbar^2}{2} \left[j(j+1) - l(l+1) - s(s+1) \right].$$

Jetzt muss noch der Erwartungswert von $1/r^3$ berechnet werden.

$$\langle\frac{1}{r^3}\rangle = \int_0^\infty R_{nl}^*(r)\frac{1}{r^3}R_{nl}(r)r^2\,\mathrm{d}r\,.$$

Beispielrechnung für $n = 2,\ l = 1$:

$$R_{21}(r) = \frac{1}{\sqrt{6}\,a_0^{3/2}}\,\frac{r}{2a_0}\,\mathrm{e}^{-2/(2a_0)}\,,\quad \langle\frac{1}{r^3}\rangle = \frac{1}{24a_0^5}\int_0^\infty r\,\mathrm{e}^{-r/a_0}\,\mathrm{d}r = \frac{1}{24a_0^3}\,.$$

Die allgemeine Formel lautet für $n \geq 2,\ l \geq 1$

$$\langle\frac{1}{r^3}\rangle = \frac{1}{a_0^3 n^3 l(l+1/2)(l+1)}\,.$$

Die Energieverschiebung durch Spin-Bahn-Kopplung ist in 1. Ordnung

$$\delta E_n^{\mathrm{SB}} = \alpha^2\,\frac{|E_n^{(0)}|}{2n}\cdot\frac{j(j+1)-l(l+1)-3/4}{l(l+1/2)(l+1)}\,. \tag{E.15}$$

E.5 Zeitabhängige Störungsrechnung

In Kap. 10.3.2 haben wir die zeitabhängige Störungsrechnung benutzt, um die Gleichung (10.25) herzuleiten:

$$\Psi(\boldsymbol{r},t) = c_i(t)\Psi_i(\boldsymbol{r},t) + \sum_{j\neq i} c_j(t)\Psi_j(\boldsymbol{r},t)$$

mit der Anfangsbedingung $c_i(0) = 1,\ c_j(0) = 0$. Der gewünschte Endzustand (final state) Ψ_f befindet sich unter den Ψ_j.

Wir nehmen jetzt an, dass die Frequenz des elektrischen Feldes die „Resonanzbedingung"

$$\omega_0 \approx |\omega_{fi}| = \frac{|E_f - E_i|}{\hbar}$$

erfüllt. Dann dominiert in der obigen Summe der Term $j = f$ so stark, dass man die übrigen Terme weglassen kann (dies folgt aus dem Resonanzverhalten der weiter unten stehenden Gleichung (E.24)). Unsere vereinfachte Wellenfunktion lautet für $t > 0$

$$\Psi(\boldsymbol{r},t) = c_i(t)\Psi_i(\boldsymbol{r},t) + c_f(t)\Psi_f(\boldsymbol{r},t)\,. \tag{E.16}$$

Einsetzen in die Schrödinger-Gleichung (10.24) ergibt unter Benutzung der Gleichungen

$$\mathrm{i}\hbar\frac{\partial\Psi_i}{\partial t} = \widehat{H}^{(0)}\Psi_i\,, \quad \mathrm{i}\hbar\frac{\partial\Psi_f}{\partial t} = \widehat{H}^{(0)}\Psi_f$$

die folgende Differentialgleichung für die Koeffizienten c_i und c_f

$$\mathrm{i}\hbar\dot{c}_i|\Psi_i\rangle + \mathrm{i}\hbar\dot{c}_f|\Psi_f\rangle = c_i(t)V'|\Psi_i\rangle + c_f(t)V'|\Psi_f\rangle\,. \tag{E.17}$$

Hier wird die Dirac-Schreibweise benutzt. Um die zeitliche Entwicklung der Amplitude $c_f(t)$ des Endzustands zu ermitteln, wird die Gleichung skalar mit $\langle\Psi_f|$ multipliziert und die Orthogonalität und Normierung der Ψ_j ausgenutzt

$$\mathrm{i}\hbar\dot{c}_f = c_i(t)\langle\Psi_f|V'|\Psi_i\rangle + c_f(t)\langle\Psi_f|V'|\Psi_f\rangle\,. \tag{E.18}$$

Nun gilt für dies spezielle Potential

$$\langle\Psi_f|V'|\Psi_f\rangle \sim \iiint |\psi_f(\boldsymbol{r})|^2\boldsymbol{r}\,\mathrm{d}^3r = 0\,,$$

da der Integrand eine ungerade Funktion ist. Daher folgt

$$\mathrm{i}\hbar\dot{c}_f = c_i(t)\langle\Psi_f|V'|\Psi_i\rangle\,. \tag{E.19}$$

Eine entsprechende Differentialgleichung ergibt sich für $c_i(t)$:

$$\mathrm{i}\hbar\dot{c}_i = c_f(t)\langle\Psi_i|V'|\Psi_f\rangle\,. \tag{E.20}$$

Dies System von gekoppelten Differentialgleichungen kann man generell lösen, wir möchten hier aber nur den Spezialfall betrachten, dass die Störung V' schwach ist und nur für kurze Zeit $0 < t < T$ wirkt. Dann gilt $|c_i(t)| \approx 1$ und $|c_f(t)| \ll 1$ im Intervall $0 < t < T$, und wir erhalten die vereinfachte Gleichung

$$\mathrm{i}\hbar\dot{c}_f = c_i(0)\langle\Psi_f|V'|\Psi_i\rangle = \langle\Psi_f|V'|\Psi_i\rangle\,. \tag{E.21}$$

Wir schreiben das Übergangs-Matrixelement von V' explizit hin

$$\langle\Psi_f|V'|\Psi_i\rangle = \frac{e}{2}\left(\boldsymbol{\mathcal{E}}_{\mathbf{0}}\cdot\boldsymbol{r}_{fi}\right)\cdot\left[\mathrm{e}^{\mathrm{i}(\omega_{fi}+\omega_0)t} + \mathrm{e}^{\mathrm{i}(\omega_{fi}-\omega_0)t}\right] \tag{E.22}$$

mit

$$\boldsymbol{r}_{fi} = \iiint \psi_f^*(\boldsymbol{r})\boldsymbol{r}\,\psi_i(\boldsymbol{r})\,\mathrm{d}^3r \quad \text{und} \quad \omega_{fi} = \frac{E_f - E_i}{\hbar}\,. \tag{E.23}$$

Integration über das Zeitintervall $0 < t < T$ ergibt

$$\mathrm{i}\hbar c_f(T) = \frac{e}{2}(\boldsymbol{\mathcal{E}}_{\mathbf{0}}\cdot\boldsymbol{r}_{fi})\cdot\left[\frac{\mathrm{e}^{\mathrm{i}(\omega_{fi}+\omega_0)T} - 1)}{\mathrm{i}(\omega_{fi}+\omega_0)} + \frac{\mathrm{e}^{\mathrm{i}(\omega_{fi}-\omega_0)T} - 1}{\mathrm{i}(\omega_{fi}-\omega_0)}\right]. \tag{E.24}$$

E.6 Auswahlregeln für optische Übergänge

In den folgenden Rechnungen ist es zweckmässig, die Matrixelemente von $x \pm \mathrm{i}\, y = r\, \sin\theta\, \exp(\pm\mathrm{i}\,\varphi)$ und $z = r\, \cos\theta$ getrennt auszuwerten. Mit

$$r_{fi} = \int\limits_0^\infty R_{n_f,l_f}(r)\, r\, R_{n_i,l_i}(r)\, r^2\, \mathrm{d}r$$

erhalten wir

$$\begin{aligned}(x \pm \mathrm{i}\, y)_{fi} &= r_{fi} \int\limits_0^\pi \left[\int\limits_0^{2\pi} Y^*_{l_f,m_f}(\theta,\varphi)\, \sin\theta \mathrm{e}^{\pm\mathrm{i}\varphi}\, Y_{l_i,m_i}(\theta,\varphi)\, \mathrm{d}\varphi \right] \sin\theta\, \mathrm{d}\theta\,, \\ z_{fi} &= r_{fi} \int\limits_0^\pi \left[\int\limits_0^{2\pi} Y^*_{l_f,m_f}(\theta,\varphi)\, \cos\theta\, Y_{l_i,m_i}(\theta,\varphi)\, \mathrm{d}\varphi \right] \sin\theta\, \mathrm{d}\theta\,. \qquad \text{(E.25)}\end{aligned}$$

Magnetische Quantenzahl

Das Integral über den Azimutwinkel ist leicht auszuwerten.

$$(x \pm \mathrm{i}\, y)_{fi} \sim \int\limits_0^{2\pi} Y^*_{l_f,m_f} \mathrm{e}^{\pm\mathrm{i}\,\varphi}\, Y_{l_i,m_i}\, \mathrm{d}\varphi \sim \int\limits_0^{2\pi} \exp[\mathrm{i}(m_i - m_f \pm 1)\varphi]\, \mathrm{d}\varphi\,.$$

Dies ist nur dann ungleich null, wenn $m_i - m_f \pm 1 = 0$ ist.

$$z_{fi} \sim \int\limits_0^{2\pi} Y^*_{l_f,m_f}\, Y_{l_i,m_i}\, \mathrm{d}\varphi \sim \int\limits_0^{2\pi} \exp[\mathrm{i}(m_i - m_f)\varphi]\, \mathrm{d}\varphi\,.$$

Hier muss $m_i - m_f = 0$ sein. Wir haben damit die bekannte Auswahlregel $\Delta m = 0, \pm 1$ bewiesen.

Bahndrehimpuls-Quantenzahl

Die Regel $\Delta l = \pm 1$ ist mühsam zu beweisen, wir beschränken uns daher auf einige Beispiele und betrachten zuerst z_{fi}. Der Anfangszustand sei Y_{20}. Wir benutzen die Abkürzung $u = \cos\theta$, $\mathrm{d}u = -\sin\theta\, \mathrm{d}\theta$.

$$\int_0^\pi Y_{00}^* \cos\theta \, Y_{20} \, \sin\theta \, \mathrm{d}\theta \sim \int_{-1}^1 u(3u^2-1)\,\mathrm{d}u = 0 \quad \Delta l = 2\,,$$

$$\int_0^\pi Y_{10}^* \cos\theta \, Y_{20} \, \sin\theta \, \mathrm{d}\theta \sim \int_{-1}^1 u^2(3u^2-1)\,\mathrm{d}u \neq 0 \quad |\Delta l| = 1\,.$$

Hier ist von vornherein die z_{fi}-Regel $\Delta m = 0$ vorausgesetzt worden.

Bei $(x \pm \mathrm{i}\, y)_{fi}$ erhalten wir mit dem Anfangszustand $Y_{21} \sim \sin\theta \, \cos\theta$ und den Endzuständen Y_{10} und Y_{00}

$$\int_0^\pi Y_{00}^* \sin\theta \, Y_{21} \, \sin\theta \, \mathrm{d}\theta \sim \int_{-1}^1 u(1-u^2)\,\mathrm{d}u = 0 \quad \Delta l = 2\,,$$

$$\int_0^\pi Y_{10}^* \sin\theta \, Y_{21} \, \sin\theta \, \mathrm{d}\theta \sim \int_{-1}^1 u^2(1-u^2)\,\mathrm{d}u \neq 0 \quad |\Delta l| = 1\,.$$

Hauptquantenzahl

Im Dipolmatrixelement gibt es den Radialanteil

$$r_{fi} = \int_0^\infty R_{n_f,l_f}(r)\, r \, R_{n_i,l_i}(r)\, r^2 \,\mathrm{d}r\,. \tag{E.26}$$

Dieser Ausdruck ist für $\Delta l = \pm 1$ immer ungleich null, daher darf Δn eine beliebige ganze Zahl sein.

Anhang F
Lösungen zu ausgewählten Aufgaben

In diesem Abschnitt sind kurzgefasste Lösungen zu ausgewählten Aufgaben zusammengestellt.

Kapitel 1

Aufg. 1.1 $\lambda = 1{,}47 \cdot 10^{-10}$ m ; Gitterkonstante $d = 0{,}543 \cdot 10^{-9}$ m
Bragg-Winkel für Beugung 1. Ordnung $\theta = \arcsin \frac{\lambda}{2d} = 7{,}8°$.

Aufg. 1.3 Rydberg-Zustand des Wasserstoff-Atoms

$$r_n = n^2 a_0, \quad a_0 = 0{,}5292 \cdot 10^{-10}\,\mathrm{m}\,, \quad E_n = -\frac{e^2}{8\pi\varepsilon_0 a_0}\frac{1}{n^2} = -\frac{13{,}606}{n^2}\,\mathrm{eV}$$

Die Radien sind $r_{20} = 21{,}2\,\mathrm{nm}$, $r_{40} = 84{,}7\,\mathrm{nm}$, $r_{60} = 190{,}5\,\mathrm{nm}$. Für den Übergang $E_1 \to E_n$ muss die Photonen-Energie des zweiten Lasers die Bedingung $E_{\mathrm{Las2}}(n) = |E_1 - E_n| - E_{\mathrm{Las1}} = [13{,}606(1 - 1/n^2) - 11{,}5]\,\mathrm{eV}$ erfüllen. Man findet $E_{\mathrm{Las2}}(20) = 2{,}072\,\mathrm{eV}$, $E_{\mathrm{Las2}}(40) = 2{,}097\,\mathrm{eV}$ und $E_{\mathrm{Las2}}(60) = 2{,}102\,\mathrm{eV}$.

Kapitel 3

Aufg. 3.1 $\langle x \rangle = 20{,}16$; $\langle x^2 \rangle = 468{,}48$; $\sigma = 7{,}88$
$G(x) = \frac{N}{\sigma\sqrt{2\pi}} \exp\left(-\frac{(x-\langle x \rangle)^2}{2\sigma^2}\right)$; $\int_{-\infty}^{+\infty} G(x)\,\mathrm{d}x = N$

Aufg. 3.2 Graphische Lösung der Gleichung $\tan u = \sqrt{(u_0/u)^2 - 1}$ ergibt $E_1 = -0{,}059\,\mathrm{eV}$, $B/A = 1{,}03$, $k_1 = k(E_1)$, $\alpha_1 = \alpha(E_1)$.

$$w_i = 2\int_0^b A^2 \cos^2(k_1 x)\,\mathrm{d}x = 0{,}11\,, \quad w_a = 2\int_b^\infty B^2 \mathrm{e}^{-2\alpha_1 x}\,\mathrm{d}x = 0{,}89\,,$$

$$w_i + w_a = 1\,.$$

Aufg. 3.3, 3.4 Das Elektron ist niemals in Ruhe. Normierung $A = 2/\sqrt{a}$, Maximum bei $x = a/4$.

$$\Psi(x,t) = \sqrt{\frac{2}{a}} \sum_n c_n \sin(k_n x)\, \mathrm{e}^{\mathrm{i}\omega_n t}$$

$c_1 = 0{,}6$, $c_2 = 0{,}71$, $c_3 = 0{,}36$, $c_4 = 0$, $c_5 = -0{,}086$, $c_6 = 0$.

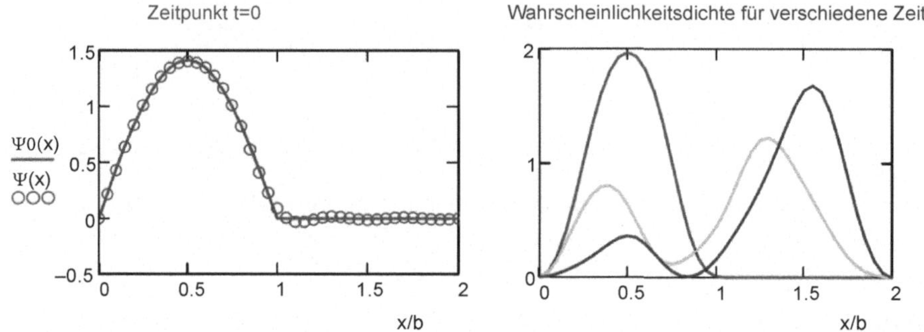

Aufg. 3.5 Damit $\psi(x,y)$ bei $x = a$ oder $y = a$ verschwindet, muss für die Wellenzahlen gelten $k_1 = n_1\,\pi/a$, $k_2 = n_2\,\pi/a$, $n_1, n_2 = 1, 2, 3\ldots$ Energie-Eigenwerte:

$$E_{(n1,n2)} = \frac{\hbar^2}{2m}\,(k_1^2 + k_2^2) = \frac{\hbar^2\pi^2}{2ma^2}\,(n_1^2 + n_2^2)$$

Wellenfunktionen gleichen Eigenschwingungen einer quadratischen Membran.

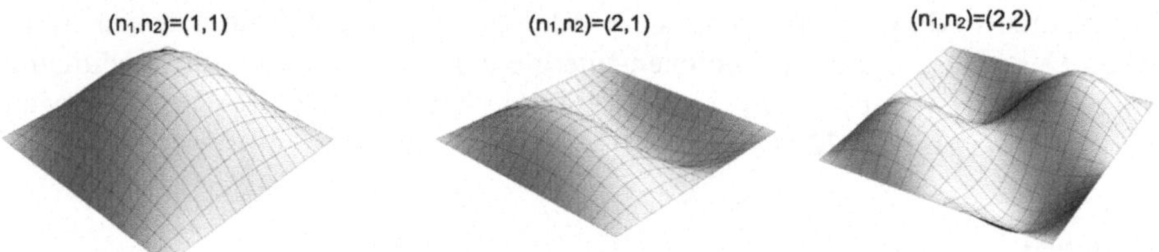

Aufg. 3.6 Reduzierte Masse und Federkonstante des O_2-Moleküls:

$$m_{\text{red}} = \frac{16\,m_p \cdot 16\,m_p}{16\,m_p + 16\,m_p} = 8\,m_p\,, \quad C = m_{\text{red}}\,\omega^2 = 1{,}116 \cdot 10^3\,\mathrm{N/m}\,.$$

Tiefste Oszillatorenergie und Dissoziationsenergie des Moleküls:

$$E_{\min} = -D + \hbar\,\omega/2\,, \quad E_{\text{diss}} = D - \hbar\omega/2 = 4{,}905\,\mathrm{eV}$$

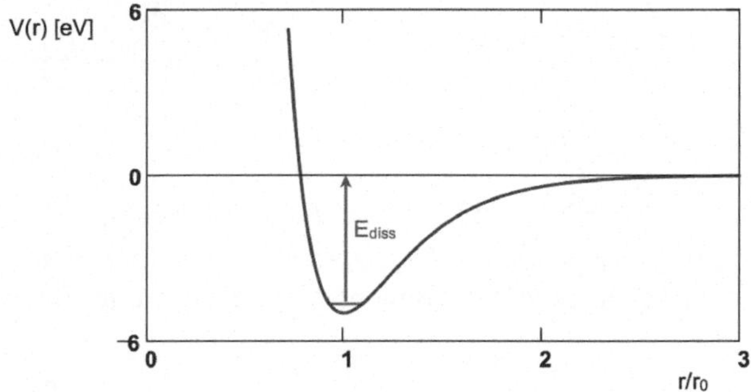

Aufg. 3.7 HD: $E_0 = 0{,}236\,\text{eV}$, $D_2 : E_0 = 0{,}193\,\text{eV}$.

Aufg. 3.8, 3.9 Folgendes Bild: links Reflexion eines Elektrons der Energie $E = 3\,\text{eV}$ an einer Potentialstufe der Höhe $V_0 = 5\,\text{eV}$. Imaginärteil und Absolutquadrat der Wellenfunktion als Funktion von x. Mitte: Tunneleffekt. Imaginärteil und Absolutquadrat der Wellenfunktion als Funktion von x. Vor der Barriere entsteht eine stehende Welle, bei der $|\psi|^2$ oszilliert, dahinter ist eine laufende Welle, für die $|\psi|^2 = \text{const}$ ist.

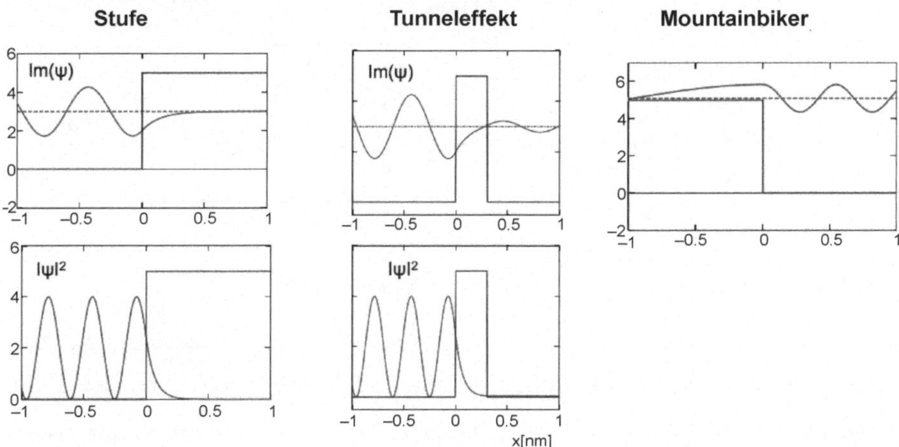

Rechts: der „Mountainbiker" am Abgrund. Die Reflexionswahrscheinlichkeit ist

$$R = \left(\frac{k - k'}{k + k'}\right)^2 \quad \text{mit} \quad k = \sqrt{2m_e E_{\text{kin}}}/\hbar\,, \quad k' = \sqrt{2m_e(V_0 + E_{\text{kin}})}/\hbar\,.$$

Numerisch: $R = 0{,}57 \simeq 57\%$.

Kapitel 4

Aufg. 4.2 a) Schreibe $\psi_1(u) = A_1\, u\, \mathrm{e}^{-u^2/2}$. Normierungsfaktor A_1 berechnen aus der Bedingung $\int_{-\infty}^{+\infty} |\psi_1(u)|^2\, \mathrm{d}u = 1$. Es gilt

$$A_1^2 \int u^2 \mathrm{e}^{-u^2}\,\mathrm{d}u = A_1^2 \left[-\frac{1}{2}\,u\,\mathrm{e}^{-u^2} + \frac{\sqrt{\pi}}{4}\,\mathrm{erf}(u)\right]$$

Integrationsgrenzen $\mp\infty$ einsetzen ergibt $A_1^2 \frac{\sqrt{\pi}}{2} = 1 \;\Rightarrow\; A_1 = \sqrt{\frac{2}{\sqrt{\pi}}}$.

b) $\psi_2 = A_2\,(4u^2 - 2)\,\mathrm{e}^{-u^2/2}$ und $\psi_3 = A_3\,(8u^3 - 12u)\,\mathrm{e}^{-u^2/2}$
Orthogonalität: Zu zeigen ist $\int_{-\infty}^{+\infty} \psi_m^*(u)\psi_n(u)\,\mathrm{d}u = 0$ für $m \neq n$.
$\psi_1^*\psi_2$ und $\psi_2^*\psi_3$ sind ungerade Funktionen von u, daher ist das Integral null.

$$\begin{aligned}\int_{-\infty}^{\infty} \psi_1^*(u)\psi_3(u)\,\mathrm{d}u &= A_1 A_3 \int_{-\infty}^{\infty} (8u^4 - 12u^2)\mathrm{e}^{-u^2}\,\mathrm{d}u = A_1 A_3 \left[-4u^3\mathrm{e}^{-u^2}\right]_{-\infty}^{\infty} \\ &= 0 \quad \text{wegen} \quad u^3\mathrm{e}^{-u^2} \to 0 \text{ für } u \to \pm\infty\,. \end{aligned} \tag{F.1}$$

c) Es ist $\langle\widehat{x}\rangle = 0$ und $\langle\widehat{p}_x\rangle = 0$, da die Integranden ungerade Funktionen von u sind.

$$\langle\widehat{x}^2\rangle = \int_{-\infty}^{+\infty} \psi_1^*(x)\widehat{x}^2\psi_1(x)\,\mathrm{d}x = \frac{2\hbar}{\sqrt{\pi}m\omega} \underbrace{\int_{-\infty}^{+\infty} u^4\mathrm{e}^{-u^2}\,\mathrm{d}u}_{3\sqrt{\pi}/4} = \frac{3\hbar}{2m\omega}\,.$$

$$\langle\widehat{p}_x^2\rangle = -\hbar^2 \int_{-\infty}^{+\infty} \psi_1^*(x)\frac{\mathrm{d}^2\psi_1}{\mathrm{d}x^2}\mathrm{d}x = -\frac{2\hbar\omega m}{\sqrt{\pi}} \underbrace{\int_{-\infty}^{+\infty} \left(u^4 - 3u^2\right)\mathrm{e}^{-u^2}\mathrm{d}u}_{-3\sqrt{\pi}/4} = \frac{3\hbar\omega m}{2}\,.$$

Unschärfeprodukt: $\Delta x \cdot \Delta p_x = \sqrt{\langle\widehat{x}^2\rangle} \cdot \sqrt{\langle\widehat{p}_x^2\rangle} = 3\hbar/2 > \hbar/2$.

Aufg. 4.3 $\langle\widehat{E}_{\text{pot}}\rangle = \frac{C}{2}\langle\widehat{x}^2\rangle = \frac{m\omega^2}{2}\frac{3\hbar}{2m\omega} = \frac{3}{4}\hbar\omega$ und $\langle\widehat{E}_{\text{kin}}\rangle = \frac{\langle\widehat{p_x}^2\rangle}{2m} = \frac{3}{4}\hbar\omega$. Wie beim klassischen Oszillator gilt $\langle\widehat{E}_{\text{kin}}\rangle = \langle\widehat{E}_{\text{pot}}\rangle$, das Ehrenfest-Theorem ist erfüllt.

Aufg. 4.4 $\psi(0,0,0) = 0 \Rightarrow$ Sinusfunktionen, $\psi(L,L,L) = 0 \Rightarrow k_i$ quantisiert: $k_i = n_i\pi/L \quad n_i = 0,\,1,\,2,\,3,\ldots$
a) Normierte Wellenfunktionen $\psi(x,y,z) = \left(\frac{2}{L}\right)^{3/2} \cdot \sin k_1 x \cdot \sin k_2 y \cdot \sin k_3 z$
b) Orthogonalität: für die $\sin k_1 x$-Funktion gilt

$$\begin{aligned}&\frac{2}{L}\int_0^L \sin\left(\frac{m_1\pi x}{L}\right)\,\sin\left(\frac{n_1\pi x}{L}\right)\mathrm{d}x \\ =&\frac{1}{L}\int_0^L \left[\cos\left(\frac{(m_1 - n_1)\pi x}{L}\right) - \cos\left(\frac{(m_1 + n_1)\pi x}{L}\right)\right]\mathrm{d}x = \delta_{m_1 n_1}\,.\end{aligned}$$

Analog für die $\sin k_2 y$- und $\sin k_3 z$-Funktionen.
c) $E(n_1, n_2, n_3) = \hbar^2/(2m_e)\left(\frac{\pi}{L}\right)^2 (n_1^2 + n_2^2 + n_3^2)$
$E_{\min} = E(1,1,1) = \frac{\hbar^2}{2m}\left(\frac{\pi}{L}\right)^2 \cdot 3 = 1{,}128 \cdot 10^{-14}\,\mathrm{eV}$.

Aufg. 4.5 a) $E(1,1,1) = 1{,}128 \cdot 10^{-14}\,\mathrm{eV}$ (1-fach)
$E(2,1,1) = E(1,2,1) = E(1,1,2) = 2\,E(1,1,1) = 2{,}256 \cdot 10^{-14}\,\mathrm{eV}$ (3-fach)
$E(2,2,1) = E(2,1,2) = E(1,2,2) = 3\,E(1,1,1) = 3{,}384 \cdot 10^{-14}\,\mathrm{eV}$ (3-fach)
$E(2,2,2) = 4\,E(1,1,1) = 4{,}512 \cdot 10^{-14}\,\mathrm{eV}$ (1-fach)
b) Nach Anhang B.5 ist die Zustandsdichte für Elektronen

$$g(E)\,\mathrm{d}E = 4\pi\left(\frac{m_e}{2\pi^2\hbar^2}\right)^{3/2}\sqrt{E}\,\mathrm{d}E\,.$$

$E = 0{,}1\,\mathrm{eV}$: $g(E)\,\Delta E = 2{,}15 \cdot 10^{18}$,
$E = 1\,\mathrm{eV}$: $g(E)\,\Delta E = 6{,}81 \cdot 10^{18}$,
$E = 10\,\mathrm{eV}$: $g(E)\,\Delta E = 2{,}15 \cdot 10^{19}$.

Kapitel 5

Aufg. 5.1 b) Es gilt $\widehat{L}_x = (1/2)(\widehat{L}_+ + \widehat{L}_-)$, $\widehat{L}_y = (1/2\mathrm{i})(\widehat{L}_+ - \widehat{L}_-)$.

$$2\widehat{L}_x Y_{lm} = (\widehat{L}_+ + \widehat{L}_-)Y_{lm} = C_+(l,m)\,Y_{l,m+1} + C_-(l,m)\,Y_{l,m-1} \neq \mathrm{const}\,Y_{lm}\,.$$

Analog $\widehat{L}_y\,Y_{lm} \neq \mathrm{const}\,Y_{lm}$.

Aufg. 5.2 Spintriplett siehe Gleichung (5.32).

$$\widehat{S}_z = \hbar\begin{pmatrix}1&0&0\\0&0&0\\0&0&-1\end{pmatrix},\ \widehat{S}_+ = \hbar\begin{pmatrix}0&\sqrt{2}&0\\0&0&\sqrt{2}\\0&0&0\end{pmatrix},\ \widehat{S}_- = \hbar\begin{pmatrix}0&0&0\\\sqrt{2}&0&0\\0&\sqrt{2}&0\end{pmatrix}.$$

Es gilt $\widehat{S}_x = \frac{1}{2}(\widehat{S}_+ + \widehat{S}_-)$, $\widehat{S}_y = \frac{1}{2\mathrm{i}}(\widehat{S}_+ - \widehat{S}_-)$, $\widehat{S}^2 = \widehat{S}_x^2 + \widehat{S}_y^2 + \widehat{S}_z^2$

$$\widehat{S}_x = \frac{\hbar}{2}\begin{pmatrix}0&\sqrt{2}&0\\\sqrt{2}&0&\sqrt{2}\\0&\sqrt{2}&0\end{pmatrix},\ \widehat{S}_y = \frac{\hbar}{2}\begin{pmatrix}0&-\sqrt{2}\mathrm{i}&0\\\sqrt{2}\mathrm{i}&0&-\sqrt{2}\mathrm{i}\\0&\sqrt{2}\mathrm{i}&0\end{pmatrix},\ \widehat{S}^2 = 2\hbar^2\begin{pmatrix}1&0&0\\0&1&0\\0&0&1\end{pmatrix}.$$

Kommutatoren:

$$\left[\widehat{S}_x, \widehat{S}_y\right] = \widehat{S}_x\,\widehat{S}_y - \widehat{S}_y\,\widehat{S}_x = \hbar^2\begin{pmatrix}\mathrm{i}&0&0\\0&0&0\\0&0&-\mathrm{i}\end{pmatrix} = \mathrm{i}\hbar\,\widehat{S}_z\,.$$

Analog zeigt man $\left[\widehat{S}_y, \widehat{S}_z\right] = \mathrm{i}\hbar\,\widehat{S}_x$ und $\left[\widehat{S}_z, \widehat{S}_x\right] = \mathrm{i}\hbar\,\widehat{S}_y$.

Weitere Regeln

$$\left[\widehat{S}_z, \widehat{S}_+\right] = \hbar^2 \begin{pmatrix} 0 & \sqrt{2} & 0 \\ 0 & 0 & \sqrt{2} \\ 0 & 0 & 0 \end{pmatrix} = \hbar\,\widehat{S}_+ \qquad \left[\widehat{S}_+, \widehat{S}^2\right] = \hbar^2 \begin{pmatrix} 0&0&0 \\ 0&0&0 \\ 0&0&0 \end{pmatrix} \equiv 0\,.$$

Anwenden von $\widehat{S}_z$ auf Spintriplett $|1,1\rangle$, $|1,0\rangle$ und $|1,-1\rangle$:

$$\widehat{S}_z\,|1,1\rangle = \hbar \begin{pmatrix} 1&0&0 \\ 0&0&0 \\ 0&0&-1 \end{pmatrix} \begin{pmatrix} 1 \\ 0 \\ 0 \end{pmatrix} = \hbar \begin{pmatrix} 1 \\ 0 \\ 0 \end{pmatrix}$$

$|1,1\rangle$ ist Eigenzustand von $\widehat{S}_z$ mit Eigenwert $+1\,\hbar$

$$\widehat{S}_z\,|1,0\rangle = \hbar \begin{pmatrix} 1&0&0 \\ 0&0&0 \\ 0&0&-1 \end{pmatrix} \begin{pmatrix} 0 \\ 1 \\ 0 \end{pmatrix} = 0\,\hbar \begin{pmatrix} 0 \\ 1 \\ 0 \end{pmatrix}, \quad \widehat{S}_z\,|1,-1\rangle = -1\,\hbar \begin{pmatrix} 0 \\ 0 \\ 1 \end{pmatrix}.$$

$|1,0\rangle$, $|1,-1\rangle$ sind Eigenzustände von $\widehat{S}_z$ mit Eigenwert 0 bzw. $-1\,\hbar$.
Da $\widehat{S}^2$ eine Konstante multipliziert mit der Einheitsmatrix ist, sind alle Triplettzustände Eigenzustände von $\widehat{S}^2$ mit Eigenwert $s(s+1)\hbar^2 = 2\hbar^2$.

Anwenden des Aufsteigeoperators:

$$\widehat{S}_+\,|1,1\rangle = \hbar \begin{pmatrix} 0 \\ 0 \\ 0 \end{pmatrix} \equiv 0\,, \quad \widehat{S}_+\,|1,0\rangle = \hbar\sqrt{2} \begin{pmatrix} 1 \\ 0 \\ 0 \end{pmatrix}, \quad \widehat{S}_+\,|1,-1\rangle = \hbar\sqrt{2} \begin{pmatrix} 0 \\ 1 \\ 0 \end{pmatrix}.$$

Übereinstimmung mit Gln. (5.19) und (C.21).

Aufg. 5.3 HCl-Molekülrotationen. Reduzierte Masse, Trägheitsmoment, Rotationsenergie:

$$m_{\text{red}} = \frac{m_p \cdot 35 m_p}{m_p + 35 m_p}, \quad I = m_{\text{red}} r_0^2, \quad E_{\text{rot}}(l) = \frac{\hbar^2}{2I}\, l(l+1), \quad l = 0,\ 1,\ 2,\ 3 \ldots$$

Photon-Energie bei Übergang $(l+1) \to l$, Differenz der Photon-Energien

$$\hbar\omega(l) = E_{\text{rot}}(l) - E_{\text{rot}}(l-1) = \frac{\hbar^2}{I}\, l\,, \quad \Delta\hbar\omega = \hbar\omega(l) - \hbar\omega(l-1) = \frac{\hbar^2}{m_{\text{red}} r_0^2}.$$

Aus $\Delta\hbar\omega = 2{,}6 \cdot 10^{-3}$ eV berechnet man $r_0 = 1{,}28 \cdot 10^{-10}$ m.

Aufg. 5.4 Spinsingulett $|0,0\rangle = \frac{1}{\sqrt{2}}\left(|\Uparrow\rangle_1\,|\Downarrow\rangle_2 - |\Downarrow\rangle_1\,|\Uparrow\rangle_2\right)$. Der Aufsteigeoperator ist $\widehat{S}_+ = \widehat{S}_+^{(1)} + \widehat{S}_+^{(2)}$, wobei $\widehat{S}_+^{(1)}$ nur auf Teilchen 1 wirkt und $\widehat{S}_+^{(2)}$ nur auf Teilchen 2.

$$\widehat{S}_+^{(1)}|\Uparrow\rangle_1\,|\Downarrow\rangle_2 = 0, \qquad \widehat{S}_+^{(1)}|\Downarrow\rangle_1\,|\Uparrow\rangle_2 = \hbar\,|\Uparrow\rangle_1\,|\Uparrow\rangle_2\,,$$
$$\widehat{S}_+^{(2)}|\Uparrow\rangle_1\,|\Downarrow\rangle_2 = \hbar\,|\Uparrow\rangle_1\,|\Uparrow\rangle_2\,, \qquad \widehat{S}_+^{(2)}|\Downarrow\rangle_1\,|\Uparrow\rangle_2 = 0\,.$$

Daher ist $\widehat{S}_+|0,\,0\rangle = 0$. Analog für den Absteigeoperator $\widehat{S}_-|0,\,0\rangle = 0$. Anders ist dies beim Spintriplett:

$$\widehat{S}_+|1,\,0\rangle = \sqrt{2}\hbar\,|\Uparrow\rangle_1\,|\Uparrow\rangle_2\,, \quad \widehat{S}_-|1,\,0\rangle = \sqrt{2}\hbar\,|\Downarrow\rangle_1\,|\Downarrow\rangle_2\,.$$

Aufg. 5.5

$$\chi^\dagger\chi = |A|^2\,(-3i,\,4)\begin{pmatrix}3\mathrm{i}\\4\end{pmatrix} = |A|^2(9+16) = 1 \Longrightarrow \chi = \frac{1}{5}\begin{pmatrix}3\mathrm{i}\\4\end{pmatrix}.$$

$$\langle\widehat{S}_x\rangle = \frac{\hbar}{50}\,(-3\mathrm{i},\,4)\begin{pmatrix}0&1\\1&0\end{pmatrix}\begin{pmatrix}3\mathrm{i}\\4\end{pmatrix} = 0\,,$$

$$\langle\widehat{S}_y\rangle = \frac{\hbar}{50}\,(-3\mathrm{i},\,4)\begin{pmatrix}0&-\mathrm{i}\\\mathrm{i}&0\end{pmatrix}\begin{pmatrix}3\mathrm{i}\\4\end{pmatrix} = -\frac{24\hbar}{50} = -0{,}48\,\hbar\,,$$

$$\langle\widehat{S}_z\rangle = \frac{\hbar}{50}\,(-3\mathrm{i},\,4)\begin{pmatrix}1&0\\0&-1\end{pmatrix}\begin{pmatrix}3i\\4\end{pmatrix} = -\frac{7\hbar}{50} = -0{,}14\,\hbar\,,$$

$$\widehat{S}_x^2 = \widehat{S}_y^2 = \frac{\hbar^2}{4}\begin{pmatrix}1&0\\0&1\end{pmatrix} \Rightarrow \langle\widehat{S}_x^2\rangle = \langle\widehat{S}_y^2\rangle = 0{,}25\,\hbar^2\,.$$

Die Unschärfen sind

$$\Delta S_x = \sqrt{0{,}25\,\hbar^2 - 0} = 0{,}5\hbar\,, \quad \Delta S_y = \sqrt{0{,}25\hbar^2 - 0{,}48^2\,\hbar^2} = 0{,}14\,\hbar\,,$$

$$\Delta S_x \cdot \Delta S_y = 0{,}07\,\hbar^2 = \frac{\hbar}{2}\cdot|\langle\widehat{S}_z\rangle|.$$

Hier gilt die verallgemeinerte Unschärferelation (4.29) mit dem Gleichheitszeichen.

Kapitel 6

Aufg. 6.1 Lösungsansatz für die Radialgleichung des H-Atoms:

$$u(\rho) = \rho^{l+1}\,\mathrm{e}^{-\rho}\sum_{j=0}^{\infty} c_j\rho^j \quad \text{mit} \quad \rho = \frac{r}{na_0},\; c_{j+1} = \frac{2\,(j+l+1-n)}{(j+1)\,(j+2l+2)}\,c_j\,.$$

$\underline{n = 2,\, l = 0:}$ $\quad c_1 = -c_0,\; c_2 = 0 \Rightarrow u_{20}(\rho) = c_0\,\rho\,\mathrm{e}^{-\rho}\,(1-\rho)$

$$R_{20}(r) \sim \left(1 - \frac{r}{2a_0}\right)\mathrm{e}^{-r/(2a_0)}$$

$\underline{n = 2,\, l = 1:}$ $\quad c_1 = 0 \Rightarrow u_{21}(\rho) = c_0\,\rho^2\,\mathrm{e}^{-\rho}\,,\; R_{21}(r) \sim \dfrac{r}{2a_0}\,\mathrm{e}^{-r/(2a_0)}$

$$\underline{n=3,\, l=0:} \qquad c_1 = -2c_0,\; c_2 = \frac{2c_0}{3},\; c_3 = 0\,,$$

$$u_{30}(\rho) = c_0\,\rho\,\mathrm{e}^{-\rho}\left(1 - 2\rho + \frac{2\rho^2}{3}\right),$$

$$R_{30}(r) \sim \left(1 - 2\frac{r}{3a_0} + \frac{2}{3}\left[\frac{r}{3a_0}\right]^2\right)\mathrm{e}^{-r/(3a_0)}$$

$$\underline{n=3,\, l=1:} \qquad c_1 = -\frac{c_0}{2} \Rightarrow u_{31}(\rho) = c_0\,\rho^2\,\mathrm{e}^{-\rho}\left(1 - \frac{1}{2}\rho\right)$$

$$R_{31}(r) \sim \frac{r}{3a_0}\left(1 - \frac{1}{2}\frac{r}{3a_0}\right)\mathrm{e}^{-r/(3a_0)}$$

$$\underline{n=3,\, l=2:} \qquad c_1 = 0 \Rightarrow u_{32}(\rho) = c_0\,\rho^3\,\mathrm{e}^{-\rho}\,,\quad R_{32}(r) \sim \left(\frac{r}{3a_0}\right)^2 \mathrm{e}^{-r/(3a_0)}$$

Aufg. 6.2 Ionisationsenergie $E_{\text{ion}} = |E_1| = 9{,}70\,\text{eV}$.
Vergleich der Energien E_n des endlichen Topfs und der Energien E'_n des Topfs mit unendlich hohen Wänden (alle Werte in eV):

$$E_1 = -9{,}70\,,\quad E_2 = -8{,}81\,,\quad E_3 = -7{,}34\,,\quad E_4 = -5{,}32$$
$$E'_1 = -9{,}62\,,\quad E'_2 = -8{,}49\,,\quad E'_3 = -6{,}60\,,\quad E'_4 = -3{,}96\,.$$

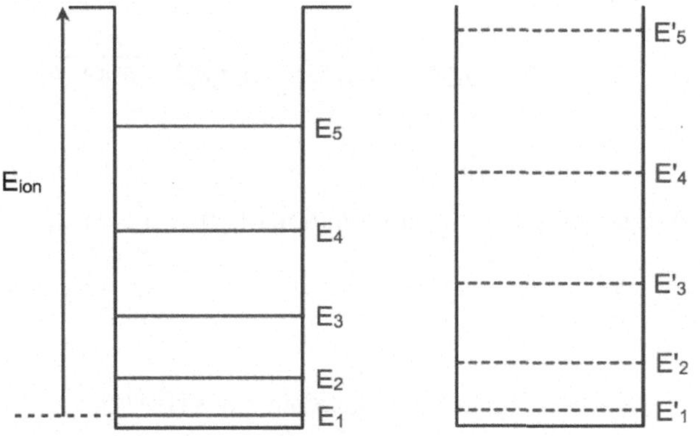

Aufg. 6.3 a) Normierungskonstante N folgt aus:

$$N^2 \int_0^\infty \mathrm{e}^{-2r/a_0}\, 4\pi\, r^2\, \mathrm{d}r = -N^2 \pi a_0^3 \underbrace{\left[\left(1 + \frac{2r}{a_0} + \frac{2r^2}{a_0^2}\right)\mathrm{e}^{-2r/a_0}\right]_0^\infty}_{(-1)} = 1$$

b) Erwartungswerte. $\langle\widehat{x}\rangle = 0$, denn $x\,\exp(-2\sqrt{x^2+y^2+z^2}/a_0)$ ist eine ungerade Funktion von x. Ebenso gilt $\langle\widehat{p}_x\rangle = 0$. Da im Grundzustand des H-Atoms Kugelsymmetrie vorliegt, gelten folgende Regeln

$$\langle\hat{x}^2\rangle = \langle\hat{y}^2\rangle = \langle\hat{z}^2\rangle = \frac{1}{3}\langle\hat{r}^2\rangle\,, \quad \langle\hat{p}_x^2\rangle = \langle\hat{p}_y^2\rangle = \langle\hat{p}_z^2\rangle = \frac{1}{3}\langle\hat{p}^2\rangle$$

$$\langle\hat{r}^2\rangle = N^2 \int_0^\infty \mathrm{e}^{-2r/a_0}\, 4\pi\, r^4\, \mathrm{d}r = 3a_0^2\,, \quad \langle\hat{x}^2\rangle = a_0^2$$

$$\hat{p}^2 = -\hbar^2\,\nabla^2 \cong -\hbar^2\,\frac{1}{r^2}\frac{d}{\mathrm{d}r}\left(r^2\frac{\mathrm{d}}{\mathrm{d}r}\right)$$

$$\langle\hat{p}_x^2\rangle = \frac{1}{3}\,\langle\hat{p}^2\rangle = \frac{4\pi N^2}{3}\int_0^\infty \mathrm{e}^{-r/a_0}(\hat{p}^2\,\mathrm{e}^{-r/a_0})r^2\,\mathrm{d}r$$

$$= -\frac{4\pi N^2\hbar^2}{3}\int_0^\infty \mathrm{e}^{-r/a_0}\,\frac{\mathrm{d}}{\mathrm{d}r}\left(r^2\frac{\mathrm{d}}{\mathrm{d}r}\,\mathrm{e}^{-r/a_0}\right)\,r^2\,\mathrm{d}r = \frac{\hbar^2}{3a_0^2}$$

Daher ist $\Delta x = \sqrt{\langle\hat{x}^2\rangle} = a_0$ und $\Delta p_x = \sqrt{\langle\hat{p}_x^2\rangle} = \hbar/(\sqrt{3}a_0)$.
Die Unschärferelation ist erfüllt:
$\Delta x \cdot \Delta p_x = \hbar/\sqrt{3} > \hbar/2$.

Aufg. 6.4

$$\hat{E}_{\text{kin}} = \frac{-\hbar^2}{2m_e}\,\nabla^2\,, \quad \hat{E}_{\text{pot}} = \frac{-e^2}{4\pi\varepsilon_0}\widehat{\left(\frac{1}{r}\right)}$$

$\psi_{100}(r)$ ist keine Eigenfunktion, denn $\hat{E}_{\text{kin}}\psi_{100}(r) \neq \text{const}\cdot\psi_{100}(r)$ und $\hat{E}_{\text{pot}}\psi_{100}(r) \neq \text{const}\cdot\psi_{100}(r)$. Erwartungswerte:

$$\langle\widehat{\left(\frac{1}{r}\right)}\rangle = \frac{4\pi}{\pi a_0^3}\int_0^\infty r\,\mathrm{e}^{-2r/a_0}\,\mathrm{d}r = \frac{1}{a_0}$$

$$\langle\hat{E}_{\text{kin}}\rangle = \frac{1}{2m_e}\,\langle\hat{p}^2\rangle = \frac{\hbar^2}{2m_e a_0^2} = +13{,}6\,\text{eV}\,, \quad \langle\hat{E}_{\text{pot}}\rangle = \frac{-e^2}{4\pi\varepsilon_0 a_0} = -27{,}2\,\text{eV}$$

Wir erhalten somit $\langle\hat{E}_{\text{kin}}\rangle = \frac{1}{2}\,|\langle\hat{E}_{\text{pot}}\rangle|$, genau wie in der Planetenbewegung und im Bohr'schen Atommodell. Das Ehrenfest-Theorem ist erfüllt.

Aufg. 6.5 Antiprotonisches Neon.

$$Z = 10,\ m_{\text{red}} = \frac{20}{21}\,m_p\,, \quad E_n = -\frac{m_{\text{red}}\,Z^2e^4}{2\,(4\,\pi\,\varepsilon_0\,\hbar)^2}\,\frac{1}{n^2}\,, \quad \delta E_n = E_n - E_{n-1}\,.$$

Berechnete Werte: $\delta E_7 = 17{,}54\,\text{keV}$, $\delta E_8 = 11{,}39\,\text{keV}$, $\delta E_9 = 7{,}81\,\text{keV}$, $\delta E_{10} = 5{,}58\,\text{keV}$, $\delta E_{11} = 4{,}13\,\text{keV}$.

Aufg. 6.6 a) Mesonisches H-Atom mit π^--Meson im 1s-Zustand. Reduzierte Masse, modifizierter Bohr'scher Radius b_0:

$$m_\pi = 0{,}25 \cdot 10^{-27}\,\mathrm{kg}\,, \quad m_{\mathrm{red}} = \frac{m_\pi\, m_p}{m_\pi + m_p}\,, \qquad b_0 = \frac{4\,\pi\,\varepsilon_0 \hbar^2}{m_{\mathrm{red}} e^2} = 2{,}2 \cdot 10^{-13}\,\mathrm{m}.$$

$$\text{1s-Wellenfunktion: } \psi_{100}(r) = \frac{1}{\sqrt{\pi b_0^3}}\, \mathrm{e}^{-r/b_0}$$

Wahrscheinlichkeit, dass der Abstand zwischen Proton und Meson kleiner als $d = 2 \cdot 10^{-15}$ m ist:

$$w = \int_0^d |\psi_{100}(r)|^2\, 4\,\pi\, r^2\, \mathrm{d}r = -\left[\mathrm{e}^{-2r/b_0}\left(1 + \frac{2r}{b_0} + \frac{2r^2}{b_0^2}\right)\right]_0^d = 9{,}6 \cdot 10^{-7}$$

Aufg. 6.7 a) Die Funktion

$$\Psi = R_{21}(r)\left(\sqrt{\frac{1}{3}}\, Y_{11}(\theta,\varphi)\, |1/2,\,-1/2\rangle + \sqrt{\frac{2}{3}}\, Y_{10}(\theta,\varphi)\, |1/2,\,+1/2\rangle\right)$$

ist Lösung der Schrödinger-Gl. mit $n = 2$: $\widehat{H}\,\Psi = E_2\,\Psi$. Sie ist Eigenfunktion der Operatoren $\widehat{H}$, $\widehat{\boldsymbol{L}}^2$ und $\widehat{\boldsymbol{S}}^2$ mit den Eigenwerten E_2, $2\hbar^2$ und $3\hbar^2/4$. Dagegen ist Ψ keine Eigenfunktion von $\widehat{L}_z$ und $\widehat{S}_z$. Die Erwartungswerte sind

$$\langle \widehat{L}_z \rangle = \frac{1}{3} \cdot \hbar + \frac{2}{3} \cdot 0 = \frac{\hbar}{3}\,, \quad \langle \widehat{S}_z \rangle = \frac{1}{3} \cdot (-\hbar/2) + \frac{2}{3} \cdot (+\hbar/2) = \frac{\hbar}{6}\,.$$

b) Wahrscheinlichkeitsdichte, Elektron mit Spin nach „oben" zu finden:

$$\frac{2}{3}\, |R_{21}(r)|^2\, |Y_{11}(\theta,\varphi)|^2\,.$$

Integration von $|Y_{11}(\theta,\varphi)|^2$ über den Raumwinkel ergibt 1, s. Gl. (5.15). Daher wird

$$w = \frac{2}{3} \int_0^{a_0} r^2\, |R_{21}(r)|^2\, \mathrm{d}r = 2{,}4 \cdot 10^{-3}\,.$$

Aufg. 6.8 Arsen-Atom in einem Siliziumkristall. In einem Dielektrikum muss man ε_0 durch $\varepsilon_r\,\varepsilon_0$ ersetzen. Radius der ersten Bohr'schen Bahn: $r_1 = \varepsilon_r a_0 = 6{,}3 \cdot 10^{-10}$ m, Energie des Grundzustands $E_1 = -13{,}6\,\mathrm{eV}/\varepsilon_r^2 = 0{,}095\,\mathrm{eV}$. In Wahrheit ist E_1 noch kleiner, weil das Elektron im Siliziumkristall eine effektive Masse $m_{\mathrm{eff}} < m_e$ hat.

Kapitel 7

Aufg. 7.1 a) He-Ion He^+ im Grundzustand. Energie E_1 und Radius r_1 im Bohrschen Atommodell:

$$Z = 2, \; r_1 = \frac{a_0}{Z} = 0{,}26 \cdot 10^{-10}\,\mathrm{m}\,, \;\; E_1 = -Z^2 \cdot 13{,}6\,\mathrm{eV} = -54{,}4\,\mathrm{eV}\,.$$

b) Radialfunktion und negative Ladung innerhalb Kugel mit Radius r_1:

$$R_{10}(r) = 2\left(\frac{Z}{a_0}\right)^{3/2} \mathrm{e}^{-Z\,r/a_0}\,, \;\; -e\int_0^{r_1} |R_{10}(r)|^2 r^2\,\mathrm{d}r = -0{,}32\,e\,.$$

Effektive Kernladungszahl $Z_{\text{eff}} = 1{,}68$.

Aufg. 7.2 Total antisymmetrische Wellenfunktion von drei Fermionen (vergleiche hierzu Kap. 8.1):

$$\psi_A = \frac{1}{\sqrt{3!}}\,[\,\psi_a(1)\psi_b(2)\psi_c(3) + \psi_a(2)\psi_b(3)\psi_c(1) + \psi_a(3)\psi_b(1)\psi_c(2) \\ - \psi_a(2)\psi_b(1)\psi_c(3) - \psi_a(1)\psi_b(3)\psi_c(2) - \psi_a(3)\psi_b(2)\psi_c(1)\,]$$

Aufg. 7.3 Wellenfunktionen und Energieniveaus:

$$\psi(x,y) = A\,\sin(k_1 x)\,\sin(k_2 y)\,, \quad E_{n_1,n_2} = \frac{\hbar^2\pi^2}{2\,m_e a^2}\,(n_1^2 + n_2^2)$$

Energien E_{n_1,n_2} in eV, Maximalzahl N_{n_1,n_2} der Elektronen pro Niveau.

$$\begin{array}{lllll} E_{1,1} = 0{,}75\,, & E_{2,1} = 1{,}86\,, & E_{1,2} = 1{,}86\,, & E_{2,2} = 2{,}98\,, & E_{3,1} = 3{,}73 \\ N_{1,1} = 2\,, & N_{2,1} = 2\,, & N_{1,2} = 2\,, & N_{2,2} = 2\,, & N_{3,1} = 2 \end{array}$$

Bei 9 Elektronen muss man die Niveaus bis $E_{3,1}$ besetzen, Fermi-Energie $E_{\mathrm{F}} = 3{,}73\,\mathrm{eV}$.

Kapitel 8 und 10

Aufg. 8.1 Identische Bosonen: der Grundzustand bleibt unverändert. Der erste Anregungszustand hat die Energie $5G$ und ist nicht entartet.

$$\frac{1}{\sqrt{2}}\,(\psi_{12} + \psi_{21}) = \frac{\sqrt{2}}{a}\left[\sin\left(\frac{\pi x_1}{a}\right)\sin\left(\frac{2\pi x_2}{a}\right) + \sin\left(\frac{2\pi x_1}{a}\right)\sin\left(\frac{\pi x_2}{a}\right)\right].$$

Identische Fermionen mit parallelem Spin (Spintriplett): der Grundzustand mit Energie $2G$ existiert nicht. Der erste Anregungszustand hat die Energie $5G$ und ist nicht entartet.

$$\frac{1}{\sqrt{2}}\left(\psi_{12}-\psi_{21}\right)=\frac{\sqrt{2}}{a}\left[\sin\left(\frac{\pi x_1}{a}\right)\sin\left(\frac{2\pi x_2}{a}\right)-\sin\left(\frac{2\pi x_1}{a}\right)\sin\left(\frac{\pi x_2}{a}\right)\right].$$

Aufg. 8.3 Nach Gl. (8.19) ist die Wahrscheinlichkeit für spontane Emission proportional zu ω^3.

Aufg. 10.1 Ungestörte Wellenfunktionen und Energien:

$$\psi_n^{(0)}(x)=\sqrt{\frac{2}{a}}\,\sin\left(\frac{n\,\pi\,x}{a}\right),\quad E_n^{(0)}=\frac{\hbar^2\cdot\pi^2}{2\,m_e\,a^2}\cdot n^2,$$

$$E_1^{(0)}=37{,}58\,\text{eV},\; E_2^{(0)}=150{,}31\,\text{eV},\; E_3^{(0)}=338{,}20\,\text{eV},\ldots$$

1. Ordnung der Störungsrechnung:

$$\delta E_n^{(1)}=\langle\psi_n^{(0)}\mid\widehat{H}^{(1)}\mid\psi_n^{(0)}\rangle=\int_0^a\psi_n^{(0)*}(x)\,V'(x)\,\psi_n^{(0)}\,\mathrm{d}x,$$

$$\delta E_1^{(1)}=1{,}41\,\text{eV},\;\delta E_2^{(1)}=1{,}60\,\text{eV},\;\delta E_3^{(1)}=1{,}64\,\text{eV},\ldots$$

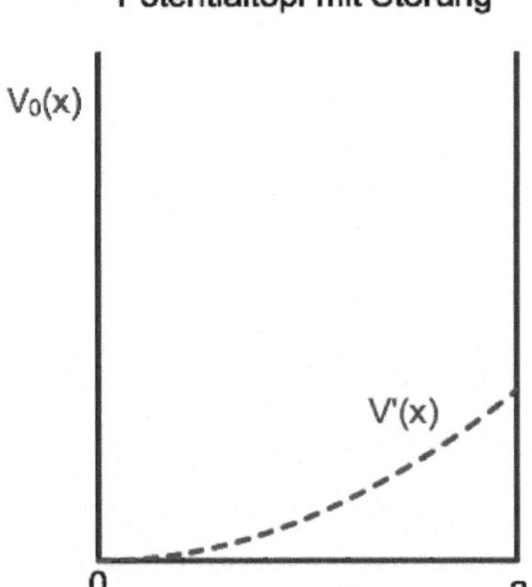

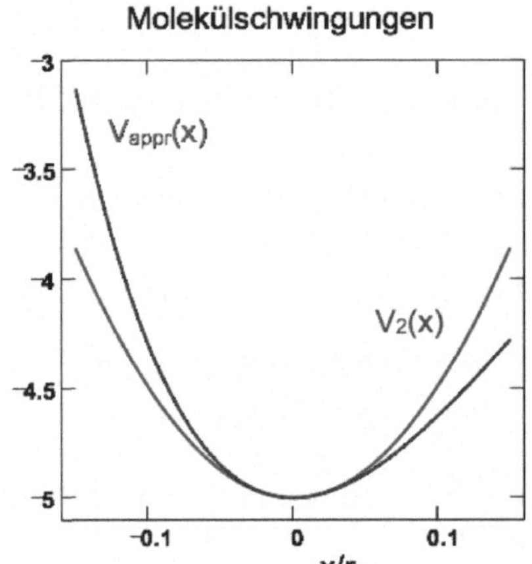

Aufg. 10.2 O_2-Molekülschwingungen.

$$V_{\text{appr}}(x)=D\left(\kappa x-\kappa^2x^2/2+\kappa^3x^3/6\ldots\right)^2-D\equiv V_2(x)+V_3'(x)+V_4'(x)$$

$$V_2(x)=D\kappa^2x^2-D\,,\quad V_3'(x)=-D\kappa^3x^3\,,\quad V_4'(x)=\frac{7D\kappa^4}{12}\,x^4$$

Der erste Term $V_2(x)$ ist das harmonische Oszillatorpotential. Die zugehörigen normierten (ungestörten) Wellenfunktionen sind

$$\psi_0^{(0)}(x)=\left(\frac{m_{\text{red}}\,\omega}{\pi\hbar}\right)^{1/4}\mathrm{e}^{-u^2/2},\quad \psi_1^{(0)}(x)=\left(\frac{m_{\text{red}}\,\omega}{\pi\hbar}\right)^{1/4}\sqrt{2}\,u\,\mathrm{e}^{-u^2/2}.$$

Verschiebung der Energieniveaus E_0, E_1:

$$\delta E_n^{(1)} = \int_{-0{,}2r_0}^{0{,}2r_0} \psi_n^{(0)*}(x)\,(V_3'(x) + V_4'(x))\,\psi_n^{(0)}(x)\,\mathrm{d}x\,, \quad n = 0,\,1\,.$$

Der x^3 Term trägt nicht bei, da der Integrand eine ungerade Funktion ist. Die Verschiebung durch den x^4-Term ist

$$\delta E_0^{(1)} = 0{,}0042\,\hbar\omega = 7{,}9\cdot 10^{-4}\,\mathrm{eV}\,, \quad \delta E_1^{(1)} = 0{,}021\,\hbar\omega = 3{,}9\cdot 10^{-3}\,\mathrm{eV}\,.$$

Aufg. 10.4 b) $2\mathrm{p}_{1/2}$-Zustand: $n = 2,\ l = 1,\ j = 1/2$.

$\delta E_2^{\mathrm{rel}} = -2{,}683\cdot 10^{-5}\,\mathrm{eV}$, $\delta E_2^{\mathrm{SB}} = -3{,}066\cdot 10^{-5}\,\mathrm{eV}$, $\delta E_2^{\mathrm{Dir}} = -5{,}749\cdot 10^{-5}\,\mathrm{eV}$.

$2\mathrm{p}_{3/2}$-Zustand: $n = 2,\ l = 1,\ j = 3/2$.

$\delta E_2^{\mathrm{rel}} = -2{,}683\cdot 10^{-5}\,\mathrm{eV}$, $\delta E_2^{\mathrm{SB}} = +1{,}533\cdot 10^{-5}\,\mathrm{eV}$, $\delta E_2^{\mathrm{Dir}} = -1{,}150\cdot 10^{-5}\,\mathrm{eV}$.

Aufg. 10.5 a) Elektron im Potentialtopf.

$$\Delta E = E_2 - E_1 = \frac{\hbar^2\pi^2}{2\,m_e\,a^2}\,(2^2 - 1^2)\,, \quad f = \frac{\Delta E}{2\,\pi\,\hbar} = 2{,}727\cdot 10^{14}\,\mathrm{Hz}.$$

Das Übergangs-Matrixelement des elektrischen Dipolmoments ist proportional zu:

$$x_{m,n} = \frac{2}{a}\int_0^a \sin\left(\frac{m\,\pi\,x}{a}\right)\cdot\frac{x}{a}\cdot\sin\left(\frac{n\,\pi\,x}{a}\right)\,\mathrm{d}x\,,$$

$$x_{2,1} = -0{,}18,\ x_{4,1} = -0{,}014,\ \cdots,\ \text{aber}\ x_{3,1} = x_{5,1} = \ldots = 0\,.$$

b) Elektron im harmonischen Oszillatorpotential, Nullpunktsenergie $\hbar\omega/2 = 1\,\mathrm{eV}$.
Einzustrahlende Frequenz für den Übergang $0 \to 1$: $f = 4{,}8\cdot 10^{14}\,\mathrm{Hz}$.
Die Übergangs-Matrixelemente des elektrischen Dipolmoments sind $-e\,x_{m,n}$ mit

$$x_{m,n} = \int_{-\infty}^{+\infty} \psi_m(x)\cdot x\cdot \psi_n(x)\,\mathrm{d}x\,.$$

Dies ist proportional zu

$$u_{m,n} = \frac{1}{\sqrt{2^m m!}}\,\frac{1}{\sqrt{2^n n!}}\int_{-\infty}^{+\infty} H_m(u)\,u\,H_n(u)\,\exp\left(-u^2\right)\mathrm{d}u\,.$$

Unter Benutzung der Fehlerfunktion (A.6) sind die Integrale analytisch lösbar, z. B.

$$u_{1,0} = \sqrt{2}\int_{-\infty}^{+\infty} u^2\,\exp(-u^2)\,\mathrm{d}u = \sqrt{2}\left[-\frac{u\,\exp(-u^2)}{2} + \frac{1}{4}\,\mathrm{erf}(u)\right]_{-\infty}^{\infty} = \sqrt{\frac{\pi}{2}}\,.$$

Ergebnis: $u_{1,0} = 1{,}25$, $u_{2,1} = 1{,}77$, $u_{3,2} = 2{,}17$ und $u_{2,0} = u_{3,0} = u_{3,1} = 0$.

Literaturverzeichnis

1. Serge Haroche and Jean-Michel Raimond, *Exploring the Quantum*, Oxford University Press 2006
2. David J. Griffiths, *Introduction to Quantum Mechanics*, Pearson Prentice Hall 2005
3. Stephen Gasiorowicz, *Quantenphysik*, Oldenbourg 1999
4. Peter Schmüser, *Feynman-Graphen und Eichtheorien für Experimentalphysiker*, Springer 1995
5. Richard. P. Feynman, Robert B. Leighton, Matthew Sands, *The Feynman Lectures on Physics*, Addison-Wesley 1965. Deutsche Ausgabe: *Vorlesungen über Physik*, Oldenbourg 1991
6. Akira Tonomura, *Electron Holography*, Springer 1994
7. Helmut Rauch, *Neutronen-Interferometrie: Schlüssel zur Quantenmechanik*, Physik in unserer Zeit, 29. Jahrg. 1998, Nr. 2
8. M. Brune et al., *Observing the Progressive Decoherence of the "Meter" in a Quantum Measurement*, Phys. Rev. Lett. **77**, 4887 (1996)
9. Olaf Nairz, Markus Arndt, and Anton Zeilinger, *Quantum interference experiments with large molecules*, Amer. Journ. of Physics, **71** (4) 319 (2003)
10. M. Arndt, S. Gerlich, K. Hornberger und M. Mayor, *Interferometrie mit komplexen Molekülen*, Physik Journal 9 (2010) Nr. 10, S. 37
11. M. R. Andrews, C. G. Townsend, H.-J. Miesner, D. S. Durfee, D. M. Kurn, W. Ketterle, *Observation of Interference Between Two Bose Condensates*, SCIENCE Vol. 275, 637 (1997)
12. Hermann Haken und Hans Christoph Wolf, *Atom- und Quantenphysik*, Springer 1996
13. Leonard I. Schiff, *Quantum Mechanics*, McGraw-Hill 1955
14. Karl Schilcher, *Theoretische Physik kompakt für das Lehramt*, Oldenbourg 2010
15. Robert Eisberg and Robert Resnick, *Quantum Physics of Atoms, Molecules, Solids, Nuclei and Particles*, John Wiley 1974
16. Albert Einstein, Boris Podolsky, Nathan Rosen, *Can Quantum-Mechanical Description of Physical Reality Be Considered Complete?*, Phys. Rev. **47**, 777 (1935)
17. Niels Bohr, *Can Quantum-Mechanical Description of Physical Reality Be Considered Complete?*, Phys. Rev. **48**, 696 (1935)
18. John S. Bell, *On the Problem of Hidden Variables in Quantum Mechanics*, Rev. Mod. Phys. **38**, 447 (1966)
19. D. Bohm and Y. Aharonov, *Discussion of Experimental Proof for the Paradox of Einstein, Rosen, and Podolsky*, Phys. Rev. **108**, 1070 (1957)
20. Alain Aspect, *Bell's theorem: the naive view of an experimentalist*, Vortrag bei einer Konferenz zum Gedenken an John Bell, Wien 2000
21. Alain Aspect, *Bell's inequality test: more ideal than ever*, NATURE Vol. 398, 18 March 1999
22. Gregor Weihs, Thomas Jennewein, Christoph Simon, Harald Weinfurter, and Anton Zeilinger, *Violation of Bell's Inequality under Strict Einstein Locality Conditions*, Phys. Rev. Lett. **81**, 5039 (1998)

23. Serge Haroche, *Entanglement, Decoherence and the Quantum/Classical Boundary*, Physics Today, July 1998
24. Maximilian Schlosshauer, *Decoherence and the Quantum-to-Classical Transition*, Springer 2007
25. L. Hackermüller, K. Hornberger, B.Brezger, A. Zeilinger, M. Arndt, *Decoherence in a Talbot-Lau interferometer: the influence of molecular scattering*, Appl. Phys. B **77**, 781 (2003)
26. Siegfried Großmann, *Mathematischer Einführungskurs für die Physik*, Vieweg-Teubner 2005
27. Walter Greiner, *Quantenmechanik: Einführung*, Harri Deutsch Verlag 2005
28. Marcelo Alonso und Edward J. Finn, *Quantenphysik und Statistische Physik*, Oldenbourg 2005

Sachverzeichnis